高等学校水利学科教学指导委员会组织编审

普通高等教育"十一五"国家级规划教材

高等学校水利学科专业规范核心课程教材·水利水电工程

水利工程测量（第5版）

主　编　河海大学　岳建平
　　　　武汉大学　邓念武

中国水利水电出版社
www.waterpub.com.cn
·北京·

内 容 提 要

　　本教材在高等学校水利学科教学指导委员会的指导下，由河海大学和武汉大学共同进行编写。全书共分十七章：第一章至第五章介绍测量学的基本概念、基本原理，测量仪器的构造、使用、检验和校正方法，以及测量误差的基本知识；第六章至第十章介绍小地区控制测量，全球定位系统，大比例尺地形图的测绘，地形图的应用；第十一章至第十七章介绍施工测量的基本工作，大坝、隧洞施工测量，渠道和线路工程测量；工业与民用建筑施工测量以及大坝变形观测的有关内容。

　　本教材主要适用于水利水电工程专业、农业水利工程、港口与航道工程等专业本科教学使用，同时也可用于土木工程、环境工程、交通工程、城市规划、农业和林业等专业的教学，以及工程技术人员的参考书。

图书在版编目（C I P）数据

　　水利工程测量 / 岳建平，邓念武主编. -- 5版. --
北京：中国水利水电出版社，2017.8(2024.7重印).
　　普通高等教育"十一五"国家级规划教材　高等学校
水利学科专业规范核心课程教材. 水利水电工程
　　ISBN 978-7-5170-5809-0

　　Ⅰ．①水… Ⅱ．①岳… ②邓… Ⅲ．①水利工程测量
－高等学校－教材 Ⅳ．①TV221

　　中国版本图书馆CIP数据核字(2017)第212971号

书　　　名	普通高等教育"十一五"国家级规划教材 高等学校水利学科专业规范核心课程教材·水利水电工程 **水利工程测量（第 5 版）** SHUILI GONGCHENG CELIANG
作　　　者	主编　河海大学　岳建平　武汉大学　邓念武
出 版 发 行	中国水利水电出版社 （北京市海淀区玉渊潭南路 1 号 D 座　100038） 网址：www.waterpub.com.cn E-mail：sales@mwr.gov.cn 电话：(010) 68545888（营销中心）
经　　　售	北京科水图书销售有限公司 电话：(010) 68545874、63202643 全国各地新华书店和相关出版物销售网点
排　　　版	中国水利水电出版社微机排版中心
印　　　刷	清淞永业（天津）印刷有限公司
规　　　格	184mm×260mm　16 开本　19 印张　450 千字
版　　　次	1979 年 6 月第 1 版第 1 次印刷 2017 年 8 月第 5 版　2024 年 7 月第 5 次印刷
印　　　数	20001—22000 册
定　　　价	**56.00 元**

凡购买我社图书，如有缺页、倒页、脱页的，本社营销中心负责调换

版权所有·侵权必究

高等学校水利学科专业规范核心课程教材

编审委员会

主　任　姜弘道（河海大学）

副主任　王国仪（中国水利水电出版社）　　谈广鸣（武汉大学）
　　　　　李玉柱（清华大学）　　　　　　　吴胜兴（河海大学）

委　员

周孝德（西安理工大学）　　　　　　李建林（三峡大学）

刘　超（扬州大学）　　　　　　　　朝伦巴根（内蒙古农业大学）

任立良（河海大学）　　　　　　　　余锡平（清华大学）

杨金忠（武汉大学）　　　　　　　　袁　鹏（四川大学）

梅亚东（武汉大学）　　　　　　　　胡　明（河海大学）

姜　峰（大连理工大学）　　　　　　郑金海（河海大学）

王元战（天津大学）　　　　　　　　康海贵（大连理工大学）

张展羽（河海大学）　　　　　　　　黄介生（武汉大学）

陈建康（四川大学）　　　　　　　　冯　平（天津大学）

孙明权（华北水利水电学院）　　　　侍克斌（新疆农业大学）

陈　楚（水利部人才资源开发中心）　孙春亮（中国水利水电出版社）

秘　书　周立新（河海大学）

丛书总策划　王国仪

水利水电工程专业教材编审分委员会

主 任 余锡平（清华大学）

副主任 胡 明（河海大学）　　　　姜 峰（大连理工大学）

委 员

张社荣（天津大学）　　　　　　胡志根（武汉大学）

李守义（西安理工大学）　　　　陈建康（四川大学）

孙明权（华北水利水电学院）　　田 斌（三峡大学）

李宗坤（郑州大学）　　　　　　唐新军（新疆农业大学）

周建中（华中科技大学）　　　　燕柳斌（广西大学）

罗启北（贵州大学）

总 前 言

随着我国水利事业与高等教育事业的快速发展以及教育教学改革的不断深入，水利高等教育也得到很大的发展与提高。与 1999 年相比，水利学科专业的办学点增加了将近一倍，每年的招生人数增加了将近两倍。通过专业目录调整与面向新世纪的教育教学改革，在水利学科专业的适应面有很大拓宽的同时，水利学科专业的建设也面临着新形势与新任务。

在教育部高教司的领导与组织下，从 2003 年到 2005 年，各学科教学指导委员会开展了本学科专业发展战略研究与制定专业规范的工作。在水利部人教司的支持下，水利学科教学指导委员会也组织课题组于 2005 年年底完成了相关的研究工作，制定了水文与水资源工程，水利水电工程，港口、航道与海岸工程以及农业水利工程四个专业规范。这些专业规范较好地总结与体现了近些年来水利学科专业教育教学改革的成果，并能较好地适用不同地区、不同类型高校举办水利学科专业的共性需求与个性特色。为了便于各水利学科专业点参照专业规范组织教学，经水利学科教学指导委员会与中国水利水电出版社共同策划，决定组织编写出版"高等学校水利学科专业规范核心课程教材"。

核心课程是指该课程所包括的专业教育知识单元和知识点，是本专业的每个学生都必须学习、掌握的，或在一组课程中必须选择几门课程学习、掌握的，因而，核心课程教材质量对于保证水利学科各专业的教学质量具有重要的意义。为此，我们不仅提出了坚持"质量第一"的原则，还通过专业教学组讨论、提出，专家咨询组审议、遴选，相关院、系认定等步骤，对核心课程教材选题及其主编、主审和教材编写大纲进行了严格把关。为了把本套教材组织好、编著好、出版好、使用好，我们还成立了高等学校水利学科专业规范核心课程教材编审委员会以及各专业教材编审分委员会，对教材编纂与使用的全过程进行组织、把关和监督。充分依靠各学科专家发挥咨询、评审、决策等作用。

  本套教材第一批共规划 52 种，其中水文与水资源工程专业 17 种，水利水电工程专业 17 种，农业水利工程专业 18 种，计划在 2009 年年底之前全部出齐。尽管已有许多人为本套教材作出了许多努力，付出了许多心血，但是，由于专业规范还在修订完善之中，参照专业规范组织教学还需要通过实践不断总结提高，加之，在新形势下如何组织好教材建设还缺乏经验，因此，这套教材一定会有各种不足与缺点，恳请使用这套教材的师生提出宝贵意见。本套教材还将组织出版配套的立体化教材，以利于教、便于学，更希望师生们对此提出建议。

高等学校水利学科教学指导委员会

中国水利水电出版社

2008 年 4 月

第5版前言

《水利工程测量》是在河海大学张慕良和武汉大学叶泽荣主编的《水利工程测量》的基础上，按照高等学校"水利工程测量"课程教学大纲的要求，总结多年教学实践经验，广泛征求同行的意见和建议，结合测绘领域的新技术和新方法，经多次修订改版，由河海大学和武汉大学共同编写而成。在高等学校水利学科教学指导委员会的指导下，本教材被教育部批准为普通高等教育"十一五"国家级规划教材，并被确定为水利水电工程专业规范核心课程教材。

近年来，测绘学科在理论、技术、产品种类、服务对象等方面都发生了很大的变化，传统的测量设备逐步已淡出历史舞台，较少在生产实际中应用。为顺应形势发展的要求，对本教材的内容作适当修订。

本次修订教材的总体框架基本不变，内容全面反映最新的测绘理论和技术，如：全站仪、电子水准仪、GNSS接收机等，同时反映最新的测绘有关规范的要求。对于传统的测绘技术内容，作适当的精简，对部分过时的内容进行了删减。

本教材以基础理论和基本概念为重点，力求理论与实际相结合，传统技术与现代技术相对照，重点和难点详细阐述分析，各部分内容由浅入深，循序渐进。

本教材主要适用于水利水电工程专业、农业水利工程、港口与航道工程等专业的本科教学，同时也可用于土木工程、环境工程、交通工程、城市规划、农业和林业等专业的教学，以及工程技术人员的参考书。

本教材由邓念武（第一、八、十七章）、金银龙（第二、三、四章）、兰孝奇（第五、十一章）、岳建平（第六、七章）、徐佳（第九、十章）、张晓春（第十二、十三、十四章）、梅红（第十五、十六章）修订。

本教材1979年出版的第1版由华东水利学院测量教研组集体编写，张慕良、白忠良、沈传良、蔡卜修改定稿。由武汉水利电力学院测量教研组主审。

1984年出版的第2版由华东水利学院测量教研室张慕良、白忠良、沈传良、蔡卜负责修订。修订初稿由白忠良、蔡卜执笔，张慕良主编定稿。由清华大学刘永明主审。

1994 年出版的第 3 版由叶泽荣、章书寿、张慕良、蔡卜、夏良椿编写，张慕良统稿。由西北农业大学沈君何审稿。

本教材 2008 年出版的第 4 版由叶泽荣（第 1、2、3、4、17 章）、兰孝奇（第 5、11 章）、岳建平（第 6、7 章）、邓念武（第 8、12 章）、黄晓时（第 9、10 章）、张晓春（第 13、14 章）、梅红（第 15、16 章）编写。全书由邓念武和岳建平统稿，武汉大学龚玉珍教授审稿。

由于测绘技术发展迅猛，再加本书编者的有限水平，书中缺点错误难免，敬请读者批评指正。

编者

2017 年 4 月

第1版前言

　　根据水利电力部 1978 年 1 月制订的水利类专业教材编审规划，3 月在南京，由华东水利学院负责召集有十二所院校及生产单位参加的"水利工程测量"编写大纲讨论会，按照会上拟定的编写大纲，编写了这本书，作为水利类有关专业的试用教材。

　　本教材编写中力求对测量的基本概念、基本理论和基本操作有所加强，注意保持本学科必要的系统性，同时结合生产实践进行了必要的理论分析，并简要地介绍了国内外有关的测量新技术。

　　本教材由华东水利学院测量教研组集体编写，由张慕良、白忠良、沈传良、蔡卜四同志修改定稿。

　　由武汉水利电力学院测量教研组主审，参加审稿的有江苏省水利勘测设计院、清华大学、重庆建筑工程学院及江苏农学院等。审稿中提供了许多宝贵意见，为我们修改给予很大帮助，于此表示衷心的感谢。我们热忱希望广大师生及本书读者对书中缺点错误给予批评指正。

编　者

一九七八年十一月

目 录

总前言

第 5 版前言

第 1 版前言

第一章 绪论 ……………………………………………………………… 1

第一节 水利工程测量的任务 …………………………………………… 1

第二节 地面上点位的确定 ……………………………………………… 6

第三节 用水平面代替水准面的限度 …………………………………… 7

第四节 测量工作的基本原则 …………………………………………… 8

第五节 测绘科学的发展概况 …………………………………………… 12

第二章 水准仪及水准测量 ……………………………………………… 12

第一节 水准测量原理 …………………………………………………… 12

第二节 水准仪 …………………………………………………………… 21

第三节 水准测量的一般方法和要求 …………………………………… 24

第四节 水准路线闭合差的调整与高程计算 …………………………… 26

第五节 微倾式水准仪的检验和校正 …………………………………… 29

第六节 水准测量误差产生的原因及消减方法 ………………………… 33

第三章 经纬仪及其使用 ………………………………………………… 33

第一节 水平角测量原理 ………………………………………………… 33

第二节 光学经纬仪 ……………………………………………………… 37

第三节 电子经纬仪 ……………………………………………………… 40

第四节 水平角测量 ……………………………………………………… 44

第五节 竖直角测量 ……………………………………………………… 46

第六节 经纬仪的检验和校正 …………………………………………… 51

第七节 经纬仪测量的误差及其消减方法 ……………………………… 54

第四章 距离测量及直线定向 …………………………………………… 54

第一节 传统距离测量方法 ……………………………………………… 63

第二节 电磁波测距 ……………………………………………………… 70

第三节 直线定向

第四节　全站仪 ……………………………………………………………………… 73

第五章　测量误差的基本知识 …………………………………………………… 83

第一节　测量误差的来源及其分类 ………………………………………………… 83

第二节　偶然误差的特性 …………………………………………………………… 84

第三节　衡量精度的标准 …………………………………………………………… 87

第四节　观测值函数的中误差——误差传播定律 ………………………………… 88

第五节　测量精度分析举例 ………………………………………………………… 92

第六节　等精度观测的平差 ………………………………………………………… 94

第七节　不等精度观测的平差 ……………………………………………………… 96

第六章　平面控制测量 …………………………………………………………… 100

第一节　国家平面控制网和图根控制网 …………………………………………… 100

第二节　经纬仪导线测量 …………………………………………………………… 102

第三节　三角测量 …………………………………………………………………… 108

第四节　前方交会定点 ……………………………………………………………… 109

第五节　全球导航卫星系统控制测量 ……………………………………………… 112

第七章　高程控制测量 …………………………………………………………… 116

第一节　概述 ………………………………………………………………………… 116

第二节　三、四等水准测量 ………………………………………………………… 117

第三节　三角高程测量 ……………………………………………………………… 120

第四节　跨河水准测量 ……………………………………………………………… 122

第八章　全球导航卫星系统 ……………………………………………………… 125

第一节　概述 ………………………………………………………………………… 125

第二节　GPS 的组成 ………………………………………………………………… 126

第三节　GPS 坐标系统和定位原理 ………………………………………………… 128

第四节　北斗卫星导航系统 ………………………………………………………… 132

第五节　GNSS 控制测量 …………………………………………………………… 134

第六节　GNSS 实时动态测量 ……………………………………………………… 138

第七节　GNSS 的应用 ……………………………………………………………… 140

第九章　地形图的测绘 …………………………………………………………… 142

第一节　地形图的基本知识 ………………………………………………………… 142

第二节　地形图的传统测绘方法 …………………………………………………… 151

第三节　地面数字测图方法 ………………………………………………………… 155

第四节　水下地形的测绘 …………………………………………………………… 160

第十章　地形图的应用 …………………………………………………………… 166

第一节　概述 ………………………………………………………………………… 166

第二节　高斯平面直角坐标 ………………………………………………………… 166

第三节　地形图的分幅和编号 …………………………………………………………… 168

第四节　地形图的选用 …………………………………………………………………… 173

第五节　地形图应用的基本内容 ………………………………………………………… 176

第六节　地形图在水利规划设计工作中的应用 ………………………………………… 177

第七节　图上面积量算 …………………………………………………………………… 179

第八节　数字地形图的应用 ……………………………………………………………… 180

第十一章　施工放样的基本工作 ……………………………………………………… 184

第一节　概述 ……………………………………………………………………………… 184

第二节　施工控制网的布设 ……………………………………………………………… 184

第三节　距离、水平角和高程的放样 …………………………………………………… 187

第四节　测设放样点平面位置的基本方法 ……………………………………………… 189

第五节　圆曲线的测设 …………………………………………………………………… 191

第十二章　大坝施工测量 ……………………………………………………………… 196

第一节　土坝的控制测量 ………………………………………………………………… 196

第二节　土坝清基开挖与坝体填筑的施工测量 ………………………………………… 199

第三节　混凝土坝的施工控制测量 ……………………………………………………… 201

第四节　混凝土坝清基开挖线的放样 …………………………………………………… 203

第五节　混凝土重力坝坝体的立模放样 ………………………………………………… 203

第十三章　隧洞施工测量 ……………………………………………………………… 208

第一节　概述 ……………………………………………………………………………… 208

第二节　洞外控制测量 …………………………………………………………………… 208

第三节　隧洞掘进中的测量工作 ………………………………………………………… 211

第四节　竖井和旁洞的测量 ……………………………………………………………… 214

第五节　隧洞的贯通误差 ………………………………………………………………… 216

第十四章　渠道测量 …………………………………………………………………… 218

第一节　渠道选线测量 …………………………………………………………………… 218

第二节　中线测量 ………………………………………………………………………… 219

第三节　纵断面测量 ……………………………………………………………………… 221

第四节　横断面测量 ……………………………………………………………………… 223

第五节　土方计算 ………………………………………………………………………… 225

第六节　渠道边坡放样 …………………………………………………………………… 227

第七节　数字地形图在渠道测量中的应用 ……………………………………………… 228

第十五章　线路工程测量 ……………………………………………………………… 232

第一节　概述 ……………………………………………………………………………… 232

第二节　线路初测 ………………………………………………………………………… 232

第三节　线路定测 ………………………………………………………………………… 233

　　第四节　线路施工测量 ………………………………………………………… 242

　　第五节　桥梁施工测量 ………………………………………………………… 246

第十六章　工业与民用建筑施工测量 ……………………………………………… 250

　　第一节　概述 …………………………………………………………………… 250

　　第二节　工业厂房施工测量 …………………………………………………… 253

　　第三节　高层建筑施工测量 …………………………………………………… 258

　　第四节　高塔柱施工测量 ……………………………………………………… 262

　　第五节　竣工测量 ……………………………………………………………… 265

第十七章　大坝变形监测 …………………………………………………………… 267

　　第一节　概述 …………………………………………………………………… 267

　　第二节　视准线法观测水平位移 ……………………………………………… 270

　　第三节　激光准直观测大坝变形 ……………………………………………… 273

　　第四节　引张线法观测水平位移 ……………………………………………… 276

　　第五节　前方交会法观测水平位移 …………………………………………… 278

　　第六节　挠度观测 ……………………………………………………………… 280

　　第七节　垂直位移观测 ………………………………………………………… 281

　　第八节　观测资料的整编和分析 ……………………………………………… 283

参考文献 ……………………………………………………………………………… 287

第一章 绪 论

第一节 水利工程测量的任务

测量学是研究地球的形状和大小，确定地球表面（包括空中、地面和海底）的点位关系，并对这些空间位置信息进行处理、存储和管理的一门科学。

随着科学技术的发展，测量学已发展为多个学科。

研究在地球表面大区域内建立国家大地控制网，测定地球形状和大小，以及地球重力场的理论、技术和方法的学科，称为大地测量学。随着航天技术的发展，利用卫星从远距离对地面进行测量，形成了卫星大地测量学这一门新兴的学科。

研究小区域内测绘地形图的基本理论、技术和方法的学科，称为地形测量学。

利用摄影像片测定物体的形状、大小和空间位置的方法，称为摄影测量。根据获取像片方式的不同，又分为航天摄影测量、航空摄影测量、地面摄影测量和水下摄影测量。

研究地图及其制作理论、工艺和应用的学科，称为地图制图学。

研究矿山、水利、道路、城市建设等各项工程在规划设计、施工和工程管理阶段所进行各种测量工作的学科，称为工程测量学。

水利工程测量是为水利工程建设服务的专门测量，属于工程测量学的范畴，它的主要任务如下。

（1）为水利工程规划和设计提供所需的地形资料。规划时需提供中、小比例尺地形图及有关信息，建筑物设计时要测绘大比例尺地形图。

（2）施工阶段要将图上设计好的建筑物按其位置、大小测设于地面，以便据此施工，称为施工放样。

（3）在施工过程及工程建成管理中，需要定期对建筑物的稳定性及变化情况进行监测，确保工程安全，称为变形观测。

由此可见，测量工作贯穿于工程建设的始终，作为一名水利工作者，必须掌握必要的测量科学知识和技能，才能承担工程勘测、规划设计、施工及管理等任务。

本课程在介绍测量基本知识的基础上，对小区域大比例尺地形测图，以及水利工程施工放样和大坝变形观测等主要内容分别进行介绍。

第二节 地面上点位的确定

地球表面的形状是错综复杂的。地面上的道路、河流、房屋等称为地物。呈现的各种起伏状态称为地貌。地物和地貌总称为地形。要把地形反映到图上，是通过测定地面上地物和地貌的一些特征点的相互位置来实现的。同样施工放样也是将设计图纸上建筑物轮廓的特征点测放到地面。鉴于此，下面先研究地面点位置的表示方法。

一、地球的形状和大小

测量工作是在地球表面上进行的，要确定地面点的位置，许多基本理论和数据都涉及地球的形体问题，因此首先对地球的形状和大小要有一概略了解。众所周知，地球表面有高山、平原、海洋等起伏变化的地貌。陆地上最高的珠穆朗玛峰高出海平面8844.43m，海洋最深处是太平洋西部的马里亚纳海沟，深达10911m，但因地球的半径约为6371km，故地球表面的起伏相对于地球庞大的体积来说是极微小的。同时，整个地球表面上海洋面积约占71%，陆地仅占29%，所以，海水面所包围的形体基本上表示了地球的形状。设想有一个静止的海水面，向陆地延伸形成一个封闭的曲面，这个曲面称为水准面。水准面上每一个点的铅垂线均与该点重力方向相重合。由于潮汐的影响，海水面有涨有落，水准面就有无数个，为此，人们在海滨设立验潮站，进行长期观测，求出平均高度的海水面，称之为大地水准面。大地水准面和铅垂线是测量工作所依据的面和线，并经常会用到。

大地水准面所包围的形体，叫大地体。由于地球内部质量分布不均匀，使得垂线方向具有不规则的变化，因而大地水准面是一个有微小起伏不规则的曲面，这对于测量计算极不方便，因此人们选择一个与大地水准面非常接近的数学面——旋转椭球面，以它所围成的形体来代表地球的形状和大小。这个形体称为旋转椭球体，亦称参考椭球，它是由椭圆NWSE绕其短轴NS旋转而成的形体（图1-1），其形状和大小取决于长半径（赤道半径）a、短半径（旋转轴半径）b和扁率$f\left(=\dfrac{a-b}{b}\right)$。表1-1为几种参考椭球体的元素。

表 1-1			参 考 椭 球 体 元 素		
椭球体	年份	a/m	b/m	f	国家或机构
克拉索夫斯基椭球	1940	6378245	6356863	1:298.3	苏联
1975 国际椭球	1975	6378140	6356755	1:298.25722101	国际大地测量与地球物理联合会
WGS 84 椭球	1984	6378137	6356752.314	1:298.257223563	国际大地测量与地球物理联合会

为了使测量成果化算到椭球面上，各国根据本国领土实际情况，采用与大地体接近的椭球体；同时选择地面上一点为大地基准点，亦称大地原点。确定大地原点在椭球面上的位置，作为推算大地坐标的起算点。如图1-1所示，地面上选一点P为大地原点，令P的铅垂线与椭球面上相应P_0点的法线重合，并使这点上的椭球面与大地水准面相切，而且使本国范围内的椭球面与大地水准面尽量接近。

我国曾建立1954年北京坐标系，该坐标系是以苏联普尔科沃天文台的大地基点为大地原点，以克拉索夫斯基椭球为参

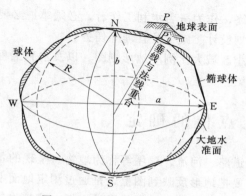

图 1-1　大地水准面与椭球体

考椭球，并与苏联 1942 年坐标系进行三角锁联测，通过计算建立的我国大地坐标系；1978 年 4 月在西安召开全国天文大地网平差会议，决定重新定位，建立我国新的坐标系。因此有了 1980 年国家大地坐标系。1980 年国家大地坐标系采用地球椭球基本参数为 1975 年国际大地测量与地球物理联合会第十六届大会推荐的数据。该坐标系的大地原点设在我国中部的陕西省泾阳县永乐镇。

由于椭球体的扁率很小，在普通测量中又近似地把地球视作圆球体，其平均半径约为 6371km。当测区范围较小时，又可把球面视为平面，这些将在后面论述。

二、地面上点位的表示方法

确定地面点或空间目标的位置是测量工作的基本任务。要确定地面点的空间位置，需要建立坐标系统，然后用点的三维坐标表示点的位置，以确定其唯一性。

（一）地球空间直角坐标系

坐标系统是确定地面点或空间目标位置所采用的参考系。地球空间坐标系主要有参心坐标系、地心坐标系等。

1. 参心坐标系

参心坐标系的坐标原点设在参考椭球的中心，参考椭球的中心与地球的质心是不重合的。我国建立的 1954 年北京坐标系和 1980 年西安坐标系，都属于参心坐标系。参心空间直角坐标系的原点位于参考椭球中心，Z 轴为参考椭球体的旋转轴，指向北极方向，X 轴为起始子午线与赤道面的交线，Y 轴垂直于 X、Z 轴，X、Y、Z 轴构成右手正交坐标系，如图 1-2 所示。

2. 地心坐标系

坐标原点为包括海洋和大气的整个地球的质量中心的坐标系为地心坐标系。2000 国家大地坐标系（China Geodetic Coordinate System，CGCS 2000）属于地心坐标系，2000 国家大地坐标系的 Z 轴由原点指向历元 2000.0 的地球参考级方向，该历元的指向由国际时间局给定的历元为 1984.0 作为初始指向来推算，定向的时间演化保证相当于地壳不产生残余的全球旋转；X 轴由原点指向格林尼治参考子午线与地球赤道面（历元 2000.0）的交点；Y 轴与 Z 轴、X 轴构成右手正交坐标系。2000 国家大地坐标系

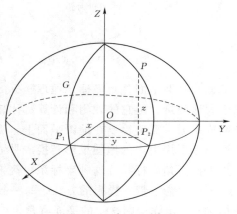

图 1-2　参心坐标系

的尺度为在引力相对论意义下的局部地球框架下的尺度。

美国全球定位系统（GPS）所采用的 WGS 84 坐标系也属于地心空间直角坐标系，它的原点位于地球质心 M，Z 轴指向国际时间局 BIH1984.0 定义的协议地球极方向（CTP），X 轴指向 BIH1984.0 的零子午圈与 CTP 赤道的交点，Y 轴垂直于 X、Z 轴，X、Y、Z 轴构成右手正交坐标系，如图 1-3 所示。

如上所述，1954 年北京坐标系和 1980 年西安坐标系均为参心坐标系，2008 年 7 月 1 日开始我国统一使用 2000 国家大地坐标系，并设 8～10 年过渡期。上述 3 种坐标系以及

WGS 84 地心坐标系之间可以相互换算。

（二）点的球面和平面坐标

在测量工作中，通常将空间坐标系（三维）分解为点的球面位置（或投影到水平面上的平面位置）的坐标系（二维）和该点到高程基准面的铅直距离的高程系（一维）。

（1）地理坐标。以经度和纬度表示地面点位置的称地理坐标。如图 1-4 所示，N 和 S 分别为地球北极和南极，NS 为地球的自转轴。设球面上有任一点 M，过 M 点和地球自转轴所构成的平面称 M 点的子午面，子午面与地球表面的交线称为子午线，又称经线。按照国际天文学会规定，通过英国格林尼治天文台的子午面称为起始子午面，以它作为计算经度的起点，向东从 $0°\sim180°$ 称东经，向西从 $0°\sim180°$ 称西经。M 点的子午面与起始子午面之间的夹角 λ 即为 M 点的经度。M 点的铅垂线与赤道平面之间的夹角 φ 即为 M 点的纬度。赤道以北从 $0°\sim90°$ 称北纬，赤道以南从 $0°\sim90°$ 称南纬。M 点的经度和纬度已知，则该点在地球表面上的投影位置即可确定。

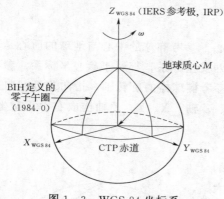

图 1-3 WGS 84 坐标系

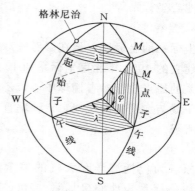

图 1-4 地理坐标

（2）高斯平面直角坐标。地理坐标的优点是对于整个地球有一个统一的坐标系统，多用于大地测量，但它的观测和计算都比较复杂，对工程应用而言十分不便。工程应用中，测绘成果通常需要绘制在地图平面上，工程设计与计算也是在平面上进行的，所以需要将曲面坐标采用适当的地图投影转换成平面直角坐标。在我国通常采用高斯-克吕格投影转化为平面直角坐标系，这种坐标系由高斯创造，经克吕格改进而得名。它采用分带（经差 6°或 3°划分为一带）投影的方法，每一投影带展开成平面，以中央子午线为纵轴 x，赤道为横轴 y，建立全国统一的平面直角坐标系统。解决了地面点向椭球面投影并展绘于平面的问题，又满足了地形图测绘的要求。其基本内容将在第十章中介绍。

（3）平面直角坐标。当测量的范围较小时（半径不大于 10km 的区域内），可把该部分的球面视为水平面，将地面点直接沿铅垂线方向投影于水平面上。如图 1-5 所示，以相互垂直的纵横轴建立平面直角坐标系。纵轴为 x 轴，与南北方向一致，以向北为正，向南为负。横轴为 y 轴，与东西方向一致，向东为正，向西为负。这样任一点平面位置可以其纵横坐标 x、y 表示，如果坐标原点 o 是任意假定的，则为独立的平面直角坐标系。

由于测量上所用的方向是从北方向（纵轴方向）起按顺时针方向以角度计值（象限也按顺时针编号）。因此，将数学上平面直角坐标系（角值从横轴正方向起按逆时针方向计值）的 x 和 y 轴互换后，数学上三角函数的计算公式可不加改变直接用于测量的计算中。

（三）高程

（1）绝对高程。地面点沿垂线方向至大地水准面的距离称为绝对高程或海拔。在图 1-6 中，地面点 A 和 B 的绝对高程分别为 H_A 和 H_B。过去我国采用青岛验潮站 1950—1956 年观测成果求得的黄海平均海水面作为高程的零点，测出水准原点的高程为 72.289m，称为"1956 年黄海高程系"。后经复查，发现该高程系验潮资料过短，准确性较差。于 20 世纪 80 年代又采用青岛验潮站

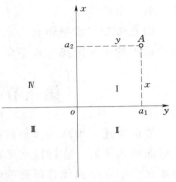

图 1-5　平面直角坐标

1953—1977 年的验潮资料，测出水准原点的高程为 72.260m，并以该大地水准面为高程起算面，并命名为"1985 年国家高程基准"。

（2）相对高程。地面点沿铅垂线方向至任意假定水准面的距离称为该点的相对高程，亦称假定高程。如在图 1-6 中，地面点 A 和 B 的相对高程分别为 H'_A 和 H'_B。两点高程之差称为高差。图 1-6 中，A、B 点的高差 $h_{AB} = H_B - H_A = H'_B - H'_A$。

在测量工作中，一般采用绝对高程，只有在偏僻地区，附近没有已知的绝对高程点可引测时，才采用相对高程。

（四）地面点的相互位置关系及测量的基本工作

高低不一的地面点，是沿铅垂线方向投影到水平面上，而后缩绘到图纸上。因此，研究地面点相互位置的关系，可分别研究点与点之间的平面位置和高程位置的关系。

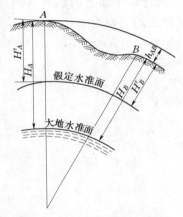

图 1-6　绝对高程与相对高程

设 A、B、C 为地面上的三点（图 1-7），投影到水平面上的位置分别为 a、b、c。如果 A 点的位置已知，要确定 B 点的位置，除 B 点到 A 点在水平面上的距离 D_{AB}（水平距离）必须知道外，还需要知道 B 点在 A 点的哪一方向。图上 ab 的方向可用通过 a 点的指北方向与 ab 的夹角（水平角）α 表示，α 角称为方位角，有了 D_{AB} 和 α，B 点在图上的位置 b 就可以确定。如果要确定 C 点在图上的位置 c，则需要测量 BC 在水平面的距离 D_{BC} 及 b 点相邻两边的水平夹角 β，通过几何关系即可求出 C 点坐标。

在图中还可以看出，A、B、C 点的高程不同，除平面位置外，还要知道它们的高低关系，即 A、B、C 三点的高程 H_A、H_B、H_C 或高差 h_{AB}、h_{BC}，这样，这些点的

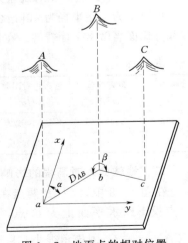

图 1-7　地面点的相对位置

5

位置就完全确定了。

由此可知，水平距离、水平角及高差是确定地面点相对位置的 3 个基本几何要素。测量地面点的水平距离、水平角及高差是测量的基本工作。

第三节　用水平面代替水准面的限度

如前所述，地球的体形可视为旋转椭球体，在普通测量中，当测区面积不大时，又可把球面视为平面，亦即以水平面代替水准面，使计算和绘图工作大为简化，但是多大范围内才允许用水平面代替球面呢？下面来讨论这个问题。

一、地球曲率对水平距离的影响

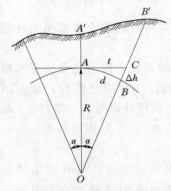

图 1-8　用水平面代替水准面

如图 1-8 所示，设地面上有 A'、B' 两点，它们投影到球面的位置为 A、B，如把水平面代替水准面，则该两点在水平面上的投影位置为 A、C。这样以平面上的距离 $AC(t)$ 代替球面上的距离 $AB(d)$，则产生的误差为

$$\Delta d = t - d = R\tan\alpha - R\alpha \qquad (1-1)$$

式中　R——地球半径（6371km）；

　　　α——弧长 d 所对圆心角。

将 $\tan\alpha$ 用级数展开，并取级数前两项，得

$$\Delta d = R\alpha + \frac{1}{3}R\alpha^3 - R\alpha = \frac{1}{3}R\alpha^3 \qquad (1-2)$$

因为 $\alpha = \dfrac{d}{R}$，故

$$\Delta d = \frac{d^3}{3R^2} \qquad (1-3)$$

以不同的 d 值代入式（1-3），算得相应的 Δd 和 $\dfrac{\Delta d}{d}$ 值列在表 1-2，由表中可看出，距离为 10km 时，产生的相对误差为 1/120 万，小于目前最精密距离丈量的允许误差 1/100 万，因此可以认为，在半径为 10km 的区域，地球曲率对水平距离的影响可以忽略不计，即可把该部分球面当做水平面看待。在精度要求较低的测量工作中，其半径可扩大到 25km。

表 1-2　　　　　　　　　　　　地球曲率对水平距离和高程的影响

距离 d	距离误差 Δd/mm	距离相对误差 $\Delta d/d$	高程误差 Δh/mm	距离 d	距离误差 Δd/mm	距离相对误差 $\Delta d/d$	高程误差 Δh/mm
100m	0.000008	1/1250000 万	0.8	10km	8.2	1/120 万	7850.0
1km	0.008	1/12500 万	78.5	25km	128.3	1/19.5 万	49050.0

二、地球曲率对高程的影响

在图 1-8 中，A、B 两点在同一水准面上，其高程相等。但如用平面代替球面，则 B' 点投影到水平面上为 C 点，这时在高程方面产生的误差为 Δh，从图中可以看出，$\angle CAB = \dfrac{\alpha}{2}$，因该角很小，以弧度表示，有

$$\Delta h = d \frac{\alpha}{2} \qquad (1-4)$$

因
$$\alpha = \frac{d}{R}$$

故
$$\Delta h = \frac{d^2}{2R} \qquad (1-5)$$

以不同的距离 d 代入上式，算得相应的 Δh 值列在表 1-2。从表中可以看出，当距离为 100m 时，在高程方面的误差就接近 1mm，这对高程测量来说，其影响是很大的，所以尽管距离很短，也不能忽视地球曲率对高程的影响。

第四节　测量工作的基本原则

进行测量工作，无论是地形测图还是施工放样，要在某一点上测绘该地区所有的地物和地貌或测设建筑物的全部细部是不可能的。例如图 1-9（a）所示，在 A 点只能测绘附近的房屋、道路等的平面位置和高程，对于山的另一面或较远的地物就观测不到，因此，必须连续逐点设站观测。所以测量工作必须按照一定的原则进行，这就是在布局上"由整体到局部"；在工作步骤上"先控制后碎部"。即先进行控制测量，然后进行碎部测量。

控制测量包括平面控制测量和高程控制测量，如图 1-9（a）所示，先在测区内布设 A、B、C、D、E、F 等控制点连成控制网（图中为闭合多边形），用较精密的方法测定这些点的平面位置和高程，以控制整个测区，并依一定比例尺将它们缩绘到图纸上，然后以控制点为依据进行碎部测量，即在各控制点上测量附近的屋角、道路中心线和河岸线的转折点，以及地貌的特征点（山脊线、山谷线的起点终点，地貌方向及坡度变化点等），对照实地情况，按一定符号，描绘成图。

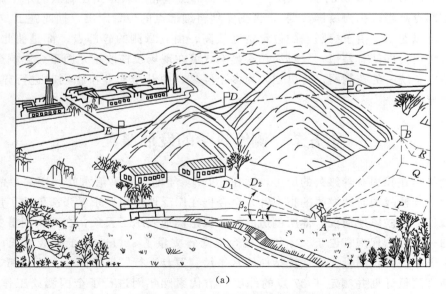

(a)

图 1-9（一）　测图原则示意图

7

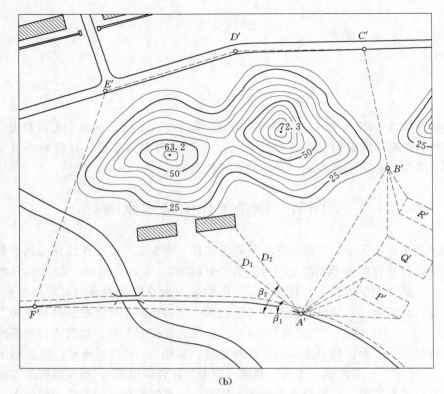

(b)

图 1-9（二）　测图原则示意图

对于建筑物的施工放样，也必须遵循"由整体到局部""先控制后碎部"的原则。先在施工地区布设施工控制网，控制整个建筑物的施工放样。然后在设计图纸上算出建筑物［图 1-9（b）中虚线所示的 P'、Q'、R'］的细部点（轮廓点）到控制点的水平距离、水平角及细部点高程（称为放样数据），再到实地将细部点的位置定出，据此施工。

从上可以看出，由于控制点的位置精度较高，由它量测的碎部点，都是彼此独立的，误差不会传递。即使有差错，只对局部有影响（可在现场校核改正）而不会影响全局。同时由于建立了统一的控制网，可以划分为多个区域，由几个作业小组同时进行碎部测量，加快测量速度。

第五节　测绘科学的发展概况

测绘科学在我国有着悠久的历史，远在 4000 多年前，夏禹治水就利用简单的工具进行了测量。春秋战国时期发明的指南针，至今仍在广泛地使用。东汉张衡创造了世界上第一架地震仪——候风地动仪，他所创造的天球仪正确地表示了天象，在天文测量史上留下了光辉的一页。唐代南官说于 724 年在现今河南省丈量了 300km 的子午线弧长，是世界上第一次子午线弧长测量。宋代沈括使用水平尺、罗盘进行了地形测量。元代郭守敬拟定了全国纬度测量计划并测定了 27 点的纬度。清代康熙年间进行了全国测绘工作。总之，几千年来我国劳动人民对世界科学文化的发展做出过卓越的贡献。

在世界上，17世纪初望远镜的发明和应用，对测量技术的发展起了很大的促进作用。1683年法国进行了弧度测量，证明地球是两级略扁的椭球体。1794年德国高斯提出最小二乘法理论，以后又提出横圆柱投影学说，对测量理论作出了宝贵贡献。1903年飞机的发明，促进了航空摄影测量技术的发展，大大减轻了野外测图的劳动强度。

1949年中华人民共和国成立后，我国的测绘科学进入了一个蓬勃发展的新阶段，60多年来取得了不少成就。在全国范围内测定了统一的大地控制网，完成了大量不同比例尺的地形图，进行了大量的工程建设测量工作，并研制了各种测绘仪器，满足生产需要。

新的科学技术的发展，大大推动了测绘科学的发展。20世纪60年代，随着光电技术和微型电子计算机的兴起，对测绘仪器和测量方法的变革起了很大推动作用，如利用光电转换原理及微处理器制成电子经纬仪，可迅速地测定水平角和竖直角，应用电磁波在大气中的传播原理制成各种光电测距仪，可迅速精确地测定两点之间地距离。将电子经纬仪与电磁波测距融为一体的全站仪，可迅速测定和自动计算测点的三维坐标，自动保存观测数据，并将观测数据传输到计算机自动绘制地形图，实现数字化测图。随着人造地球卫星的发射和遥感技术的发展，利用航天遥感像片及扫描信息测绘地形图，随时监视自然界的变化，进行自然环境、自然资源的调查，不仅覆盖面积大，而且不受地理和气候条件的限制，极大地提高了功效。迅速发展的全球导航卫星系统（Global Navigation Satellite System，GNSS），人们只需在测点上安置GNSS接收机，通过接收卫星信号，利用专门的数据处理软件，即可迅速获得测点的三维坐标，它已广泛用于军事和国民经济的许多领域。总之，目前的测量技术正向着多领域、多品种、高精度、自动化、数字化、资料储存微型化等方面发展。下面对相关技术进行简要介绍。

1. 测量机器人

测量机器人，又称自动全站仪、智能型全站仪，是一种集自动目标识别、自动照准、自动测角与测距、自动目标跟踪、自动记录和自动数据处理于一体的测量平台。目前市场上常见的测量机器人有徕卡公司生产的TS系列、TM系列，天宝公司生产的S8、S9等，图1-10为徕卡TS60测量机器人，图1-11为天宝S9测量机器人。

图1-10　徕卡TS60测量机器人

图1-11　天宝S9测量机器人

测量机器人除了具有传统全站仪的功能外，还具有照准部的马达驱动和望远镜的马达驱动，以及自动识别和捕获目标的功能。由于具有马达驱动和目标识别功能，使得全站仪的功能得到了很大的扩展。有些自动全站仪还为用户提供了二次开发的平台，用户可以根据自己的需要开发专用的软件，以满足特殊的需要。

测量机器人不仅在常规测量中可以大大降低劳动强度，而且还广泛应用于很多专业领域，如大坝监测、滑坡监测、地铁监测和桥梁监测中，并且可以通过远程控制测量机器人完成测量工作。

2. 三维激光扫描仪

三维激光扫描仪是通过高速激光发射器，对观测目标发射激光并接收反射信号，通过快速获取水平角、竖直角以及激光测距来获取观测目标表面点的三维坐标。指定扫描区域后，三维激光扫描仪将快速获取该区域的一定间隔的点的三维坐标，由于间隔很小，最后获取的是大量点的三维坐标，形成了"点云"。图 1-12 为徕卡 Scan Station P30 三维激光扫描仪，图 1-13 是天宝 TX8 三维激光扫描仪。

图 1-12　徕卡 Scan Station P30 三维激光扫描仪　　　图 1-13　天宝 TX8 三维激光扫描仪

由于三维激光扫描仪技术不同于传统的高精度测绘技术，扫描速度很快（每秒可达百万个点），可以大大减少野外数据采集的工作量，其他工作可以在室内完成，大大降低了劳动强度。通过三维激光扫描仪获得百万级以上的三维坐标，形成"点云"，可以进行高精度的三维建模及几何尺寸量测。三维激光扫描仪及后处理软件被广泛应用于测绘工程、文物数字化保护、土木工程、工业测量、自然灾害调查、数字城市建设和城乡规划等众多领域中。

3. 小型航摄无人机

小型航摄无人机利用小型无人机作为航空遥感与摄影测量的作业平台，搭载 GNSS 接收机、陀螺仪、加速度计、磁力计、气压计、超声波传感器等专业设备，实施对地遥感和摄影测量作业，采集高分辨率影像，经过内业处理获取测量区域的正射影像、地形图和相关部门需要的专用测绘成果。无人机遥感技术作为航空摄影方法，可以进行影像实时传输、高危地区探测，具有机动灵活、使用方便、成本低等优点，是有人机航空遥感和卫星遥感的有效补充。广泛应用于国家生态环境保护、土地利用调查、水资源开发、森林病虫害监测、公共安全等领域。

图 1-14 是徕卡 Aibot X6 新一代电动六旋翼无人机，系统主要由飞行平台、传感器稳定云台与导航控制系统 3 大部分构成。系统具有前瞻性设计和多重安全措施。系统主要特点如下：

图 1-14　徕卡 Aibot X6 新型智能无人机系统

（1）全自动起飞降落：起飞和降落只需要一个按钮进行控制。

（2）飞行参数可配置化程度高：按照用户的需求进行自定义配置，控制飞行表现。

（3）训练模式/虚拟空间：虚拟安全区域，最小飞行高度进行训练，飞机不能离开该区域，从而避免对人或者环境造成损害，最大程度确保安全。

（4）动态 POI（Point Of Interest）：在飞行时设置兴趣点，Aibot X6 将自动调节飞行姿态，始终保持对准 POI。

（5）配套 AiProFlight 软件可进行飞机参数配置与固件管理，飞行计划制作与传输，飞行位置姿态参数的导出，整体解决方案。

第二章 水准仪及水准测量

高程是确定地面点位置的一个要素。高程测量的方法有水准测量、三角高程测量和GNSS高程测量，水准测量是精密测定高程的主要方法。

第一节 水准测量原理

水准测量是利用能提供水平视线的仪器，测定地面点间的高差，推算高程的一种方法。

图2-1中，已知A点的高程为H_A，要测定B点的高程H_B。在A、B两点间安置一架能提供水平视线的仪器——水准仪，并在A、B两点上分别竖立水准尺，利用水平视线读出A点尺上的读数a及B点尺上的读数b，由图可知A、B两点的高差为

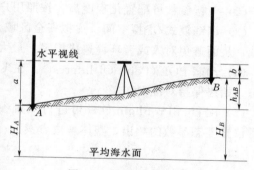

图2-1 水准测量原理

$$h_{AB} = a - b \qquad (2-1)$$

测量是由已知点向未知点方向前进的，即由A（后）→B（前），A点为后视点，a为后视读数；B为前视点，b为前视读数；h_{AB}为未知点B对已知点A的高差，它总是等于后视读数减去前视读数。高差为正时，表明B点高于A点，反之B点低于A点。

计算高程的方法有两种：一是由高差计算高程，即

$$H_B = H_A + h_{AB} \qquad (2-2)$$

二是由仪器的视线高程计算B点高程。由图可知，A点的高程加后视读数就是仪器的视线高程，用H_I表示，即

$$H_I = H_A + a \qquad (2-3)$$

由此得B点的高程为

$$H_B = H_I - b = H_A + a - b \qquad (2-4)$$

后一种计算方法在工程测量中应用比较广泛。

第二节 水准仪

水准仪是为水准测量提供水平视线的仪器，按构造原理可分为光学水准仪和数字水准

仪，其中光学经纬仪又可以分为微倾式水准仪和自动安平水准仪；按照观测精度可分为普通水准仪和精密水准仪。

一、DS₃型微倾式水准仪的构造

我国对水准仪按其精度从高到低分为 DS_{05}、DS_1、DS_3 和 DS_{10} 四个等级，其中 D、S 分别为"大地测量"和"水准仪"汉语拼音的第一个字母，05、1、3、10 表示水准仪每千米往返高差测量的中误差分别为 0.5mm、1mm、3mm、10mm。其中 DS_{05} 和 DS_1 型用于精密水准测量，DS_3 和 DS_{10} 型用于普通水准测量。本节主要介绍 DS_3 型微倾式水准仪（图 2-2）。

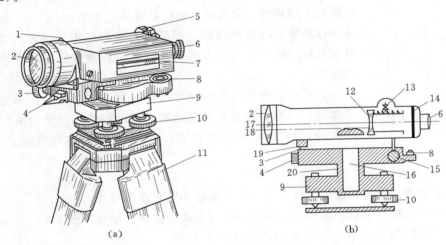

(a)　　　　　　　　　　　　　　(b)

图 2-2　DS_3 型微倾式水准仪

(a) 外形图；(b) 构造图

1—准星；2—物镜；3—微动螺旋；4—制动螺旋；5—缺口；6—目镜；7—水准管；
8—圆水准器；9—基座；10—脚螺旋；11—三脚架；12—对光透镜；13—对光螺旋；
14—十字丝分划板；15—微倾螺旋；16—竖轴；17—视准轴；18—水准管轴；
19—微倾轴；20—轴套

DS_3 型微倾式水准仪由望远镜、水准器及基座 3 个主要部分组成。仪器通过基座与三脚架连接，支承在三脚架上，基座装有 3 个脚螺旋，用以粗略整平仪器。望远镜旁装有一个管水准器，转动望远镜微倾螺旋，可使望远镜做微小的上下俯仰，管水准器也随之上下俯仰，当管水准器中气泡居中，此时望远镜视线水平。仪器在水平方向的转动，是由水平制动螺旋和微动螺旋控制的。下面对望远镜和水准器作较为详细的介绍。

(一) 望远镜

望远镜由物镜、对光透镜、十字丝分划板和目镜等部分组成。如图 2-3 所示，根据几何光学原理可知，目标经过物镜及对光透镜的作用，在十字丝附近成一实像，由于目标离望远镜的远近不同，通过转动对光螺旋使对光透镜在镜筒内前后移动，即可使其实像恰好落在十字丝平面上，再经过目镜的作用，将实像和十字丝同时放大，这时实像成为放大的虚像。其放大的虚像与用眼睛直接看到目标大小的比值，即为望远镜的放大率 V。国产 DS_3 型微倾式水准仪望远镜的放大率一般约为 30 倍。

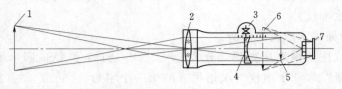

图 2-3 望远镜构造

1—目标；2—物镜；3—对光螺旋；4—对光凹透镜；5—倒立实像；6—放大虚像；7—目镜

十字丝是用以瞄准目标和读数的，其形式一般如图 2-4 所示。其中十字丝的交点和物镜光心的连线，称为望远镜的视准轴，如图 2-2 (b) 所示，也是用以瞄准和读数的视线。因此望远镜的作用，一方面提供一条瞄准目标的视线；另一方面将远处的目标放大，提高瞄准和读数的精度。

图 2-4 十字丝

上述望远镜是利用对光凹透镜的移动来对光的，称为内对光望远镜；另有一种老式的望远镜是借助物镜或目镜的前后移动来对光的，称为外对光望远镜。目前测量仪器均采用内对光望远镜。

(二) 水准器

水准器是用以整平仪器的器具，分为管水准器和圆水准器两种。

管水准器亦称水准管，是用一个内表面磨成圆弧的玻璃管制成 (图 2-5)，水准管内盛满酒精和乙醚的混合液，并在管内留一定体积的空气。一般规定以圆弧 2mm 长度所对圆心角 τ 表示水准管的分划值。分划值越小，灵敏度越高，DS$_3$ 型水准仪的水准管分划值一般为 $20''/2mm$。管内圆弧中点处 (圆弧最高点) 的切线，称为水准管轴。当气泡两端与圆弧中点对称时，称为气泡居中，即表示水准管轴处于水平位置。从图 2-2 (b) 可知，水准仪上的水准管是与望远镜连在一起的，当水准管轴与望远镜视准轴互相平行时，水准管气泡居中，视线也就水平了。因此水准管和望远镜是水准仪的主要部件，水准管轴与视准轴相互平行是水准仪构造的主要条件。

为了提高水准管气泡居中的精度，目前生产的微倾式水准仪，一般在水准管上方设置一组棱镜，利用棱镜的折光作用，使气泡两端的像反映在直角棱镜上 [图 2-6 (a)]。从望远镜旁的小孔中可观察到气泡两端的影像，当两个半圆形气泡的像错开，表明气泡未居中 [图 2-6 (b)]。当两个半圆形气泡吻合，则表示气泡居中 [图 2-6 (c)]。这种具有棱镜装置的水准管，称为符合水准器。

圆水准器如图 2-7 所示，它是用一个玻璃圆盒制成，装在金属外壳内。玻璃的内表面磨成球面，中央刻有一小圆圈，圆圈中点与球心的连线叫做圆水准轴 (L_1L_1)。当气泡

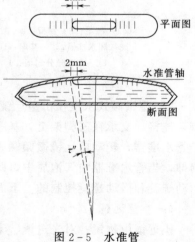

图 2-5 水准管

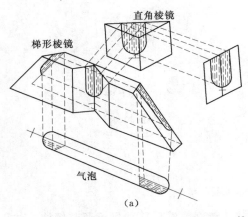

不水平 (b)　　　水平 (c)

图 2-6　符合水准器

位于小圆圈中央时，圆水准轴处于铅垂位置。普通水准仪的圆水准器分划值一般是 $8'/2\text{mm}$。圆水准器安装在托板上，其轴线与仪器的竖轴互相平行，所以，当圆水准器气泡居中时，表示仪器的竖轴已基本处于铅垂位置。由于圆水准器的精度较低，它主要用于水准仪的粗略整平。

图 2-7　圆水准器

（三）水准尺和尺垫

水准尺是水准测量中的重要工具，常用干燥而良好的木材制成。尺的形式有直尺、折尺和塔尺（图 2-8）。水准测量一般使用直尺，只有精度要求不高时才使用折尺或塔尺。

尺垫又称尺台，其形式有三角形、圆形等。测量时为了防止尺子下沉，常常将尺垫放在地上踏稳，然后把水准尺竖立在尺垫的半圆球顶上（图 2-8）。

水准测量时在传递高程的临时点处一定要放置尺垫，并且使之保持稳定不发生变动。

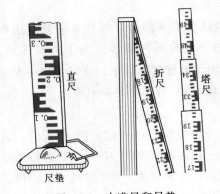

图 2-8　水准尺和尺垫

（四）水准仪的使用

1. 安置与粗略整平

支开三脚架，用连接螺旋固连水准仪与三脚架，使用脚螺旋居中圆水准器的气泡，如图 2-9 所示，气泡不在圆水准器的中心而偏到 1 点，这表示脚螺旋 A 一侧偏高，此时可用双手按箭头所指的方向对向旋转脚螺旋 A 和 B，使气泡向脚螺旋 B 方向移动，直至 2 点位置时为止。再旋转脚螺旋 C，如图 2-9（b）所示，使气泡从 2 点移到圆水准器的中心，这时仪器的竖轴大致竖直，亦即仪器大致水平。

2. 瞄准

当仪器粗略整平后，松开望远镜的制动螺旋，利用望远镜筒上的缺口和准星瞄准水准

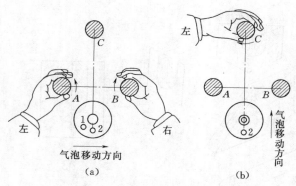

图 2-9 圆水准器的整平

尺，在望远镜内看到水准尺后，旋紧或拧紧制动螺旋。然后转动目镜调节螺旋，使十字丝成像清晰，再转动物镜对光螺旋，使水准尺的分划成像清晰。当十字丝和水准尺的成像均清晰，对光工作才算完成。这时如发现十字丝竖丝偏离水准尺，则可利用微动螺旋使十字丝竖丝对准水准尺（图 2-10）。

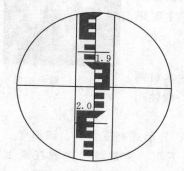

图 2-10 水准尺读数

3. 精确整平和读数

转动微倾螺旋使水准管的气泡精确居中〔图 2-6 (c)〕。然后立即利用十字丝中横丝读取尺上读数。无论水准尺成倒像或正像，水准尺上读数均应按从小到大的顺序读取，在图 2-10 中，水准尺成倒像，读数应该从上往下读，精确读到厘米位，估读毫米位，因此从望远镜中读得读数为 1.948m。

二、自动安平水准仪

微倾式水准仪进行水准测量必须使水准管气泡严格居中，才能读数，这样费时较多。为了提高工效，人们研制了一种自动安平水准仪。该类水准仪只需将圆水准器气泡居中，就可利用十字丝进行读数，从而加快了测量速度。图 2-11 (a) 是我国 DSZ₃ 型自动安平水准仪。

（一）自动安平水准仪的原理

如图 2-12 所示，当视线水平时，水平光线恰好与十字丝交点所在位置 K' 重合，读数正确无误，如视线倾斜一个 α 角，十字丝交点移动一段距离 d 到达 K 处，这时按十字丝交点 K 读数，显然有偏差。如果我们在望远镜内的适当位置装置一个"补偿器"，使进入望远镜的水平光线经过补偿器后偏转一个 β 角，恰好通过十字丝交点 K，这样按十字丝交点 K 读出的数仍然是正确的。由此可知，补偿器的作用，是使水平光线发生偏转，而偏转角的大小正好能够补偿视线倾斜所引起的读数偏差。因为 α 和 β 角都很小，从图 2-12可知

$$f\alpha = s\beta \qquad\qquad (2-5)$$

即

$$\frac{\beta}{\alpha} = \frac{f}{s} = n \qquad\qquad (2-6)$$

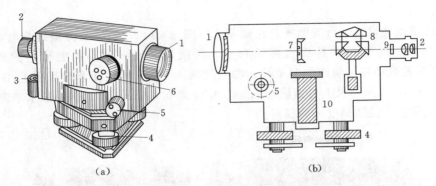

图 2-11 DSZ₃ 型自动安平水准仪

(a) 外形图；(b) 剖面图

1—物镜；2—目镜；3—固水准器；4—脚螺旋；5—微动螺旋；6—对光螺旋；7—调焦透镜；

8—补偿器；9—十字丝分划板；10—竖轴

式中 f——物镜和对光透镜的组合焦距；

        s——补偿器至十字丝分划板的距离；

        α——视线的倾斜角；

        β——水平视线通过补偿器后的偏转角；

        n——β 与 α 的比值，称为补偿器的放大倍。

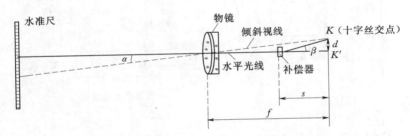

图 2-12 自动安平水准仪原理

在设计时，只要满足式（2-6）的关系，即可达到补偿的目的。

（二）自动安平水准仪的使用

自动安平水准仪的补偿范围一般为 $\pm 8' \sim \pm 11'$，圆水准器的分划值一般为 $8'/2mm$，因此使用自动安平水准仪进行水准测量，只要把仪器安置好，旋转脚螺旋令圆水准器气泡居中，即可用望远镜瞄准水准尺利用十字丝读数。

三、精密水准仪

国家一、二等水准测量和精密工程测量需要使用 DS_{05} 或 DS_1 型精密水准仪。

（一）精密水准仪的构造

精密水准仪的类型有多种，这里以徕卡 N_3 水准仪为例，介绍精密水准仪的构造及使用方法。

N_3 水准仪的外形如图 2-13 所示，其望远镜放大率为 42 倍，水准管分划值为 $10''/2mm$，每公里往返测高差中误差小于 0.5mm，属 DS_{05} 型精密水准仪，适用于一等、二等水准测量。

仪器的望远镜设有平行玻璃板及测微装置（图2-14）。当转动测微螺旋时将带动平行玻璃板转动，水准尺的构像也随着移动，测微轮转动一周，水准尺上的构像移动10mm，测微轮带动望远镜内的测微尺，测微尺共100格，相当于水准尺上的10mm，故每格为0.1mm，从测微尺上可直读0.1mm，估读到0.01mm，不必像一般水准测量那样，在水准尺上估读，读数精度大为提高。

图2-13 WILD N₃精密水准仪

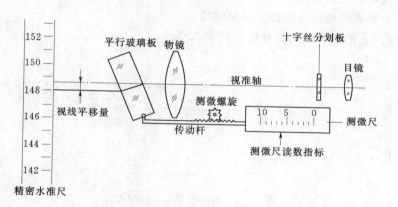

图2-14 精密水准尺测微尺读数原理

仪器配有一对3m长的铟瓦水准尺，铟瓦受温度影响较小，保证了尺长的稳定。水准尺一侧为基本分划，尺的底部为零；另一侧为辅助分划，尺的底部一般从3.0155m起算（图2-15），用作测站校核。

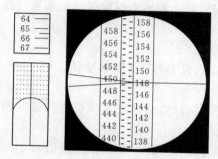

图2-15 精密水准仪读数

（二）仪器的使用

操作步骤如下：

（1）安置仪器，转动三个脚螺旋令圆水准器的气泡居中。

（2）用望远镜照准水准尺，转动微倾螺旋，使符合水准器气泡严格居中。

（3）转动测微轮，令十字丝分划板的楔形丝正好夹准水准尺上基本分划的一条刻划，如图2-15中为 148，即 148cm，接着在测微尺上读出尾数，图中为 655（即 0.655cm），则整个读数为 148＋0.655＝148.655(cm)。辅助分划的读数方法与基本分划的读数方法相同。

四、数字水准仪

数字水准仪又称电子水准仪，是现代微电子技术和传感器工艺发展的产物，它依据图像识别原理，将编码尺的图像信息与已存储的参考信息进行比较获得高程信息。它除了在望远镜内安置自动安平补偿器外，还增加了分光镜和光电探测器（CCD）等部件，配合使用条形码水准尺和图像处理电子系统，实现自动安平、自动读数、自动记录、检核、计算数据处理和存储，构成水准测量外业和内业的一体化，避免了读错记错等差错，可自动多次测量，削弱外界条件变化的影响，大大提高观测精度和速度。

（一）数字水准仪的原理

水准标尺上宽度不同的条码通过望远镜成像到像平面上的 CCD 传感器，CCD 传感器将黑白相间的条码图像转换成模拟图像信号，再经仪器内部的数字图像处理，可获得望远镜中丝在条码标尺上的读数，如图 2－16 所示。此数据一方面显示在屏幕上，另一方面可存储在仪器内的存储器中。

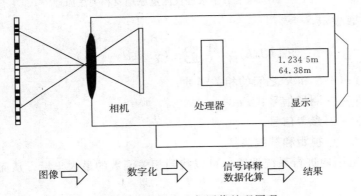

图 2－16 数字水准仪图像处理原理

当前数字水准仪测量原理主要有：相关法、RAB 编码法、几何法、相位法、叶氏原理等。下面介绍具有代表性相关法和 RAB 编码法。

1. 相关法

现以瑞士徕卡 NA 系列数字水准仪为例，将相关法原理简述如下。

如图 2－17 所示，望远镜照准水准尺并调焦后，尺上的条形影像进入分光镜后，分光镜将其分为可见光和红外光两部分，可见光影像成像在分划板上，供目视观测，红外光影像成像在 CCD 探测器上，探测器将接收到的光图像转换成模拟信号，再转换为数字信号传至处理器，与仪器内原先存储的水准尺条形码数字信息进行相关比较，当两信号处于最佳相关位置时如图 2－18 所示，即获得水平视线读数和视距读数（仪器至水准尺的距离），并将处理结果存储和显示于屏幕上。

相关法有两个重要参数，也就是"视线高"和"物像比"，仪器的视线高表现为标尺条码像在线性传感器 CCD 上的位置；而且，标尺上的条码与其成像的物像比取决于仪器和条码标尺之间的距离，或者说物像比是视距的函数。有关这两个参数的这种变化可以用

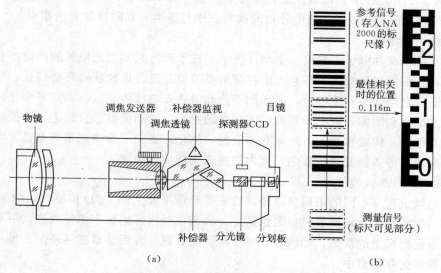

（a）   （b）

图 2-17 徕卡数字水准仪测量原理及相关法原理

二维离散相关函数表示：

$$F_{SR}(d,h) = \frac{1}{N} \sum_{i=0}^{N} S_i(y) R(d, y-h) \qquad (2-7)$$

式中　$F_{SR}(d,h)$——S 和 R 之间的相关函数；

　　　　$S_i(y)$——测量信号；

　　　$R(d,y-h)$——参考信号；

　　　　d、h——视距和视线高。

在整个测量范围内进行系统搜索，可以找到相关函数的最大坐标，从而确定函数值对应的 d 和 h 值。

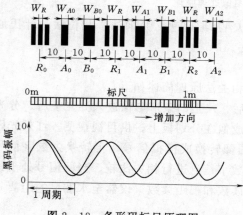

图 2-18 条形码标尺原理图

NA3003 数字水准仪配合条码尺，其观测精度可达 0.4mm/km，主要用于精密水准测量。

2. RAB 编码法

RAB 编码法的条形码标尺如图 2-18 所示，R 为参考码，A 和 B 为信息码，参考码 R 为三道等宽的黑色码条，以中间码条的中线为准，每隔 3cm 就有一 R 码，信息码 A 与信息码 B 位于 R 码的上、下两边，下边 10mm 处为 B 码，上边 10mm 处为 A 码，A 码与 B 码宽度按正弦规律改变，其信号波长分别为 33cm 和 30cm，最窄的码条宽度不到 1mm，这 3 种信号的频率和相位可以通过快速傅里叶变换（FFT）获得。

数字水准仪应与相应厂家生产的条码尺配套使用，不能互换。若不用条码水准尺，改用普通的水准尺，则数字水准仪变成一台普通的自动安平水准仪。

（二）徕卡 DNA03 数字水准仪

徕卡公司在 NA3003 数字水准仪的基础上，又研制了 DNA03 数字水准仪。销往我国的 DNA03 数字水准仪显示界面全为中文，并内置适合我国水准测量规范的观测程序，其外形如图 2-19 所示。

图 2-19　徕卡 DNA03 中文数字水准仪

徕卡 DNA03 数字水准仪其观测精度可达 0.3mm/km。最小读数 0.01mm，并进行了如下改进。

（1）采用大屏幕显示屏，一屏可显示 8 行 15 列共 120 个汉字。

（2）采用新型磁性阻尼补偿器，自动安平精度更高。

（3）流线型外观设计，减少风力影响。

（4）可在多种测量模式中选择适当模式，减少外界条件的影响。

（5）若选用 Level-Adj 中文平差软件，可实现外业观测数据的全自动处理。

第三节　水准测量的一般方法和要求

一、水准测量的实施

水准测量是按一定的水准路线进行的，现仅就由一已知高程点（水准点）测定另一点（待测高程点）的高程为例，说明进行水准测量的一般方法。

当两点距离较远或高差过大时，则需在两点之间分成若干段，逐段安置仪器，依次测得各段高差，而后测算两点的高差。如图 2-20 所示，在 A、B 两点间逐次设 3 个点，安置 4 次仪器，每安置一次仪器测读后、前视读数，得各段高差为

$$h_1 = a_1 - b_1$$
$$h_2 = a_2 - b_2$$
$$h_3 = a_3 - b_3$$
$$h_4 = a_4 - b_4$$

由图可知，两点间的高差为 4 段高差之和，即

$$h_{AB} = \sum h = \sum a - \sum b \tag{2-8}$$

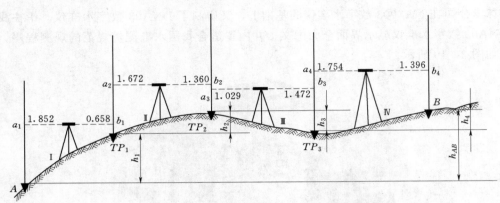

图 2-20 水准测量示意图

在实际作业中，应按一定的记录格式随测、随记、随算。以图 2-20 为例，开始将水准仪安置在已知点 A 及第一点 TP_1 之间，测得 $a_1 = 1.852\text{m}$ 及 $b_1 = 0.658\text{m}$，分别记入表 2-1 中第一测站的后视读数及前视读数栏内，算得高差 $h_1 = +1.194\text{m}$，记入高差栏内。水准仪搬至 Ⅱ 站，A 点上的水准尺由持尺者向前选第二点 TP_2，在其上立尺，水准仪搬至 TP_1 和 TP_2 之间，后视 TP_1，前视 TP_2，将测得的后、前视读数及算得的高差记入第二测站的相应各栏中。然后又搬仪器至 Ⅲ、Ⅳ 站继续观测。所有观测值和计算见表 2-1，其中计算校核中算出的 $\sum h$ 与 $\sum a - \sum b$ 相等，表明计算无误，如不等则计算有错，应重算加以改正。

表 2-1 水 准 测 量 记 录

测站	测点	后视读数/m 前视读数/m		高差/m +	高差/m −	高程/m	备注
1	A	后	1.852	1.194		71.632	
1	TP_1	前	0.658	1.194		72.826	
2	TP_1	后	1.672	0.312			
2	TP_2	前	1.360	0.312		73.138	
3	TP_2	后	1.029		0.443		
3	TP_3	前	1.472		0.443	72.695	
4	TP_3	后	1.754	0.358			
4	B	前	1.396	0.358		73.053	
计算的校核	$\sum$后 $\sum$前	6.307 −4.886 +1.421		1.864 −0.443 +1.421		73.053 −71.632 + 1.421	

从观测过程与表 2-1 可知，A 点高程是通过在地面上临时选择的 TP_1、TP_2、TP_3

等点传递到 B 点的，这些点称为转点（Turning Point），它起传递高程的作用，所以在转点上先有前视读数，而后有后视读数，才能起传递作用，因此，测量过程中转点位置的任何变动，将会直接影响 B 点的高程，为此转点应选择在坚实的地面上，放置尺垫并踩实，还要注意不能有任何意外的变动。

二、水准测量的校核方法和精度要求

在水准测量中，测得的高差总是不可避免地含有误差。为了判断测量成果是否存在错误及是否符合精度要求，必须采取相应的措施进行校核。

（一）测站校核

1. 改变仪器高法

即在每个测站上，测出两点间高差后，重新安置仪器（升高或降低仪器 10cm 以上）再测一次，两次测得高差其不符值应在允许范围内。这个允许值按水准测量等级不同而异，我国水准测量按精度从高到低分为一等、二等、三等、四等，统称为国家水准测量（第七章），其余称等外水准测量或一般水准测量。对一般水准测量两次高差不符值的绝对值应小于 5mm，否则应重测。

2. 双面尺法

将水准尺划分为红、黑两面，而红面与黑面的刻划差一个常数，这样在一个测站上对每个测点既读取黑面读数，又读取红面读数，据此校核红、黑面读数之差以及由红、黑面测得高差之差是否在允许范围内（第七章）。采用双面尺法不必重新安置仪器，从而节约了时间，提高了工效。

测站校核可以校核本测站的测量成果是否符合要求，但整个路线测量成果是否符合要求甚至有错，则不能判定。例如，假设迁站后，转点位置发生移动，这时测站成果虽符合要求，但整个路线测量成果都存在差错，因此，还需要进行下述的路线校核。

（二）路线校核

进行水准测量的路线有如下两点。

1. 闭合水准路线

如图 2-21 所示，设水准点 BM_1（Bench Mark）的高程为已知，由该点开始依次测定 1、2、3 点高程后，再回到 BM_1 点组成闭合水准路线。这时高差总和在理论上应等于零，即 $\sum h_{理}=0$。但由于测量含有误差，往往 $\sum h \neq 0$，而存在高差闭合差 Δh，即

$$\Delta h = \sum h_{测} \qquad (2-9)$$

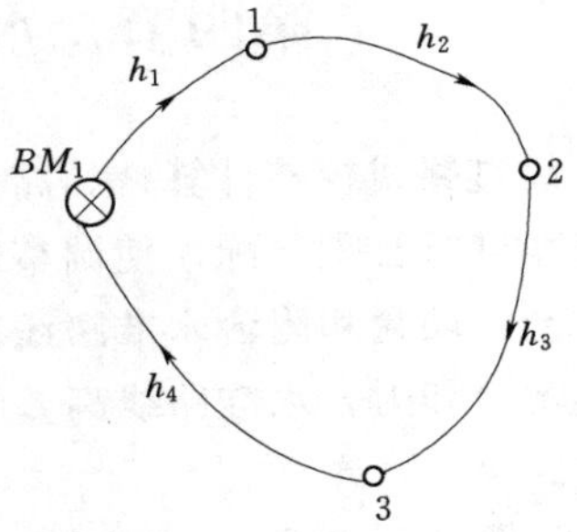

图 2-21　闭合水准路线

高差闭合差 Δh 的大小反映了测量成果的质量，闭合差的允许值 $\Delta h_{允}$ 视水准测量的等级不同而异，对等外水准测量

或

$$\left.\begin{array}{l} \Delta h_{允} = \pm 40\sqrt{L}(\text{mm}) \\ \Delta h_{允} = \pm 10\sqrt{n}(\text{mm}) \end{array}\right\} \qquad (2-10)$$

式中　L——路线长度，km；

　　　n——测站数。

若高差闭合差的绝对值大于 $\Delta h_{允}$，说明测量成果不符合要求，应当重测。

2. 附合水准路线

如图 2-22 所示，设 BM_1 点的高程 $H_{始}$、BM_2 点的高程 $H_{终}$ 均为已知，现从 BM_1 点开始，依次测定 1、2、3 点的高程，最后附合到 BM_2 点上，组成附合水准路线。这时测得的高差总和 $\sum h_{测}$ 应等于两水准点的已知高差（$H_{终}-H_{始}$）。实际上，两者往往不相等，其差值 Δh 即为高差闭合差

$$\Delta h = \sum h_{测} - (H_{终} - H_{始}) \tag{2-11}$$

高差闭合差的允许值与式（2-10）相同。

3. 支水准路线

如图 2-23 所示，从已知水准点 BM_1 开始，依次测定 1、2、3 点的高程后，既不附合到另一水准点，也不闭合到原水准点。但为了校核，应从 3 点经 2、1 点返测回到 BM_1。这时往测和返测的高差的绝对值应相等，符号相反。如往返测得高差的代数和不等于零即为闭合差高差闭合差的允许值仍按式（2-10）计算，但路线长度或测站数以单程计。

$$\Delta h = h_{往} + h_{返} \tag{2-12}$$

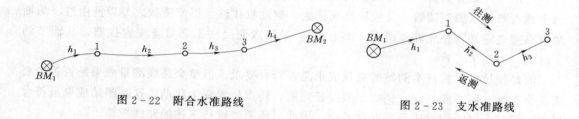

图 2-22　附合水准路线　　　　　　　图 2-23　支水准路线

第四节　水准路线闭合差的调整与高程计算

经过路线校核计算，如高差闭合差在允许范围内，说明测量成果符合要求，这时应将闭合差进行合理分配，使调整后的高差闭合差为零，并据此推算各测点的高程。

一、闭合和附合水准路线高差闭合差的调整

闭合和附合水准路线高差闭合差的调整，其方法相同，现以附合路线为例来说明调整方法。

如图 2-22 所示，已知水准点 BM_1 的高程 $H_{始}=39.833$m，BM_2 点的高程 $H_{终}=48.646$。路线长度和测得的高差列于表 2-2 中，其计算方法如下。

（一）高差闭合差的计算

闭合差　　　　　$\Delta h = \sum h_{测} - (H_{终}-H_{始}) = 8.847 - (48.646 - 39.833) = +34$（mm）

允许闭合差　　　　　　　$\Delta h_{允} = \pm 10\sqrt{n} = \pm 10\sqrt{20} = \pm 44.7$（mm）

$\Delta h < \Delta h_{允}$，说明观测成果符合要求，可进行闭合差调整。

（二）高差闭合差的调整

一般来说，水准测量路线越长或测站数越多，则误差越大，即误差与路线长度或测站

数成正比，根据这个原则，将闭合差反其符号，按路线长度或测站数成正比分配到各段高差观测值上。则高差改正值为

$$\Delta h_i = -\frac{\Delta h}{\sum L}L_i \quad \text{（以路线长成正比分配）}$$

或

$$\Delta h_i = -\frac{\Delta h}{\sum n}n_i \quad \text{（以测站数成正比分配）}$$

$$(2-13)$$

式中 $\sum L$——路线总长；

L_i——第 i 测段长度，$i=1,\ 2,\ \cdots$；

$\sum n$——测站总数；

n_i——为第 i 测段测站数。

在本例中，以测站数成正比分配，则 BM_1 至第一点的高差改正值为

$$\Delta h_1 = -\frac{\Delta h}{\sum n}n_1 = -\frac{34}{20}\times 8 = -14 \quad \text{（mm）}$$

同法可求得其余各段高差的改正值为 -5mm、-7mm、-8mm，列于表 2-2 中第 4 栏内。所算得的高差改正值的总和应与闭合差的数值相等而符号相反，可用来校核计算是否有误。在计算中，如因尾数取舍而不符合此条件，应通过适当取舍而令其符合。如在本例中第 4 段高差的改正值 $\Delta h_4 = -\frac{34}{20}\times 5 = -8.5$(mm)，此处取 -8mm，而不取 -9mm，目的是使改正值总和与闭合差相等。

表 2-2　　　　　　　　　附合水准路线高差闭合差的调整

点 号	测站数	高 差/m		改正后高差/m	高 程/m	备注
		观测值	改正值			
BM_1					39.833	国家高程基准
	8	+8.364	-0.014	+8.350		
1					48.183	
	3	-1.433	-0.005	-1.438		
2					46.745	
	4	-2.745	-0.007	-2.752		
3					43.993	
	5	+4.661	-0.008	+4.653		
BM_2					48.646	
$\sum$	20	+8.847	-0.034	+8.813		

应当指出，在坡度变化较大的地区，由于每千米安置测站数很不一致，闭合差的调整一般按测站数成正比分配；而在地势比较平坦的地区，每千米测站数相差不大，则可按路线长度成正比分配。

观测高差经过改正之后，即可根据它推算各点的高程，见表 2-2 中第 6 栏。

二、支水准路线高差闭合差的调整

支水准路线闭合差的调整是：取往测和返测高差绝对值的平均值作为两点的高差值，其符号与往测相同；然后根据起点高程以各段平均高差推算各测点的高程。

第五节 微倾式水准仪的检验和校正

水准仪主要部分的关系可用其轴线之间的几何关系来表示，如图 2-24 所示，水准仪各轴线应满足下列条件，才能提供水平视线。

(1) 圆水准器轴平行于仪器的竖轴，即 $L_1L_1 /\!/ VV$。

(2) 十字丝横丝垂直于竖轴。

(3) 水准管轴平行于视准轴，即 $LL /\!/ CC$（主要条件）。

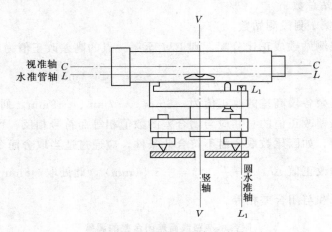

图 2-24 水准仪的轴线关系

在进行测量之前，必须对仪器进行检验校正，使仪器各部分满足正确关系，才能保证测量精度。

一、圆水准轴平行仪器竖轴的检验和校正

圆水准器是用来粗略整平水准仪的，如果圆水准轴 L_1L_1 与仪器竖轴 VV 不平行，则圆水准器气泡居中时，仪器竖轴不在竖直位置。若竖轴倾斜过大，可能导致转动微倾螺旋到了极限位置还不能使水准管气泡居中，因此只有将此项校正做好，才能较快地使符合水准气泡居中。

(1) 检验。转动三个脚螺旋使圆水准器的气泡居中，然后将望远镜旋转 180°，如果仍然居中，说明满足此条件。如果气泡偏离中央位置，则需校正。

(2) 校正。如图 2-25 所示，假设望远镜旋转 180°后，气泡不在中心而在 a 位置，这表示校正螺丝 1 的一侧偏高。校正时，转动脚螺旋使气泡从 a 位置朝圆水准器中心方向移动偏离量的一半，到图示 b 的位置，这时仪器竖轴基本处于竖直位置，然后用三个校正螺丝旋进旋出（圆水准器一侧升高或降低）使气泡居中。但应反复检验和校正，直至仪器转至任何位置，气泡始终位于

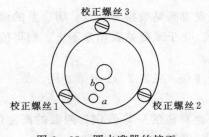

图 2-25 圆水准器的校正

中央为止。

由于圆水准器及校正螺丝装置的不同，校正螺丝旋进旋出的作用也不同。如图 2 - 26 (a) 所示，圆水准器在底部由一小圆珠支承在外壳上，三个校正螺丝穿过外壳底板与圆水准器底部的螺孔连接，如将某颗校正螺丝旋进，则该侧的圆水准器降低，气泡向相反方向移动。另一种校正设备如图 2 - 26 (b) 所示，圆水准器底部由一固定螺丝与金属外壳连接，而三颗校正螺丝穿过金属外壳将圆水准器顶住，因此旋进某颗校正螺丝，就将圆水准器顶高，气泡向着校正螺丝方向移动。因此，在校正时首先应弄清圆水准器的装置情况，掌握校正螺丝转动方向与气泡移动的关系。校正时应按先松后紧的原则，即要旋紧一颗校正螺丝，必先略松其相对的一颗螺丝，防止旋紧时导致螺丝滑丝或断裂。校正完毕，各校正螺丝应处于拧紧状态，使校正好的圆水准器固定，否则仪器稍受震动，上述关系将又被破坏。

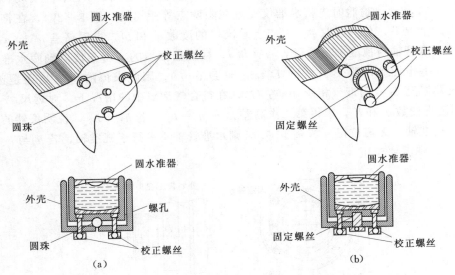

图 2 - 26　圆水准器的校正设备

(a) 拉紧型校正设备；(b) 顶紧型校正设备

二、十字丝横丝垂直于竖轴的检验和校正

水准测量是利用十字丝中横丝来读数的，当竖轴处于铅垂位置时，如果横丝不水平 [图 2 - 27 (a)]，这时按横丝的左侧或右侧读数将产生误差。

(1) 检验。用望远镜中横丝一端对准某一固定标志 A [图 2 - 27 (a)]，旋紧制动螺旋，转动微动螺旋，使望远镜左右移动，检查 A 点是否在横丝上移动，若偏离横丝 [图 2 - 27 (b)]，则需校正。

此外，也可采用挂垂球的方法进行检验，即将仪器整平后，观察十字丝竖丝是否与垂球线重合，如不重合，则需校正。

(2) 校正。校正设备有两种形式。如图 2 - 28 (a) 所示，为拧开目镜护盖后看到的情况，这时松开十字丝分划板座 4 颗固定螺丝，轻轻转动分划板座，使横丝水平，然后拧紧 4 颗螺丝，盖上护盖。另一种校正设备如图 2 - 28 (b) 所示，在目镜端镜筒上有 3 颗

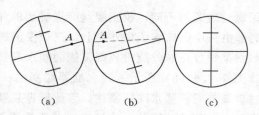

图 2-27 十字丝横丝的检验

固定十字丝分划板座的埋头螺丝，校正时松开其中任意两颗，轻轻转动分划板座，使横丝水平，再将埋头螺丝拧紧。

三、水准管轴平行于视准轴的检验和校正

（1）检验。在比较平坦的地面上，相距约 40m 左右的地方打两个木桩或放两个尺垫作为固定点 A 和 B。检验时先将水准仪安置在距两点等距离处（图 2-29），在符合气泡居中要求的情况下，分别读取 A、B 点上水准尺的读数 a_1 和 b_1，求得高差 $h_1 = a_1 - b_1$。这时即使水准管轴与视准轴不平行有一夹角 i，视线是倾斜的，由于仪器到两水准尺的距离相等，误差也相等，即 $x_1 = x_2$（$D_1 \tan i = D_2 \tan i$），因此求得的高差 h_1 还是正确的。然后将仪器搬至 B 点附近（相距 3m 左右），在符合气泡居中的情况下，对远尺 A 和近尺 B，分别读得读数 a_2 和 b_2，求得第二次高差 $h_2 = a_2 - b_2$。若 $h_1 = h_2$，说明仪器的水准管轴平行于视准轴，无需校正。若 $h_1 \neq h_2$，则水准管轴不平行于视准轴，若 h_2 与 h_1 的差值大于 3mm，则需要校正。

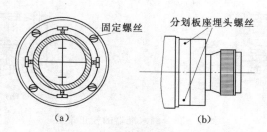

图 2-28 十字丝分划板校正设备

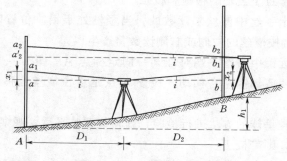

图 2-29 水准管轴的检验

（2）校正。当仪器安置于 B 点附近时，水准管轴 LL 不平行于视准轴 CC 的误差对近

尺 B 的读数 b_2 的影响很小，可以忽略不计，而远尺读数 a_2 则含有较大误差。在校正前应算出远尺的正确读数 a'_2，从图 2-28 可知，$a'_2 = h_1 + b_2$。在计算正确高差 h_1 时应注意，由于仪器搬至 B 点附近，则 B 为近尺，A 为远尺，因此 h_1 等于远尺读数 a_1 减去近尺读数 b_1，$a_1 - b_1$ 的值决定 h_1 的正负号。

　　校正方法是：转动微倾螺旋，令远尺 A 上读数恰为 a'_2，此时视线已水平，而符合气泡不居中，用校正针拨动水准管上、下两校正螺丝（图 2-30），使气泡居中，这时水准管轴就平行于视准轴。但为了检查校正是否完善，必须在 B 点附近重新安置仪器，分别读取远尺 A 及近尺 B 的读数 a_3 和 b_3，求得 $h_3 = a_3 - b_3$，若 $h_3 \neq h_1$，如相差在 3mm 以内时，表明已校正好。

　　水准管的校正螺丝往往上下左右共 4 个（图 2-30）。校正时，先稍微松开左右两个中的任一个，然后利用上下两螺丝进行校正。松上紧下，则把该处水准管支柱升高，气泡向目镜方向移动；松下紧上，则把水准管支柱降低，气泡向相反方向移动。校正时，也应遵守先松后紧的原则，校正要细心，用力不能过猛，所用校正针的粗细要与校正孔的大小相适应，否则容易损坏仪器。校正完毕，各校正螺丝与水准管的支柱处于顶紧状态。

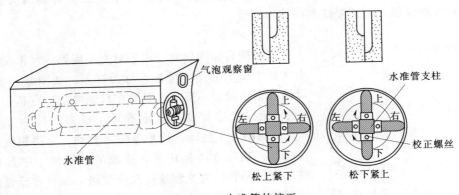

图 2-30　水准管的校正

第六节　水准测量误差产生的原因及消减方法

　　测量工作是人们使用仪器在野外进行的，因此，测量误差的来源一般可分仪器误差、观测误差和外界条件影响等 3 个方面。

一、仪器误差

（一）仪器校正不完善的误差

　　仪器虽经校正，但不可能绝对完善，还会存在一些残余误差，其中主要是水准管轴不平行于视准轴的误差。如前所述，观测时，只要将仪器安置于距前、后视尺等距离处，就可消除这项误差。

（二）对光误差

　　由于仪器制造加工不够完善，当转动对光螺旋调焦时，对光透镜产生非直线移动而改变视线位置，产生对光误差，即调焦误差。这项误差，仪器安置于距前、后视尺等距离处，后视完毕转向前视，不必重新对光，就可得到消除。

（三）水准尺误差

包括刻划和尺底零点不准确等误差。观测前应对水准尺进行检验；尺子的零点误差，使测站数为偶数时即可消除。

二、观测误差

（一）整平误差

利用符合水准器整平仪器的误差约为 $\pm 0.075\tau''$（τ'' 为水准管分划值），若仪器至水准尺的距离为 D，则在读数上引起的误差为

$$m_{平} = \frac{0.075\tau''}{\rho''}D \qquad (2-14)$$

$$\rho'' = 206265''$$

由上式可知，整平误差与水准管分划值及视线长度成正比。若以 DS₃ 型水准仪（$\tau'' = 20''/2mm$），进行等外水准测量，视线长 $D=100m$ 时，$m_{平}=0.73mm$。因此在观测时必须切实使符合气泡居中，视线不能太长，后视完毕转向前视，要注意重新转动微倾螺旋令气泡居中才能读数，但不能转动脚螺旋，否则将改变仪器高产生错差。此外在晴天观测时，必须打伞保护仪器，特别要注意保护水准管。

（二）视差

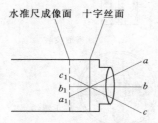

图 2-31　十字丝视差

当瞄准目标读数时，由于对光不完善，尺像没有落在十字丝平面上而产生的误差称为视差，如图 2-31 所示，尺像与十字丝面不重合，眼睛在目镜端从 a 点移至 b 点和 c 点，则按十字丝交点在水准尺上读数相应为 a_1、b_1 和 c_1，即眼睛上下晃动，读数也随之变动，它将影响读数的正确性。消除方法是转动目镜调节螺旋使十字丝成像清晰，再转动物镜对光螺旋使尺像清晰，而且要反复调节上述两螺旋，直至十字丝和水准尺成像均清晰，眼睛上下晃动时读数稳定为止。

（三）照准误差

人眼的分辨力，通常视角小于 $1'$，就不能分辨尺上的两点，若用放大倍率为 V 的望远镜照准水准尺，则照准精度为 $60''/V$。如果水准仪与水准尺距离为 D，则照准误差为

$$m_{照} = \frac{60''}{V\rho''}D \qquad (2-15)$$

（四）估读误差

在厘米分划的区格式水准尺上估读毫米时所产生的误差。它与十字丝的粗细、望远镜放大倍率和视线长度有关，在一般水准测量中，当视线长度为 100m 时，估读误差约为 1.5mm。

若望远镜放大倍率较小或视线过长，尺子成像小，并显得不够清晰，照准误差和估读误差都将增大。故对各等级的水准测量，都规定了仪器应具有的望远镜放大倍率及视线的极限长度。

（五）水准尺竖立不直的误差

如图 2-32 所示，若水准尺未竖直立于地面而倾斜时，其读数 b' 或 b'' 都比尺子竖直时

的读数 b 要大，而且视线越高，误差越大。例如，倾角 $\theta \approx 2°$，读数 $b'=2.5\text{m}$，则产生的误差 $\Delta b = b'(1-\cos\theta)=1.5\text{mm}$。故作业时应切实将尺子竖直，并且尺上读数不能太大，一般应不大于 2.7m。

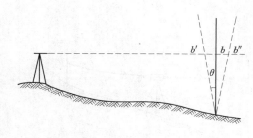

图 2-32 水准尺不竖直的误差

三、外界条件的影响

（一）仪器升降的误差

由于土壤的弹性及仪器的自重，可能引起仪器上升或下沉，从而产生误差。如图 2-33 所示，若后视完毕转向前视时，仪器下沉了 Δ_1，使前视读数 b_1 小了 Δ_1，即测得的高差 $h_1=a_1-b_1$，大了 Δ_1。设在一测站上进行两次测量，第二次先前视再后视，若从前视转向后视过程中仪器又下沉了 Δ_2，则第二次测得的高差 $h_2=a_2-b_2$，小了 Δ_2。如果仪器随时间均匀下沉，即 $\Delta_2 \approx \Delta_1$，取两次所测高差的平均值，这项误差就可得到有效的削弱。故在国家三等水准测量中，应按后、前、前、后的顺序观测。

图 2-33 仪器下沉的误差

（二）尺垫升降的误差

与仪器升沉情况相类似。如转站时尺垫下沉，使所测高差增大，如上升则使高差减小。故对一条水准路线采用往返观测取平均值，这项误差可以得到削弱。

（三）地球曲率影响

在第一章第三节已经证明，地球曲率对高程的影响是不能忽略的。如图 2-34 所示，由于水准仪提供的是水平视线，因此，后视和前视读数 a 和 b 中分别含有地球曲率误差 δ_1 和 δ_2，则 A、B 两点的高差应为 $h_{AB}=(a-\delta_1)-(b-\delta_2)$，如果将仪器安置于距 A 点和 B 点等距离处，这时 $\delta_1=\delta_2$，所以 $h_{AB}=a-b$，由此可见仪器安置于距 A 点和 B 点等距离处即可消除地球曲率的影响。

（四）大气折光的影响

地面上空气存在密度梯度，光线通过不同密度的媒质时，将会发生折射，而且总是由疏媒质折向密媒质，因而水准仪的视线往往不是一条理想的水平线。一般情况下，大气层的空气密度上疏下密，视线通过大气层时形成一向下弯折的曲线，使尺上读数减小（图 2-35左端），它与水平线的差值 r 即为折光差。在晴天，靠近地面的温度较高，致使下面的空气密度比上面稀，这时视线成为一条向上弯折的曲线，使尺上读数增大（图 2-35右端）。视线离地面越近，折射也越大，因此，一般规定视线必须高出地面一定高度（例如 0.3m），就是为了减少这种影响。若在平坦地面，地面覆盖物基本相同，而且前后视距离相等，这时前后视读数的折光差方向相同，大小基本相等，折光差的影响即可大部分得到抵消或削弱。当在山地连续上坡或下坡时，前后视视线离地面高度相差较大，折光差的影响将增大，而且带有一定的系统性，这时应尽量缩短视线长度，提高视线高度，以减小大气折光的影响。

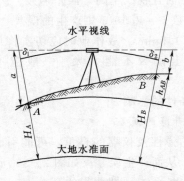

图 2-34 地球曲率影响

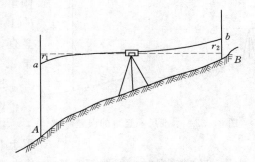

图 2-35 大气折光对读数的影响

以上对各种误差进行了逐项分析，实际上由于误差产生的随机性，其综合影响将会相互抵消一部分。在一般情况下观测误差将是主要的，但事物不是固定不变的，在一定条件下，其他因素也可能成为主要方面。测量者的任务之一，就是掌握误差产生的规律，采取相应措施，既保证测量精度又提高工效。

第三章　经纬仪及其使用

经纬仪是测量的主要仪器，可用以测量水平角、竖直角、水平距离和高差。本章将分别加以介绍。

第一节　水平角测量原理

地面上两相交直线之间的夹角在水平面上的投影，称为水平角。如图 3-1 所示，在地面上有 A、O、B 三点，其高程不同，倾斜线 OA 和 OB 所夹的角 AOB 是倾斜面上的角。如果通过倾斜线 OA、OB 分别作竖直面，与水平面相交，其交线 oa 与 ob 所构成的角 aob，就是水平角。

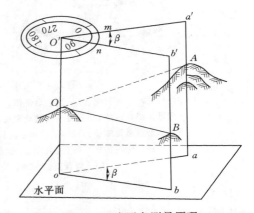

图 3-1　水平角测量原理

若在角顶 O 点（测站）的铅垂线上，水平放置一个带有顺时针刻划角度的圆盘，使圆盘中心在此铅垂线上，通过 OA 和 OB 的两竖直面在圆盘上截得的读数为 m 和 n，则水平角 $\beta = n - m$。

由此可知，测量水平角的经纬仪必须具有一个能安置于水平位置且带角度刻划的圆盘，圆盘的中心必须处于角顶点的铅垂线上。望远镜不仅能在水平方向带动一读数指标转动，在刻度圆盘上指示读数，而且可以在竖直面转动，瞄准不同方向不同高度的目标。

第二节　光学经纬仪

我国对经纬仪按精度从高到低分为 DJ_{07}、DJ_1、DJ_2、DJ_6 和 DJ_{30} 五个等级，其中字母 D、J 分别为"大地测量"和"经纬仪"汉语拼音的第一个字母，07、1、2、6、30 分别为该仪器一测回方向中误差的秒数。在工程测量中，一般多使用 DJ_6 和 DJ_2 型经纬仪。

一、DJ_6 型光学经纬仪

（一）DJ_6 型光学经纬仪构造

DJ_6 型光学经纬仪由照准部、水平度盘和基座 3 大部分组成，图 3-2 是其外形，图 3-3 是将仪器拆卸成 3 大部分的示意图。现将这 3 大部分的构造及其作用说明如下：

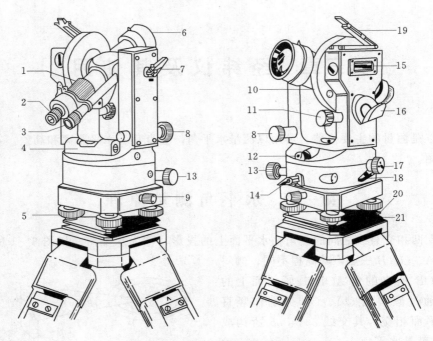

图 3-2 DJ₆ 型光学经纬仪外形图

1—对光螺旋；2—目镜；3—读数显微镜；4—照准部水准管；5—脚螺旋；6—望远镜物镜；
7—望远镜制动螺旋；8—望远镜微动螺旋；9—中心锁紧螺旋；10—竖直度盘；11—竖盘
指标水准管微动螺旋；12—光学对中器目镜；13—水平微动螺旋；14—水平制动螺旋；
15—竖盘指标水准管；16—反光镜；17—度盘变换手轮；18—保险手柄；
19—竖盘指标水准管反光镜；20—托板；21—压板

1. 照准部

如图 3-3 所示，照准部由望远镜、横轴、竖直度盘、读数显微镜、照准部水准管和竖轴等部分组成。

（1）望远镜。用来照准目标，它固定在横轴上，绕横轴而俯仰，可利用望远镜制动螺旋和微动螺旋控制其俯仰转动。

（2）横轴。是望远镜俯仰转动的旋转轴，由左右两支架所支承。

（3）竖直度盘。用光学玻璃制成，用来测量竖直角。

（4）读数显微镜。用来读取水平度盘和竖直度盘的读数。

（5）照准部水准管。用来置平仪器，使水平度盘处于水平位置。

（6）竖轴。竖轴插入水平度盘的轴套中，可使照准部在水平方向转动。

2. 水平度盘部分

（1）水平度盘。它是用光学玻璃制成的圆环。在度盘上按顺时针方向刻有 $0° \sim 360°$ 的分划，用来测量水平角。在度盘的外壳附有照准部制动螺旋和微动螺旋，用来控制照准部与水平度盘的相对转动。当锁住制动螺旋，照准部与水平度盘连接，这时如转动微动螺旋，则照准部相对于水平度盘做微小的转动；若打开制动螺旋，则可使照准部绕水平度盘旋转。

（2）水平度盘转动的控制装置。测角时水平度盘是不动的，这样照准部转至不同位置，可以在水平度盘上读数求得角值。但有时需要转动水平度盘。

控制水平度盘转动的装置有两种：第一种是位置变动手轮，它又有两种形式。如图3-2中17是其中之一。使用时拨开护盖，转动手轮，待水平度盘至需要位置后，停止转动，再盖上护盖。具有以上装置的经纬仪，称为方向经纬仪。第二种是复测装置。如图3-5中的6，当扳手拨下时，度盘与照准部扣在一起同时转动，度盘读数不变；若将扳手拨向上，则两者分离，照准部转动时水平度盘不动，读数随之改变。具有复测装置的经纬仪，称为复测经纬仪。

3. 基座

基座是用来支承整个仪器的底座，用中心螺旋与三脚架相连接。基座上备有3个脚螺旋，转动脚螺旋，可使照准部水准管气泡居中，从而导致水平度盘处于水平位置，亦即仪器的竖轴处于铅垂状态。

（二）DJ₆型光学经纬仪的读数方法

DJ₆型光学经纬仪的读数装置可分为分微尺测微器和单平行玻璃测微器两种，其中以前者居多。

1. 分微尺测微器及其读数方法

国产 DJ₆型光学经纬仪，其读数装置大

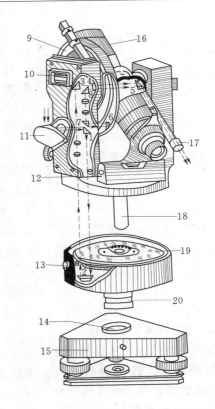

图 3-3 DJ₆型光学经纬仪部件及光路图
1、2、3、5、6、7、8—光学读数系统棱镜；
4—分微尺指标镜；9—竖直度盘；10—竖盘指标水准管；11—反光镜；12—照准部水准管；13—度盘变换手轮；14—轴套；15—基座；16—望远镜；17—读数显微镜；18—内轴；19—水平度盘；20—外轴

多属于此类。图3-3表示其光路系统，外来光线由反光镜11的反射，穿过毛玻璃经过棱镜1，转折90°将水平度盘照亮，此后光线通过棱镜2和3的几次折射到达刻有分微尺指标镜4，再经棱镜5又一次转折，就可在读数显微镜里看到水平度盘的分划线和分微尺的成像。

竖直度盘的光学读数线路与水平度盘相仿。外来光线经过棱镜6的折射，照亮竖直度盘，再由棱镜7和8的转折，到达分微尺的指标镜4，最后经过棱镜5的折射，同样可在读数显微镜内看到竖直度盘的分划线和分微尺的成像。

图3-4的上半部是从读数显微镜中看到的水平度盘的像，只看到115°和116°两根刻划线，并看到刻有60个分划的分微尺。读数时，读取度盘刻划线落在分微尺内的那个读数，不足1°的读数根据度盘刻划线在分微尺上的位置读出，并估计到0.1′。图中上半部读得水平度盘的读数为115°55.0′；下半部是竖直度盘的成像，读数为78°12.5′。

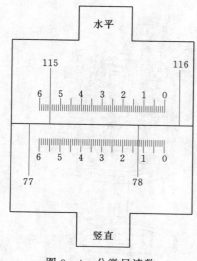

图 3-4 分微尺读数

2. 单平行玻璃测微器及其读数方法

图 3-5 是北京光学仪器厂生产的该类仪器（DJ₆-1 型）的外形，图 3-6 是从读数显微镜中看到的水平度盘、竖直度盘及测微器的像。该仪器水平度盘刻划从 0°～360°共 720 格，每格 30′，测微器刻划 0′～30′共 90 格，每格 20″，可估读到 1/4 格（即 5″）。在图 3-6 中，最上的小框为测微器，中间与下面的两框分别为竖直度盘和水平度盘。读数时，转动测微手轮，光路中的平行玻璃随着移动，度盘和测微器的影像也跟着移动，直至度盘分划线精确地平分双指标线，按双指标线所交的度盘分划线读取度数和 30′的整分数，不足 30′的读数从测微器中读出。如图 3-6（a）所示，水平度盘的读数为 $122°30′+07′20″=122°37′20″$，而图 3-6（b）中的竖直度盘读数为 $87°00′+19′30″=87°19′30″$。

二、DJ₂型光学经纬仪

我国苏州第一光学仪器厂生产的 DJ₂型光学经纬仪，其构造与 DJ₆型基本相同，但读数装置和读数方法有所不同。

（一）读数装置

DJ₂型光学经纬仪在读数显微镜中水平度盘和竖直度盘的像不能同时显现，为此，要用换像手轮拨动各自的反光镜进行读数成像的转换。

读数装置采用对径符合数字读数设备。它是将度盘上相对 180°的分划线，经过一系列棱镜和透镜的反射和折射，显现在读数显微镜内，并用对径符合和光学测微器，读取对径相差 180°的读数，取平均值，以消除度盘偏心所产生的误差，提高测角精度。

如图 3-7（a）所示，读数窗中右上窗显示度盘的度值及 10′的整倍数值；左边小窗为测微尺，用以读取 10′以下的分、秒值，共分 600 格，每格 1″，估读

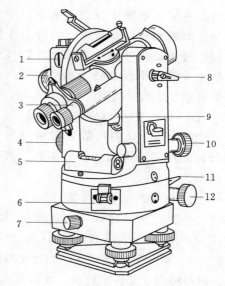

图 3-5 DJ₆-1 型光学经纬仪外形图

1—竖盘指标水准管；2—反光镜；3—读数显微镜；4—测微轮；5—照准部水准管；6—复测装置；7—中心锁紧螺旋；8—望远镜制动螺旋；9—竖盘指标水准管微动螺旋；10—望远镜微动螺旋；11—水平制动螺旋；12—水平微动螺旋

0.1″，左边的注字为分值，右边注字为 10″的倍数值；右下窗为对径分划线的像。

（二）读数方法

读数前应首先运用换像手轮和相应的反光镜，使读数显微镜中显示需要读的度盘

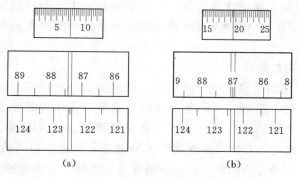

图 3-6 单平行玻璃测微器读数

(a) 水平度盘读数；(b) 竖直度盘读数

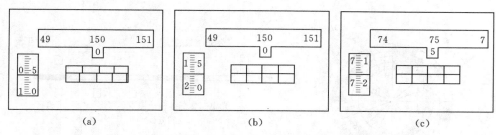

图 3-7 DJ₂ 型光学经纬仪的读数

(a) 读数窗；(b) 水平度盘读数；(c) 竖直度盘读数

像，如图 3-7（a）所示为水平度盘的像。读数时，转动测微手轮使右下窗中的对径分划线重合，如图 3-7（b）、(c) 所示，而后读取上窗中中央或中央左边的度值和窗内小框中 $10'$ 的倍数值，再后读取测微尺上小于 $10'$ 的分值和秒值，两者相加而得整个读数。

例如，图 3-7（b）水平度盘读数为 $150°00' + 01'54'' = 150°01'54''$；如图 3-7（c）所示竖直度盘读数为 $74°50' + 07'16'' = 74°57'16''$。

图 3-8 为另一种对径符合数字读数，上窗对径分划线已经重合，可以开始读数，在中窗内读取度值及 $10'$ 的倍数值（度值下▽尖所指的数），读数为 $94°10'$，再在下窗中读得 $2'44''$，整个读数为 $94°12'44''$。

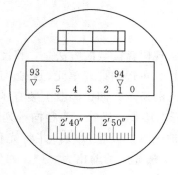

图 3-8 Wild T₂ 光学经纬仪的读数

第三节 电 子 经 纬 仪

电子经纬仪是用光电测角代替光学测角的经纬仪，为测量工作自动化创造了有利条件。电子经纬仪具有与光学经纬仪类似的结构特征，测角的方法步骤与光学经纬仪基本相同，最主要的不同点在于读数系统——光电测角。电子经纬仪采用的光电测角方法有 3 类：编码度盘测角、光栅度盘测角及动态测角系统。现对编码度盘测角的原理简介如下。

一、电子经纬仪测角原理

如图 3-9 所示，编码度盘为绝对式度盘，即度盘的每一个位置，都可读出绝对的数值。电子计数一般采用二进制。在码盘上以透光和不透光两种状态表示二进制代码"0"和"1"。若要在度盘上读出四位二进制数，则需在度盘上刻四道同心圆环，又称四条码道，表示四位二进制数码，在度盘最外圈刻的是透光和不透光相间的 16 个格，里圈为高位数，外圈为低位数，透光表示为"0"，不透光表示为"1"，沿径向方向由里向外可读出四位二进制数，如图由 0000 起，顺时针方向可依次读得 0001，0010，…，直到 1111，也就是十进制数 0～15。

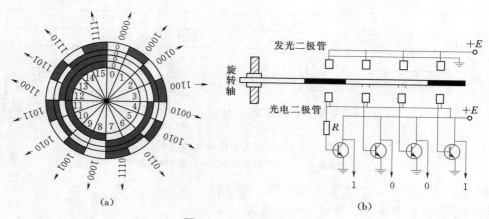

图 3-9　码盘读数原理

实现码盘读数的方法是：将度盘的透光和不透光两种光信号，由光电转换器件转换成电信号，再送到处理单元，经过处理后，以十进制数自动显示读数值。其结构原理如图 3-9（b）所示，四位码盘上装有 4 个照明器（发光二极管），码盘下面相应的位置上装有 4 个光电接收二极管，沿径向排列的发光二极管发出的光，通过码盘产生透光或不透光信号。被光电二极管接收，并将光信号转换为"0"或"1"的电信号，透光区的输出为"0"，不透光区的输出为"1"，四位组合起来就是某一径向上码盘的读数。如图 3-9（b）中输出为 1001。

设想观测时码盘不动，照明器和接收管（又称传感器）随照准部转动，便可在码盘上沿径向读出任何码盘位置的二进制读数。若码盘最小分划值为 10″，则度盘上最低位的码道将分成 $360 \times 60 \times 6 = 129600$ 等分，需要以 17 条码道表示成二进制读数，相应地要用 17 个传感器组成光电扫描系统。

二、电子经纬仪的使用

图 3-10 为我国南方测绘仪器公司生产的 ET-02 电子经纬仪外形，其一测回方向中误差为 ±2″，角度最小显示 1″，采用 N_iMH 可充电电池供电，充满电池可连续使用 8～10h，正倒镜位置面向观测者都具有 7 个功能键的操作板面（图 3-11），其操作方法

如下。

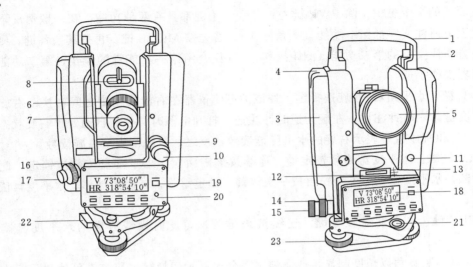

图 3-10　ET-02 电子经纬仪

1—手柄；2—手柄固定螺丝；3—电池盒；4—电池盒按钮；5—物镜；6—物镜调焦螺旋；7—目镜调焦螺旋；
8—光学瞄准器；9—望远镜制动螺旋；10—望远镜微动螺旋；11—光电测距仪数据接口；12—管水准器；
13—管水准器校正螺丝；14—水平制动螺旋；15—水平微动螺旋；16—光学对中器物镜调焦螺旋；
17—光学对中器目镜调焦螺旋；18—显示窗；19—电源开关键；20—显示窗照明开关键；
21—圆水准器；22—轴套锁定钮；23—脚螺旋

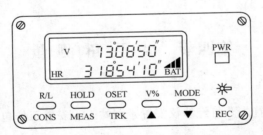

图 3-11　ET-02 电子经纬仪操作面板

1．开机

如图 3-12 所示，PWR 为电源开关键。当仪器处于关机时，按下该键，2s 后打开仪器电源，当仪器处于开机时，按下该键，2s 后关闭仪器电源。当打开仪器时，显示窗中字符"HR"右边的数字表示当前视线方向的水平度盘读数，字符"V"右边显示"OSET"，在盘左时转动望远镜，让其通过水平位置时，竖直度盘读数才出现，这个过程为初始化（图 3-12）。

图 3-12　ET-02 电子经纬仪开机显示内容

2. 键盘功能

在面板的 7 个键中，除 PWR 键外，其余 6 个键都具有两种功能，在一般情况下，执行按键上方所注文字的第一功能（测角操作），若先按 MODE 键，再按其余各键，则执行按键下方所注文字的第二功能（测距操作）。现仅介绍第一功能键的操作，第二功能键可参阅仪器操作手册。

R/L 键：水平角右/左旋选择键。按该键可使仪器在右旋或左旋之间转换。右旋相当于水平度盘为顺时针注记，左旋为逆时针注记。打开电源时，仪器自动处于右旋状态，字符 "HR" 和所显数字表示右旋的水平度盘读数，反之，"HL" 表示左旋读数。

HOLD 键：水平度盘读数锁定键。连续按该键两次，水平度盘读数被锁定，此时转动照准部，水平度盘读数不变，再按一次该键，锁定解除，转动照准部，水平度盘读数发生变化。

OSET 键：水平度盘置零键。连续按该键两次，此时视线方向的水平度盘读数被置零。

V% 键：竖直角以角度制显示或以斜率百分比显示切换键。按该键可使显示窗中字符 "V" 右边的竖直角以角度制显示或以斜率百分比显示。

☀ 键：显示窗和十字丝分划板照明切换开关。照明灯关闭时，按该键即打开照明灯，再按一次则关闭。当照明灯打开 10s 内没有任何操作，则会自动关闭，以节省电源。

ET - 02 型电子经纬仪还具有角度测量单位（360° 或 400gon 等）、自动关机时间（30min 或 10min 等）、竖直角零位设定，角度最小显示单位（1″ 或 5″ 等）等设置功能，读者可参阅其操作手册。

第四节　水 平 角 测 量

一、经纬仪的安置

为了测量水平角，首先要将经纬仪安置于测站上。安置工作包括对中和整平，现分述如下。

（一）对中

对中的目的是使度盘中心与测站点在同一铅垂线上。其方法是首先将三脚架安置在测站上，使架头大致水平高度合适；然后将经纬仪安置到三脚架上，拧紧中心螺旋，挂上垂球。此时垂球若偏离测站点较大，可平移三脚架使垂球对准测站点。如果垂球偏离测站较小，可略松中心螺旋，将仪器在三脚架头的圆孔中移动，令垂球尖端精确对准测站点，再拧紧中心螺旋。对中误差一般应小于 3mm。在对中时应注意，架头应大致水平，架腿应牢固插入土中，否则将使整平发生困难以及仪器不稳定，这样的对中将失去意义。

当经纬仪有光学对中器时，可先用垂球大致对中，整平仪器后，取下垂球，略松中心螺旋，双手扶住基座使其在架头移动，同时在光学对中器的目镜中观察，直至看到测站点的中心标志落在对中器的圆圈中央。由于对中与整平互相影响，故应再整平仪器，再观察，直至对中整平同时满足要求为止，最后应将中心螺旋拧紧。

（二）整平

整平的目的是使水平度盘处于水平位置，亦即仪器的竖轴处于铅垂位置，其方法如下。首先松开照准部的制动螺旋，使照准部水准管与一对脚螺旋的连线平行〔图 3-13（a）〕，两手同时向内或向外旋转该对脚螺旋，令水准管气泡居中（气泡移动的方向与左手大拇指的转动方向一致）。然后将照准部旋转 90°，使水准管与前一位置相垂直，旋转第三个脚螺旋〔图 3-13（b）〕，使气泡居中。这样反复几次，直至水准管在任何位置气泡均居中为止。气泡偏离中心一般不应大于半格。

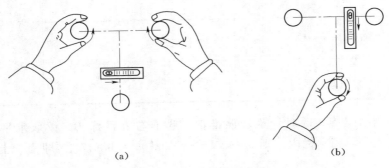

(a)   (b)

图 3-13　经纬仪整平方法

二、水平角测量方法

测量水平角的方法有多种，工程上常用的有测回法和全圆测回法。现以 DJ₆ 光学经纬仪为例介绍测量方法。

（一）测回法

如图 3-14 所示，表示水平度盘和观测目标的水平投影。用测回法测量水平角 AOB 的操作步骤如下：

（1）将经纬仪安置在测站点 O 上，进行对中整平。

（2）令望远镜在盘左位置（竖盘在望远镜的左侧，亦称正镜），旋转照准部，瞄准左方目标 A。瞄准时应用竖丝的双丝夹住目标，或用单丝平分目标，并尽可能瞄准目标的底部，如图 3-15 所示。

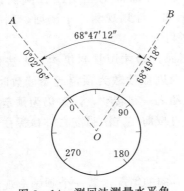

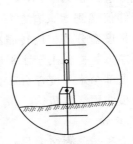

图 3-14　测回法测量水平角　　　3-15　经纬仪瞄准目标

（3）拨动度盘变换手轮，令水平度盘读数略大于 $0°$（如 $0°02'06''$），记入手簿中（表3-1）。

表 3-1 水平角观测记录（测回法）

测站	目标	竖盘位置	水平度盘读数 /(° ′ ″)	半测回角值 /(° ′ ″)	一测回角值 /(° ′ ″)	各测回平均角值 /(° ′ ″)	备注
O	A	左	0 02 06	68 47 12	68 47 09	68 47 06	
	B		68 49 18				
	A	右	180 02 24	68 47 06			
	B		248 49 30				
O	A	左	90 01 36	68 47 06	68 47 03		
	B		158 48 42				
	A	右	270 01 48	68 47 00			
	B		338 48 48				

（4）松开制动螺旋，顺时针旋转照准部，瞄准右方目标 B，读取水平度盘读数为 $68°49'18''$，记入手簿相应栏内，则 $68°49'18''-0°02'06''=68°47'12''$ 即为"上半测回"的角值。

（5）倒转望远镜成盘右位置（竖盘在望远镜的右侧，亦称倒镜），先瞄准右方目标 B，读取读数（$248°49'30''$），再瞄准左方目标 A，读取读数（$180°02'24''$），则 $248°49'30''-180°02'24''=68°47'06''$ 即为"下半测回"的角值。两个半测回角值之差 $=12''-6''=6''\leqslant 36''$，取平均值 $\frac{1}{2}\times(68°47'12''+68°47'06'')=68°47'09''$ 作为一测回的观测值。若两个半测回角值之差超过 $36''$，应找出原因并重测。

在实际作业中，为了提高观测精度，往往要观测若干测回，各测回观测角值之差称为测回差，一般应不大于 $24''$。若在允许范围内，则取各测回的平均值作为观测角值，如在表 3-1 中，两测回角值之差为 $06''$，在允许范围内，故取平均值 $\frac{1}{2}\times(68°47'09''+68°47'03'')=68°47'06''$ 作为观测结果。

此外，为了削弱度盘刻划误差的影响，各测回的起始读数应加以变换，变换值按 $180°/n$ 计算（n 为计划观测的测回数）。例如，计划观测 3 个测回，则 $180°/3=60°$，即 3 个测回的起始读数应分别为 $0°$、$60°$、$120°$ 附近。

若用复测经纬仪观测，只有在每一测回开始才用复测机构。方法是：将复测扳手拨上，照准部与水平度盘分离，旋转照准部至度盘读数为预定起始读数时，按下复测扳手，转动照准部瞄准左方目标，由于水平度盘随之一起转动，读数仍为预定起始值没变，再拨上扳手，此时照准部与水平度盘分离，即可按前述方法瞄准右方目标往下观测。在观测过程中应注意不能再使用复测机构。

（二）全圆测回法

测回法适用于在一个测站上只有两个方向的情况，若一个测站上观测的方向多于两个时，则采用全圆测回法较为方便。全圆测回法的观测、记录及计算步骤如下：

（1）如图 3-16 所示，将经纬仪安置在测站点 O 上，令度盘读数略大于 $0°$，以盘左位置瞄准起始方向 A 点后，按顺时针方向依次瞄准 B、C 点，最后又瞄准 A 点，称为归零。每次观测读数分别记入表 3-2 第 3 栏内，即完成"上半个测回"。在半测回中两次瞄准起始方向 A 的读数差，称为归零误差，一般不得大于 $24''$，如超过应重测。

（2）倒转望远镜，以盘右位置瞄准 A 点，按反时针方向依次瞄准 C、B 点，最

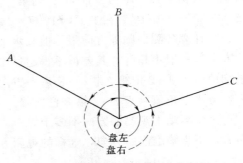

图 3-16　全圆测回法测量水平角

后又瞄准 A 点，将各点的读数分别记入表 3-2 第 4 栏内（此时记录顺序为自下而上），即测完"下半测回"。

表 3-2　　　　　　　　　　　　　水平角观测记录（全圆测回法）

| 测站 | 目标 | 水平度盘读数 | | 盘左、盘右平均值 /(° ′ ″) $\frac{左+右±180°}{2}$ | 归零方向值 /(° ′ ″) | 各测回归零方向平均值 /(° ′ ″) | 水平角值 /(° ′ ″) |
		盘　左 /(° ′ ″)	盘　右 /(° ′ ″)				
1	2	3	4	5	6	7	8
				(00　01　12)			
	A	0　01　06	180　01　12	0　01　09	0　00　00	0　00　00	62　47　19
	B	62　48　36	242　48　30	62　48　33	62　47　21	62　47　19	88　31　54
O	C	151　20　24	331　20　24	151　20　24	151　19　12	151　19　13	208　40　47
	A	0　01　12	180　01　18	0　01　15			
				(90　01　10)			
	A	90　01　06	270　01　06	90　01　06	0　00　00		
O	B	152　48　30	333　48　24	152　48　27	62　47　17		
	C	241　20　30	61　20　18	241　20　24	151　19　14		
	A	90　01　18	270　01　12	90　01　15			

上、下两个半测回组成一测回。为了提高精度，通常要测若干测回，每测回的起始读数应加以变换，以削弱水平度盘刻划误差的影响，变换值按 $180°/n$ 计算（n 为计划观测的测回数）。

（3）每测完一测回后应进行下列计算。首先将同一方向盘左、盘右读数的平均值（盘右读数应 $±180°$），记在第 5 栏内。

其次，计算归零方向值，即以 $0°00'00''$ 为起始方向的方向值，计算其余各方向的方向值。由于起始方向有两个数值，取其平均值与 $0°00'00''$ 的差改正其余各方向的方向值。表 3-2 中第一测回起始方向的平均值为 $\frac{1}{2}(0°01'09''+0°01'15'')=0°01'12''$（写在第 5 栏该测回起始方

向 A 的平均值上方，用括号括起），则第二、三方向 B 及 C 的归零方向值分别为 $62°47'21''$（$=62°48'33''-0°01'12''$）和 $151°19'12''$（$=151°20'24''-0°01'12''$），记入第 6 栏。

（4）计算各测回归零方向平均值和水平角值。由于观测含有误差，各测回同一方向的归零方向值一般不相等，其差值不得超过 $24''$，如符合要求取其平均值即得各测回归零方向平均值（表 3-2 中第 7 栏）。将后一方向的归零方向平均值减去前一方向的归零方向平均值，得水平角值（表 3-2 第 8 栏）。

若一个测站上观测的方向不多于 3 个，观测时可不做归零校核，即照准部依次瞄准各方向后，不再瞄准起始方向，这样的观测方法称为方向观测法。

第五节　竖直角测量

一、竖直角测量原理

竖直角是在同一竖直面内倾斜视线与水平视线的夹角。倾斜视线在水平视线上方的为仰角，取正号，在水平视线下方的为俯角，取负号（图 3-17）。

测量水平角是瞄准两个方向在水平度盘上两读数之差，同样测量竖直角则是在同一竖直面内倾斜视线与水平视线在竖直度盘上两读数之差，但竖直角有仰角和俯角之分，即测得的竖直角有正负号。

二、竖直度盘和读数系统

图 3-18 是 DJ₆ 光学经纬仪的竖盘构造示意图。竖直度盘固定在望远镜横轴的一端，随望远镜在竖直面内一起俯仰转动，为此必须有一固定的指标读取望远镜

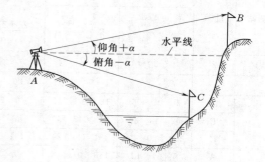

图 3-17　竖直角

视线倾斜和水平时的读数。竖盘指标水准管 7 与一系列棱镜透镜组成的光具组 10 为一整体，它固定在竖盘指标水准管微动架上，即竖盘水准管微动螺旋可使竖盘指标水准管做微小的俯仰运动，当水准管气泡居中时，水准管轴水平，光具组的光轴 4 处于铅垂位置，作为固定的指标线，用以指示竖盘读数。

当望远镜视线水平、竖盘指标水准管气泡居中时，指标线所指的读数应为 0°、90°、180°或 270°（如图 3-19 为 90°），此读数是视线水平时的读数，称为始读数。因此测量竖直角时，只要测读视线倾斜时的读数，即可求得竖直角，但一定要在竖盘水准管气泡居中时才能读数。

目前国内外已生产了一种竖盘指标自动补偿装置的经纬仪，它没有竖盘指标水准管，而安置一个自动补偿装置。当仪器稍有微量倾斜时，它自动调整光路，使读数相当于水准管气泡居中时的读数。其原理与自动安平水准仪相似。故使用这种仪器观测竖直角，只要将照准部水准管整平，即可瞄准目标读取读数，省去了调整竖盘水准管的步骤，从而提高了效率。

三、竖直角的计算

竖直角的角值是倾斜视线的读数与始读数之差，如何判定它的正负，即仰角还是俯角。现以 DJ₆ 光学经纬仪的竖盘注记形式为例，说明计算竖直角的一般法则。

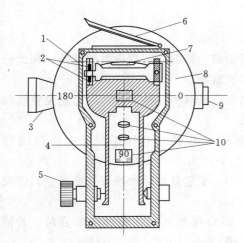

图 3-18 DJ₆型光学经纬仪的竖盘和读数系统
1—竖盘指标水准管轴；2—竖盘指标水准管校正螺丝；
3—望远镜；4—光具组光轴；5—竖盘指标水准管
微动螺旋；6—竖盘指标水准管反光镜；7—竖盘
指标水准管；8—竖盘；9—目镜；
10—光具组的透镜棱镜

图 3-29 的"盘左"部分是 DJ₆经纬仪在盘左时的 3 种情况，如果指标位置正确，则视准轴水平时，指标水准管气泡居中时，指标所指的始读数 $L_始=90°$；当视准轴仰起，测得仰角时，读数比始读数小；当视准轴俯下时读数比始读数大。因此，盘左时竖直角的计算公式应为

$$\alpha_左 = L_始 - L_读 \qquad (3-1)$$

得结果是"正"值为仰角，"负"值为俯角。

图 3-19 的"盘右"部分，是盘右的 3 种情况，始读数 $R_始=270°$，与盘左时相反，仰角时读数比始读数大，俯角时读数比始读数小。因此，盘右时竖直角的计算公式为

$$\alpha_右 = R_读 - R_始 \qquad (3-2)$$

综上所述，可得计算竖直角的法则如下：

（1）当物镜仰起时，如读数逐渐增

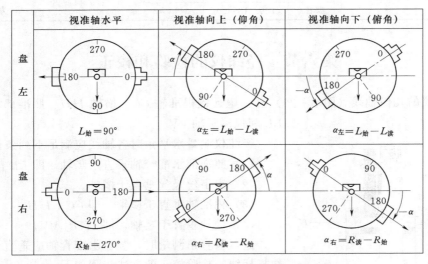

图 3-19 DJ₆光学经纬仪竖直角的计算法则

加，则

$$\alpha = 读数 - 始读数$$

（2）当物镜仰起时，如读数逐渐减小，则

$$\alpha = 始读数 - 读数$$

计算出的值为"正"时，α 为仰角；"负"时 α 为俯角。

上述法则，不论始读数为 90°、270°还是 0°、180°，竖盘注记是顺时针还是反时针都

45

适用。

四、竖直角观测

观测竖直角前，将望远镜物镜由水平方向逐渐向上仰起，观察读数的增减，据此确定竖盘始读数及竖直角的计算公式，然后按下述步骤观测。

（1）如图 3-17 所示，将经纬仪安置于测站 A，经对中、整平后，用盘左位置瞄准目标 B，以十字丝横丝切于目标预定观测的高度处。

（2）转动竖盘指标水准管微动螺旋，使指标水准管气泡居中，读取竖盘读数 L（82°37′12″），记入观测手簿中（表 3-3），算得竖直角为 +7°22′48″。

（3）倒转望远镜，用盘右位置再次瞄准目标 B，令竖盘指标水准管气泡居中，读取竖盘读数 R（277°22′54″），算得竖直角为 +7°22′54″。

（4）取盘左、盘右的平均值（+7°22′51″），即为观测 B 点一测回的竖直角。若精度要求较高时，可测若干测回取平均值作为观测成果。

表 3-3 竖直角观测记录

测 站	目 标	竖盘位置	竖盘读数 /(° ′ ″)	半测回竖直角 /(° ′ ″)	一测回竖直角 /(° ′ ″)	备 注
A	B	盘左	82 37 12	+7 22 48	+7 22 51	瞄准目标高度为 1.7m
		盘右	277 22 54	+7 22 54		
A	C	盘左	99 41 12	−9 41 12	−9 41 36	瞄准目标高度为 1.5m
		盘右	260 18 00	−9 42 00		

第六节 经纬仪的检验和校正

经纬仪的几何轴线（图 3-20）有：望远镜视准轴 CC、横轴 HH、照准部水准管轴 LL 和仪器竖轴 VV。

经纬仪测量水平角时各轴线应满足下列条件：

（1）照准部水准管轴垂直于竖轴，即 $LL \perp VV$。

（2）十字丝竖丝垂直于横轴。

（3）视准轴垂直于横轴，即 $CC \perp HH$。

（4）横轴垂直于竖轴，即 $HH \perp VV$。

进行竖直角测量时，竖盘水准管轴应垂直于竖盘读数指标线。检验校正的方法步骤如下。

一、照准部水准管轴垂直于竖轴的检验校正

（一）检验

将仪器整平，转动照准部使水准管平行于一对脚螺旋的连线，并转动该对脚螺旋使水准管气泡居中。然后将照准部旋转 180°。此时水准管也调转了 180°。若气泡偏离中央，表明水准管轴不垂直于竖轴，这主要是支承水准管的校正螺丝（图 3-21）变动的缘故。

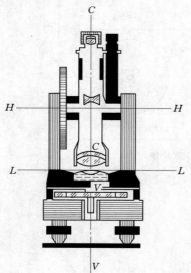
图 3-20 经纬仪主要轴线关系

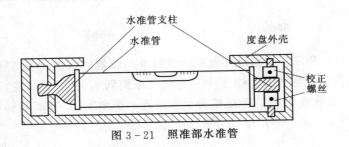

图 3-21　照准部水准管

（二）校正

用校正针拨动水准管的校正螺丝，使气泡退回偏离的一半，再旋转脚螺旋，使气泡居中。此项检验校正要反复进行，直至照准部转到任何位置气泡偏离中央小于半格为止。

校正的原理可以图 3-22 来说明。如图 3-22（a）所示，若水准管轴不垂直于竖轴，气泡虽然居中，水准管轴处于 $L'L'$ 位置，经纬仪的竖轴却偏离铅垂线一个小角 α；当水准管随照准部旋转 180°后，如图 3-22（b）所示，竖轴位置没有改变，但由于水准管支柱换了位置，使水准管轴处于新的位置 $L''L''$，$L'L'$ 与 $L''L''$ 之间的夹角为 2α，这时气泡不再居中，而从中央向一端走了一段弧长，这段弧长表示为 2α 的角度。由图 3-22（a）可知，水准管轴与水平度盘间的夹角为 α，因此，只要校正 α 角的弧长即可使水准管轴 LL 平行水平度盘。因为水平度盘与竖轴是正交的，所以此时水准管轴也就垂直于竖轴了，如图 3-22（c）所示。调整脚螺旋使气泡居中，竖轴即处于铅垂位置，如图 3-23（d）所示。

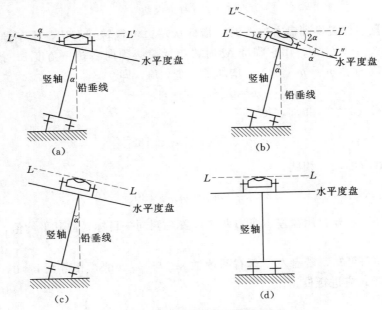

图 3-22　照准部水准管校正原理

二、十字丝竖丝垂直于横轴的检验校正

参考水准仪横丝不水平的检验校正方法。

三、视准轴垂直于横轴的检验校正

视准轴不垂直于横轴所偏离的角度 C，称为视准误差，它是由于十字丝交点的位置不

正确而产生的。

（一）检验

如图 3-23（a）所示，望远镜在盘左位置瞄准与仪器同高的目标 M 时，十字丝交点在正确位置 K 时度盘读数为 m；由于十字丝交点偏离到 K'（图上偏左），视准轴偏斜了一个角度 c，用它来瞄准 M 时，望远镜必须向左转一个角度 c，此时指标所指度盘读数为 $m_左$，比正确读数 m 小了一个角度 c，即

$$m_左 = m - c \ \text{或} \ m = m_左 + c \tag{3-3}$$

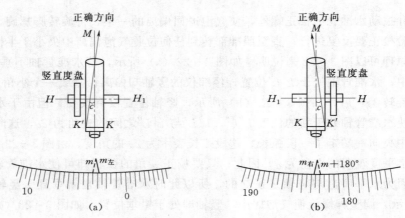

图 3-23 视准误差

望远镜从盘左位置换到盘右位置时，指标从左边位置转到右边，十字丝交点 K' 转至 K 的右边 ［图 3-23（b）］，用它瞄准 M 时，望远镜必须向右转一角度 c，指标所指度盘读数比正确读数 m'（$m' = m \pm 180°$）增加了一个 c 角，即

$$m' = m \pm 180° = m_右 + c \tag{3-4}$$

式（3-3）与式（3-4）相加，得

$$m = \frac{1}{2}(m_左 + m_右 \pm 180°) \tag{3-5}$$

式（3-3）与式（3-4）相减，得

$$c = \frac{1}{2}(m_左 - m_右 \pm 180°) \tag{3-6}$$

由式（3-5）可知，用盘左、盘右两个位置观测同一目标，取其平均值，可消除视准误差 c 的影响。

由式（3-6）可知，若盘左、盘右两读数 $m_左$ 与 $m_右 \pm 180°$ 相等则 $c = 0$，视准轴垂直于横轴；若 $c \neq 0$，应进行校正。

（二）校正

用式（3-5）求得正确读数后，在盘右位置，微动照准部使度盘读数恰为正确读数 $m \pm 180°$，这时十字丝交点偏离 M 点（图 3-24）。校正时，拨动十字丝环的左、右两校正螺丝，采用一松一紧的方法，推动十字丝环左右移动，直至十字丝交点对准 M 点为止。此时 K' 移到正确位置 K，$CC \perp VV$ 的条件得到满足。这项检验和校正往往要反复进行，直至 $c < 30''$ 为止。

四、横轴垂直于竖轴的检验校正

（一）检验

整平仪器，在盘左位置将望远镜瞄准一较高目标 M 点（图 3－25），固定照准部，令望远镜俯至与仪器同高的水平位置，根据十字丝交点标出一点 m_1。然后倒转望远镜，在盘右位置仍瞄准高点 M，再将望远镜俯至水平位置，同法标出一点 m_2。若 m_1 与 m_2 两点重合，表明条件满足，否则需要校正。

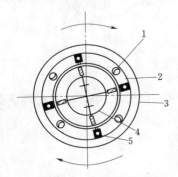

图 3－24 十字丝分划板的校正
1—十字丝分划板固定螺丝；2—十字丝分划板座；
3—望远镜镜筒；4—十字丝分划板；
5—十字丝校正螺丝

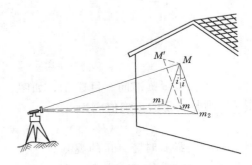

图 3－25 横轴的检验

（二）校正

量出 m_1、m_2 之间的距离，取其中点 m，旋转照准部微动螺旋令十字丝交点对准 m 点，仰起望远镜，此时十字丝交点必然不再与原来的 M 点重合而对着另一点 M'，然后调整望远镜右支架的偏心环，将横轴右端升高或降低，使十字丝交点对准 M 点。检验校正工作同样应反复进行，直至满足要求为止。

光学经纬仪横轴上的偏心环密封在支架内，出厂时已保证其正确关系，作业人员一般只作检验即可，如必须校正，应由有经验的仪器检修人员在室内进行。

五、竖盘水准管的检验校正

望远镜视线水平，竖盘指标水准管气泡居中时，竖盘起始读数应是固定整数值（90°或 270°），否则即存在指标差。如图 3－26（a）所示，由于支承竖盘水准管的支架高低不一，致使竖盘水准管气泡居中时，指标偏离正确位置，竖盘读数不是应有的始读数，其差值 x 称为竖盘指标差。在测量竖直角前，需对仪器进行检验和校正，以消除指标差，或求得指标差对观测值加以改正。

（一）检验

整平仪器，用盘左、盘右观测同一高处目标 M，分别读得竖盘读数 L 和 R（读数时必须令竖盘水准管气泡严格居中）。若 L 与 R 之和恰为 360°，则条件满足，否则存在指标差，需进行校正。

如图 3－26（b）所示，以盘左位置瞄准目标 M，竖盘读数为 L，比正确读数大一个 x，因此竖直角的正确值应为

$$\alpha = 90° - (L - x) = (90° - L) + x = \alpha_左 + x \qquad (3-7)$$

式中 $\alpha_左$——盘左时竖直角的观测值。

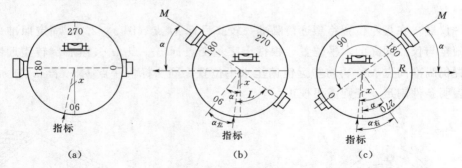

图 3-26 竖盘指标差

再以盘右位置瞄准同一目标 M，如图 3-26（c）所示，竖盘读数 R 比正确读数也大一个 x，则竖直角的正确值应为

$$\alpha = (R-x) - 270° = (R-270°) - x = \alpha_右 - x \qquad (3-8)$$

式中 $\alpha_右$——盘右时竖直角的观测值。

式（3-8）减去式（3-7），得

$$x = \frac{1}{2}(L+R-360°) = \frac{1}{2}(\alpha_右 - \alpha_左) \qquad (3-9)$$

由上式可知，若 $L+R=360°$，则指标差 $x=0$，如求得的 x 绝对值大于 $30''$ 应进行校正。

式（3-7）与式（3-8）相加，得

$$\alpha = \frac{1}{2}(R-L-180°) = \frac{1}{2}(\alpha_左 + \alpha_右) \qquad (3-10)$$

例如：盘左时竖直度盘的读数为 $L=75°44'$，则：$\alpha_左 = +14°16'$

盘右时竖直度盘的读数为 $R=284°18'$，则：$\alpha_右 = +14°18'$

其指标差为 $x = \dfrac{L+R-360°}{2} = \dfrac{75°44' + 284°18' - 360°}{2} = +1'$（大于 $30''$ 应校正）

正确竖直角为 $\alpha = \dfrac{\alpha_左 + \alpha_右}{2} = \dfrac{14°16' + 14°18'}{2} = +14°17'$

式（3-10）表明盘左、盘右观测所得的竖直角，取平均值可以消除指标差的影响。

（二）校正

因检验时，竖盘最后处于盘右位置，因此校正一般是在盘右位置进行的，为此应算出盘右位置时的正确读数 $R_0 = \alpha + 270°$。在上例中，$R_0 = 14°17' + 270° = 284°17'$。而后转动竖盘指标水准管微动螺旋，使竖盘读数恰为正确读数 R_0，此时竖盘指标水准管的气泡不居中，于是打开水准管校正螺丝的盖板，即可看到水准管的两颗校正螺丝（图 3-27），采用先松后紧的方法，把水准管的一端升高或降低，直至气泡居中。此项检验校正也应反复进行，直至竖盘指标差 x 的绝对值小于 $30''$

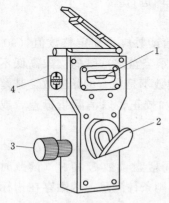

图 3-27 竖盘水准管的校正
1—竖盘指标水准管；2—反光镜；
3—竖盘指标水准管微动螺旋；
4—水准管校正螺丝

为止。对于竖盘指标自动补偿的经纬仪，若经检验指标差超限时，应送检修部门进行检校。

第七节　经纬仪测量的误差及其消减方法

一、水平角测量误差

（一）仪器误差

仪器误差的来源可分为两方面。一方面是仪器制造加工不完善的误差，如度盘刻划的误差及度盘偏心差等。前者可采用度盘不同位置进行观测（按 $180°/n$ 计算各测回度盘起始读数）加以削弱；后者采用盘左盘右取平均值予以消除。另一方面是仪器校正不完善的误差，其视准轴不垂直于横轴及横轴不垂直于竖轴的误差，可采用盘左盘右取平均值予以消除。但照准部水准管不垂直于竖轴的误差，不能用盘左盘右的观测方法消除。因为，水准管气泡居中时，水准管轴虽水平，竖轴却与铅垂线间有一夹角 θ（图 3-28），水平度盘不在水平位置而倾斜一个 θ 角，用盘左盘右来观测，水平度盘的倾角 θ 没有变动，俯仰望远镜产生的倾斜面也未变，而且瞄准目标的俯仰角越大，误差影响也越大，因此测量水平角时观测目标的高差较大时，更应注意整平。

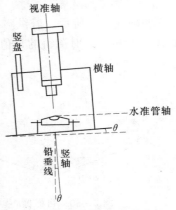

图 3-28　竖轴倾斜误差

（二）观测误差

1. 对中误差

如图 3-29 所示，观测时若仪器对中不精确，致使度盘中心与测站中心 O 不重合而偏至 O'，OO' 的距离 e 称为测站偏心距，此时测得的角值 β' 与正确角值 β 之差 $\Delta\beta$ 即为对中不良所产生的误差，由图可知 $\Delta\beta = \beta - \beta' = \delta_1 + \delta_2$。因偏心距 e 是一小值，故 δ_1 和 δ_2 应为一小角，于是把 e 近似地看作一段小圆弧，所以得

$$\Delta\beta = \delta_1 + \delta_2 = e\rho'' \left(\frac{1}{d_1} + \frac{1}{d_2} \right) \tag{3-11}$$

式中　　d_1、d_2——水平角两边的边长；

e——测站偏心距；

ρ''——取 $206265''$。

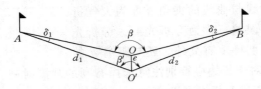

图 3-29　对中误差

由上式可知，对中误差与偏心距 e 成正比，与边长 d_1 和 d_2 成反比。例如，$e=3\text{mm}$、$d_1=d_2=100\text{m}$，则 $\Delta\beta=12.4''$；如果 $d_1=d_2=100\text{m}$，则 $\Delta\beta=24.8''$。故当边长较短时，

应认真进行对中，使 e 值较小，减少对中误差的影响。

2. 整平误差

观测时仪器未严格整平，竖轴将处于倾斜位置，这种误差与上面分析的水准管轴不垂直于竖轴的误差性质相同。由于不能采用适当的观测方法加以消除，当观测目标的竖直角越大其误差影响也越大，故观测目标的高差较大时，应特别注意仪器的整平，一般每测回观测完毕，应重新整平仪器再进行下一个测回的观测。当有太阳时，必须打伞，避免阳光照射水准管，影响仪器的整平。

3. 目标偏心误差

如图 3-30 所示，若供瞄准的目标偏心，观测时不是瞄准 A 点而是瞄准 A' 点，偏心距 $AA' = e_1$，这时测得的角值 β' 与正确角值 β 之差 δ_1，即为目标偏心所产生的误差，即

$$\delta_1 = \beta - \beta' = \frac{e_1}{d_1}\rho'' \qquad (3-12)$$

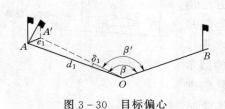

图 3-30　目标偏心

由式（3-12）可知，这种误差与对中误差的性质相同，即与偏心距成正比，与边长成反比，故当边长较短时应特别注意减小目标的偏心，若观测目标有一定高度，应尽量瞄准目标的底部，以减小目标偏心的影响。

4. 照准误差

人眼的分辨力为 $60''$，用放大率为 V 的望远镜观测，则照准目标的误差为

$$m_V = \pm\frac{60''}{V}$$

如 $V = 28$，则照准误差 $m_V = \pm 2.1''$。但观测时应注意消除视差，否则照准误差将增大。

5. 读数误差

在光学经纬仪按测微器读数，一般可估读至分微尺最小格值的 $1/10$，若最小格值为 $1'$，则读数误差可认为是 $\pm 1'/10 = \pm 6''$。但读数时应注意消除读数显微镜的视差。

（三）外界条件的影响

外界条件的影响是多方面的。如大气中存在温度梯度，视线通过大气中不同的密度层，传播的方向将不是一条直线而是一条曲线（图 3-31），这时在 A 点的望远镜视准轴处于曲线的切线位置即已照准 B 点，切线与曲线的夹角 δ 即为大气折光在水平方向所产生的误差，称为旁折光差。旁折光差 δ 的大小除与大气温度梯度有关外，还与距离 d 的平方成正比，故观测时对于长边应特别注意选择有利的观测时间（如阴天）。此外视线离障碍物应在 1m 以外，否则旁折光会迅速增大。

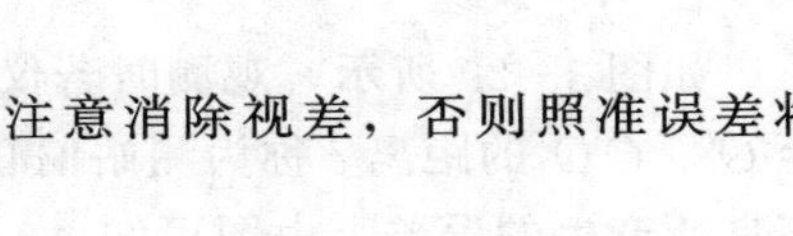

图 3-31　大气折光

另外，在晴天由于受到地面辐射热的影响，瞄准目标的像会产生跳动；大气温度的变化导致仪器轴系关系的改变；土质松软或风力的影响，使仪器的稳定性较差等都会影响测

角的精度。因此，视线应离地面在 1m 以上；观测时必须打伞保护仪器；仪器从箱子里拿出来后，应放置半小时以上，令仪器适应外界温度再开始观测；安置仪器时应将脚架踩牢等。总之要设法避免或减小外界条件的影响，才能保证应有的观测精度。

二、竖直角测量误差

（一）仪器误差

仪器误差主要有度盘刻划误差、度盘偏心差及竖盘指标差。其中度盘刻划误差不能采用改变度盘位置（每一测回开始的始读数不变）进行观测加以消除，在目前仪器制造工艺中，度盘刻划误差是较小的，一般不大于 $0.2''$。度盘偏心差可采用对向观测取平均值加以消减（即由 A 观测 B，再由 B 观测 A）。而竖盘指标差可采用盘左盘右观测取平均值加以消除。

（二）观测误差

观测误差主要有照准误差、读数误差和竖盘指标水准管整平误差。其中前两项误差在水平角测量误差中已作论述，至于指标水准管整平误差，除观测时认真整平外，还应注意打伞保护仪器，切忌使仪器局部受热。

（三）外界条件的影响

外界条件的影响与水平角测量时基本相同，但其中大气折光的影响在水平角测量中产生的是旁折光，在竖直角测量中产生的是垂直折光。在一般情况下，垂直折光远大于旁折光，故在布点时应尽可能避免长边，视线应尽可能离地面高一点（应大于 1m），并避免从水面通过，尽可能选择有利时间进行观测，并采用对向观测方法以削弱其影响。

第四章　距离测量及直线定向

距离和方向是确定地面点位置的几何要素。测定地面上两点的距离和方向，是测量的基本工作。

第一节　传统距离测量方法

一、钢卷尺量距

距离测量是要确定两点间的水平距离或倾斜距离。随着精度要求的不同，测量时所使用的仪器工具和方法也不同，目前测量距离的方法有钢卷尺量距、视距测量、电磁波测距等。

（一）钢卷尺量距工具

钢卷尺量距所用的工具主要为钢卷尺，另外还有花杆、测钎等辅助工具。

1. 钢卷尺

钢卷尺一般用薄钢片制成（图4-1），其长度有15m、20m、30m、50m等，在刻划上有的全尺刻至毫米，有的只在0～1dm之间刻至毫米，其他部分刻至厘米。如以尺子的端点为零的称为端点尺［图4-2（a）］，如以尺子的端部某一位置为零刻划的称为刻划尺［图4-2（b）］。使用时应注意其零刻划线的位置，防止出错。钢卷尺量距常用于控制测量及施工放样等。当量距的精度要求较低时，也会用到皮尺，如图4-3所示，皮尺是用麻布织入金属丝制成，其长度有20m、30m、50m等，皮尺伸缩性较大，故使用时不宜浸于水中，不宜用力过大。皮尺丈量距离的精度低于钢卷尺，只适用于精度要求较低的丈量工作，如渠道测量、土石方测算等。

图4-1　钢卷尺

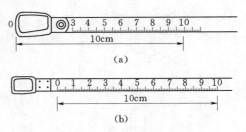

（a）

（b）

图4-2　端点尺和刻划尺
（a）端点尺；（b）刻划尺

图4-3　皮尺

2. 辅助工具

有花杆和测钎等。花杆是用来标定点位及方向，测钎是用来标定尺子端点的位置及计算丈量过的整尺段数。

（二）丈量距离的一般方法

1. 在平坦地面上丈量水平距离

如图 4-4 所示，用钢卷尺丈量 A 至 B 的水平距离，丈量时可用目测法在 AB 间用花杆标定直线方向，并同时进行量距。其操作方法是：先测整尺段，最后量取不足一整尺的距离 q。则所量直线 AB 的长度 D 可按下式计算

$$D = nl + q \qquad (4-1)$$

式中　D——直线的总长度；

　　　l——尺段长度；

　　　n——尺段数；

　　　q——不足一尺段的余数。

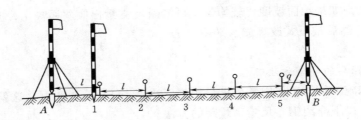

图 4-4　平坦地面丈量距离

在实际丈量中，为了校核和提高精度，一般需要进行往返丈量。往测和返测之差称为较差，较差与往返丈量长度的平均值之比，称为丈量的相对误差，用以衡量丈量的精度。

相对误差通常以分子为 1 的分数形式表示，设 K 为相对误差，则

$$K = \frac{|D_{往} - D_{返}|}{D_{平}} = \frac{1}{\dfrac{D_{平}}{|D_{往} - D_{返}|}} \qquad (4-2)$$

式中　　　　　　　　$$D_{平} = \frac{1}{2}(D_{往} + D_{返})$$

相对误差分母越大，它的值越小，量距精度越高。在平坦地区量距，相对误差一般应小于 1/2000，在困难的山地也不应大于 1/1000。上例符合精度要求，即可以其平均值作为丈量的最终成果。如达不到要求，应检查原因，重新丈量。

2. 在倾斜地面丈量水平距离

（1）平量法。如图 4-5（a）所示，当地面坡度不大时，可将尺子拉平，然后用垂球在地面上标出其端点，则 AB 直线总长度可按下式计算。

$$L = l_1 + l_2 + \cdots + l_n \qquad (4-3)$$

其中，l_i 可以是整尺长，当地面坡度稍大时，也可以是不足一整尺的长度。

但是这种量距的方法，产生误差的因素很多，因而精度不高。

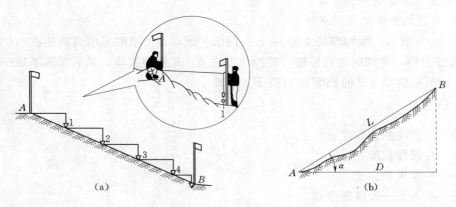

图 4-5　倾斜地面丈量

（2）斜量法。如果地面坡度比较均匀，可沿斜坡丈量出倾斜距离 L，并测出倾斜角 α [图 4-5（b）]，然后按下式改算成水平距离 D。

$$D = L\cos\alpha \tag{4-4}$$

（三）丈量距离的精密方法

控制测量和施工放样工作中常要求量距精度达到 1/1 万～1/4 万，这就要求用精密的方法进行丈量，以下介绍钢卷尺精密量距的方法。

1. 定线

（1）清除在基线方向内的障碍物和杂草。

（2）按基线两端点的固定桩用经纬仪定线。沿定线方向用钢卷尺进行概量，每隔一整尺段打一木桩，木桩间的距离（尺段长）应略短于所使用钢卷尺的长度（例如短 5cm），并在每个桩桩顶按视线划出基线方向的短直线（图 4-6），另绘一正交的短线，其交点即为钢卷尺读数的标志。

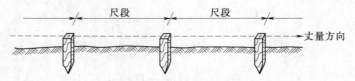

图 4-6　精密量距定线

2. 测定桩顶间高差

用水准仪测定各段桩顶间的高差，以便计算倾斜改正。

3. 量距

用检定过的钢卷尺丈量相邻木桩之间的距离。丈量时，将钢卷尺首尾两端紧贴桩顶，并用弹簧秤施以钢卷尺检定时相同的拉力（一般为 98N），同时根据两端桩顶的十字交点读数，读至 mm；连续三次读数，若读数间最大互差不超过 3mm，则取其平均值作为该尺段的丈量数值。同时测量钢尺温度，估读到 0.1℃，以便计算温度改正数。依次逐段丈量至基线终点，即为往测（记录见表 4-1）。往测完毕后，应立即进行返测（若有两把检定过的钢卷尺，也可采用两尺同时丈量）。

表 4－1　　　　　　　　　　　　基线丈量记录与计算表

尺段	次数	前尺读数/m	后尺读数/m	尺段长度/m	尺段平均长度/m	温度 t 温度改正 Δl_t/mm	高差 h 倾斜改正 Δl_h/mm	尺长改正 Δl/mm	改正后的尺段长度/m	附注
$A-1$	1	29.930	0.064	29.866		25°.8	+0.272			
	2	40	76	64						
	3	50	85	65	29.8650	+2.1	−1.2	+2.5	29.8684	
$1-2$	1	29.920	0.015	29.905		27°.6	+0.174			钢尺名义长度 l_0 为30m,实际长度 l 为30.0025m;检定钢尺时的温度 t_0 为20℃检定钢尺时的拉力为100N[①]
	2	30	25	05						
	3	40	33	07	29.9057	+2.7	−0.5	+2.5	29.9104	
⋮										
$14-B$	1	1.880	0.076	1.804		27°.5	−0.065			
	2	70	64	06						
	3	60	55	05	1.8050	+0.2	−1.2	+0.2	1.8042	

往测长度 421.751m　返测长度 421.729m　基线长度 421.740m

① 1kgf＝9.80655N,可近似取 1kgf 为 10N。

4. 成果整理

每次往测和返测的成果,应进行尺长改正、温度改正和倾斜改正,以便算出直线的水平距离。各项改正数的计算方法如下:

(1)尺长改正。将所使用的钢卷尺在一定温度和拉力下与标准尺比较,设钢尺的实际长度为 l,名义长度为 l_0,则钢尺的尺长改正数 Δl 为

$$\Delta l = l - l_0 \qquad\qquad (4-5)$$

如表 4－1 给出的实例中,钢卷尺的名义长度为 30m,在标准温度 $t=20$℃和拉力为 100N 时,其实际长度为 30.0025 m,则尺长改正数

$$\Delta l = 30002.5 - 30000 = +2.5 \text{（mm）}$$

所以每丈量一尺段 30m,应加上 2.5mm 尺长改正数;不足 30m 的尺段按比例计算尺长改正数。例如表 4－1 中,最后一段的尺段长为 1.8050m,其尺长改正值为

$$\Delta l = +\frac{2.5}{30} \times 1.8050 = +0.15 \text{（mm）}$$

必须指出,式(4－6)已考虑了改正数的正负,当 $l_0 < l$ 时,丈量一次就短了一个 Δl,改正数应加上去,按式(4－6)算得的 Δl 为正;反之,量一次距离长了一个 Δl,改正数应取负号。

(2)温度改正。设钢卷尺在检定时的温度为 t_0,而丈量时的温度为 t,则一尺段长度的温度改正数 Δl_t 为

$$\Delta l_t = \alpha(t-t_0)l \qquad\qquad (4-6)$$

式中　α——钢卷尺的膨胀系数,一般为 $1.2 \times 10^{-5}/1$℃;

　　　l——该尺段的长度。

表 4-1 算例中，第一尺段 $l=29.8650$m，$t=25.8℃$，$t_0=20℃$，则该尺段的温度改正数为

$$\Delta l_t = 0.000012 \times (25.8-20) \times 29.8650 = +2.1 \text{（mm）}$$

（3）倾斜改正。如图 4-7 所示，设一尺段两端的高差为 h，量得的倾斜长度为 l，将倾斜长度化为水平长度 d，应加的改正数为 Δl_h，其计算公式推导如下

$$h^2 = l^2 - d^2 = (l+d)(l-d)$$

$$\Delta l_h = l - d = \frac{h^2}{l+d}$$

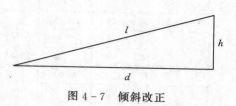

图 4-7　倾斜改正

因改正数 Δl_h 为一小值，上式分母内可近似地取 $d=l$，则

$$\Delta l_h = -\frac{h^2}{2l} \tag{4-7}$$

上式中的负号是由于水平长度总比倾斜长度要短，所以倾斜改正数总是负值。以表 4-1 中第一尺段为例，该尺段两端的高差为 $+0.272$m，倾斜长度 $l=29.8650$m，则按式（4-7）算得倾斜改正数为

$$\Delta l_h = -\frac{(0.272)^2}{2 \times 29.8650} = -1.2 \text{（mm）}$$

每尺段进行以上三项改正后，即得改正后尺段的水平长度为

$$l = l_0 + \Delta l + \Delta l_t + \Delta l_h \tag{4-8}$$

将各个改正后的尺段长度相加，即得往测（或返测）的全长。如往返丈量相对误差小于允许值，则取往测和返测的平均值作为基线的最后长度。有时要测量若干测回（往返各一次为一测回），则取各测回的平均值作为测量结果。

（四）钢卷尺的检定与尺长方程式

在精密丈量距离之前，应对所用钢尺进行检定。检定是在一定的温度和拉力下，按"水平"和"悬链"两种丈量状态与标准长度相比较，求得尺长方程式，其一般形式如下：

$$l = l_0 + \Delta l + \alpha(t-t_0)l_0 \tag{4-9}$$

式中　l——钢尺的实际长度；

　　　l_0——钢尺的名义长度；

　　　Δl——尺长改正数；

　　　α——钢尺的膨胀系数；

　　　t——测量时的温度；

　　　t_0——检定时的温度（一般化算为 $20℃$）。

例如，一盘送检的 30m 钢尺，在拉力为 98N 时的尺长方程式为

水平：　　　　$L = 30\text{m} + 8.23\text{mm} + 0.36\text{mm}(t-20℃)$

悬链：　　　　$S = 30\text{m} + 4.63\text{mm} + 0.36\text{mm}(t-20℃)$　　　(4-10)

式中　L、S——钢尺在水平和悬链状态时的实际长度。

等号右边第二项为尺长改正数，第三项为温度改正数，0.36mm 为尺长 30m 温差 1℃ 的改正数。

使用钢卷尺量距时，应施用与检定时同样的拉力（98N），并测定丈量时的温度，然后按尺长方程式进行尺长改正和温度改正。对于整尺段（例如30m）的改正值，可直接由式（4-10）第二、三项进行计算。如果不是整尺段，对于水平状态的零尺段 q 可按比例计算改正值。

但是尺子两端支承在桩顶而中间悬空时（悬链状态）丈量的零尺段，其尺长改正值不能按比例计算，因为，在一定拉力下，零尺段与整尺段的悬链长度不成正比变化。这时可由两种状态尺长方程式中尺长改正值的关系求得。

设 Δl、ΔS 分别为水平状态和悬链状态的尺长改正值，其关系如下：

$$\Delta S - \Delta L = \frac{-L^3}{24K^2} \qquad (4-11)$$

$$K = \frac{H}{W}$$

式中 H——水平拉力，N；

       W——钢尺单位长度的重力，N/m；

       L——水平状态尺长改正后的长度（不包括温度改正）。

于是，整尺段30m有：$\Delta S_{30} - \Delta L_{30} = -\dfrac{L_{30}^3}{24K^2}$

零尺段 q 有： $\Delta S_q - \Delta L_q = -\dfrac{L_q^3}{24K^2}$ $(4-12)$

由上式消去 $24K^2$，经整理得零尺段的改正数为

$$\Delta S_q = \frac{L_q^3}{L_{30}^3}(\Delta S_{30} - \Delta L_{30}) + \Delta L_q \qquad (4-13)$$

例如，用98N拉力，在悬链状态量得零尺段长为17.431，丈量时的温度为14.5℃，求该零尺段的尺长改正数。

在式（4-11）中，$\Delta L_{30} = 8.23$m，则 $L_{30} = 30 + 0.00823 = 30.00823$（m）

$$\Delta L_q = \frac{8.23}{1000} \times \frac{q}{30} = \frac{8.23}{1000} \times \frac{17.431}{30} = 0.00478 \text{（m）}$$

$$L_q = q + \Delta L_q = 17.431 + 0.00478 = 17.43578 \text{（m）}$$

$$\Delta S_{30} = 1.63\text{mm}$$

代入式（4-13），得

$$\Delta S_q = \frac{17.43578^3}{30.00823^3} \times \frac{4.63 - 8.23}{1000} + 0.00478 = 0.00407 \text{（m）} = 4.07 \text{（mm）}$$

因此，零尺段的实际长度（未考虑倾斜改正）应为

$$S_q = 17.431 + 0.00407 + 0.00036 \times (14.5 - 20) \times \frac{17.431}{30} = 17.434 \text{（m）}$$

当量距的精度要求较高时，可采用铟瓦带尺。铟瓦带尺的特点是受温度影响较小，量距的精度更高，其测量和计算方法与上相同。随着电磁波测距技术的发展，目前在工程上多数采用电磁波测距仪进行测距，可大大减轻劳动强度，提高工效。

（五）距离测量的误差及其消减方法

在进行距离丈量时，往返丈量的两次结果，一般不完全相等，这就说明丈量中不可避

免地存在误差。为了保证丈量所要求的精度，必须了解距离丈量中的主要误差来源，并采取相应的措施消减其影响。现分述如下。

1. 尺长误差

钢尺本身存在有一定误差，因此，一般都应对所用钢尺进行检定，使用时加入尺长改正。若尺长改正数未超过尺长的 1/1 万，丈量距离又较短，则一般量距可不加尺长改正。

2. 温度变化的误差

钢尺的膨胀系数 $\alpha = 1.2 \times 10^{-5}/℃$，对每米每度变化仅 1/8 万。但当温差较大，距离很长时影响也不小。故精密量距应进行温度改正，并尽可能用点温计测定钢尺的温度。对一般量距，若丈量与检定时的温差超过 10℃，也应进行温度改正。

3. 拉力误差

如果丈量不用弹簧秤，仅凭手臂感觉，则与检定时的拉力产生误差。一般最大拉力误差可达 50N 左右，对于 30m 长的钢尺可产生 ±1.9mm 的误差，其影响比前两项小。但在精密量距时应用弹簧秤使其拉力与检定时的拉力相同。

4. 钢尺不水平的误差

钢尺不水平将使所量距离增长，对一把 30m 的钢尺，若两端高差达 0.3m，则产生 1.5mm 的误差，其相对误差为 1/2 万，在一般量距中，应使尺段两端基本水平，其差值应小于 0.3m。对精密量距，则应测出尺段两端高差，进行倾斜改正。

5. 定线误差

丈量时若偏离直线方向，则成一折线，使所量距离增长，这与钢尺不水平的误差相似。当用标杆目测定线，应使各整尺段偏离直线方向小于 0.3m，在精密量距中，应用经纬仪定线。

6. 风力影响

丈量距离时，若风速较大，将对丈量产生较大误差，故在风速较大时，不宜进行距离丈量。

7. 其他

在一般量距方法中，采用测钎或垂球对点，均可能产生较大误差，操作时应加倍注意。

二、视距测量

（一）视距测量原理

视距测量是利用经纬仪同时测定站点至观测点之间的水平距离和高差的一种方法，这种方法虽然精度较低（相对误差仅有 1/200～1/300），但比较简便而速度又较快，故在低精度测量工作中得到广泛应用。

在经纬仪望远镜的十字丝分划板上，刻有与横丝平行并且等距离的两根短丝，称为视距丝（图 4-8）。利用视距丝、视距尺（也可用水准尺）和竖直度盘可以进行视距测量。现将视距测量的原理和方法分述如下。

1. 视线水平时

如图 4-8 所示，为视线水平时视距测量的光路图，显然在相似三角形 GFM 和 $g'Fm'$ 可以得出

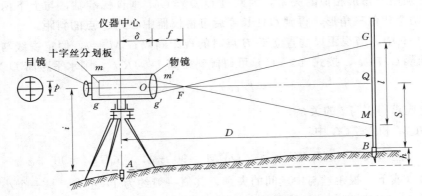

图 4-8 视线水平时视距测量

$$\frac{GM}{g'm'} = \frac{FQ}{FO}$$

式中　GM——视距间隔，$GM=l$；

　　　FO——物镜焦距，$FO=f$；

　　　$g'm'$——十字丝分划板上两视距的固定间距，$g'm'=p$。

于是

$$FQ = \frac{FQ}{g'm}GM = \frac{f}{p}l$$

从图 4-8 可以看出，仪器中心离物镜前焦距点 F 的距离为 $\delta+f$，其中 δ 为仪器中心至物镜光心的距离。故仪器中心至视距尺的水平距离为

$$D = \frac{f}{p}l + (f+\delta) \qquad (4-14)$$

式中　$\frac{f}{p}$、$f+\delta$——视距乘常数和视距加常数。

令　　　　　　　　$\frac{f}{p} = K \qquad\qquad f+\delta=C$

则式（4-15）可改写为

$$D = Kl + C \qquad (4-15)$$

为了计算方便起见，在设计制造仪器时，通常令 $K=100$，对于内对光望远镜，由于设计仪器时使 C 值接近于零，故加常数 C 可以不计。这样，测站点 A 至立尺点 B 的水平距离为

$$D = Kl \qquad (4-16)$$

从图 4-8 中可以看出，当视线水平时，为了求得 A、B 两点的高差，为仪器高 i 与中丝读数 S 之差，即为

$$h = i - S \qquad (4-17)$$

2. 望远镜视线倾斜时

如图 4-9 视线倾斜时观测光路图，显然式（4-16）不能直接使用，而事实告诉我们

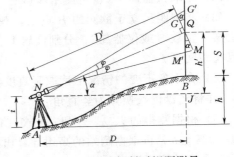

图 4-9 视线倾斜时视距测量

要测距离必须用三角形相似的关系，因此过 Q 点作 GM 垂直视准轴，与上下两视线交与 GM，出现两个相似三角形，得到 GM 长度后可得仪器中心到 Q 点的斜距。

在图 4-9 中，当视距尺垂直立于 B 点时的视距间隔 $G'M'=l$，假定视线与尺面垂直时的视距间隔 $GM=l'$，按式 (4-16) 可得倾斜距离 $D'=K\,l'$，则水平距离 D 为

$$D=D'\cos\alpha=K\,l'\cos\alpha \tag{4-18}$$

为此，应求得 l' 与 l 的关系。

在 $\triangle MQM'$ 和 $\triangle G'QG$ 中

$$\angle M'QM=\angle G'QG=\alpha, \quad \angle QMM'=90°-\varphi, \quad \angle QGG'=90°+\varphi$$

式中 φ 为上（或下）视距丝与中丝间的夹角，其值一般约为 $17'$ 左右，是一个小角，所以 $\angle QMM'$ 和 $\angle QGG'$ 可近似地认为是直角，这样可得

$$l'=GM=QG'\cos\alpha+QM'\cos\alpha=(QG'+QM')\cos\alpha$$

而 $QG'+QM'=G'M'=l$，故有 $l'=l\cos\alpha$，代入式 (4-18)，得水平距离为

$$D=Kl\cos^2\alpha \tag{4-19}$$

从经纬仪横轴到 Q 点的高差 h'（称初算高差），由图 4-9 可知

$$\left.\begin{array}{l} h'=D'\sin\alpha=Kl\cos\alpha\sin\alpha=\dfrac{1}{2}Kl\sin2\alpha \\[2mm] h'=D\tan\alpha \end{array}\right\} \tag{4-20}$$

或

而 A、B 两点的高差 h 为

$$h=h'+i-S \tag{4-21}$$

式中　i——仪器高；

S——十字丝的中丝在视距尺上的读数（图 4-9）。

如果我们把十字丝的中丝截在视距尺上的读数恰为仪器高 i，即 $S=i$，由式 (4-21) 得

$$h=h'$$

（二）视距测量方法

视距测量的方法和步骤如下。

(1) 将经纬仪安置在测站 A（图 4-9），进行对中和整平。

(2) 量取仪器高 i（量至厘米即可）。

(3) 将视距尺立于欲测的 B 点上，观测者转动望远镜瞄准视距尺，并使中丝截视距尺上某一整数 S 或仪器高 i，分别读出上、下视距丝和中丝读数，将下丝读数减去上丝读数得视距间隔 l。

(4) 在中丝不变的情况下读取竖直度盘读数（读数前必须使竖盘指标水准管的气泡居中），并将竖盘读数换算为竖直角 α。

(5) 根据测得的 l、α、S 和 i 按式 (4-19)、式 (4-20) 和式 (4-21) 计算水平距离 D 和高差 h，再根据测站的高程计算出测点的高程。

记录和计算列于表 4-2。

表 4 – 2　　　　　　　　　　　　视 距 测 量 记 录 表

测站名称　A　　　　测站高程 45.37　　　　仪器高 1.45　　　　仪器 DJ₆

测点	下丝读数 上丝读数 /m	视距 间隔 l /m	中丝 读数 S /m	竖盘读数 /(° ′ ″)	竖直角 /(° ′ ″)	水平 距离 D /m	初算 高差 h′ /m	高差 h /m	测点 高程 H /m	备注
1	2.237 0.663	1.574	1.45	87　41　12	+2　18　48	157.14	+6.35	+6.35	51.72	盘左 观测
2	2.445 1.555	0.890	2.00	95　17　36	−5　17　36	88.24	−8.18	−8.73	36.64	

（三）视距测量误差

1. 仪器误差

视距乘常数 K 对视距测量的影响较大，而且其误差不能采用相应的观测方法加以消除，故使用一架新仪器之前，应对 K 值进行检定。

竖直度盘指标差的残余部分，可采用盘左、盘右观测取其竖直角的平均值来消除。

2. 观测误差和外界影响

进行视距测量，视距尺竖得不垂直，将使所测得的距离和高差存在误差，其误差随视距尺的倾斜而增加，故测量时应注意将尺竖直。

由于风沙和雾气等原因造成视线不清晰，往往会影响读数的准确性，最好避免在这种天气进行视距测量。另外，从上、下两视距丝出来的视线，通过不同密度的空气层将产生垂直折光差，特别是接近地面的光线折射更大，所以上丝的读数最好离地面在 0.3m 以上。

此外，视距丝并非为绝对的细丝，其本身有一定的宽度，它掩盖着视距尺格子一部分，以致产生读数误差。为了消减这种误差，可适当缩短视距来补救。总之，在一般情况下，读取视距间隔的误差是视距测量误差的主要来源，因为视距间隔乘以常数 K，其误差也随之扩大 100 倍，对水平距离和高差影响都较大，故进行视距测量时，应认真读取视距间隔。

从视距测量原理可知，竖直角误差对水平距离影响不显著，而对高差影响较大，故用视距测量方法测定高差时应注意准确测定竖直角。读取竖盘读数时，应严格令竖盘指标水准管气泡居中。

第二节　电 磁 波 测 距

电磁波测距是利用光波或微波传播测定两点之间的距离的方法。它与上述钢卷尺量距和视距测量相比，具有测程长、精度高，方便简捷，几乎不受地形限制等优点。目前电磁波测距仪可分为 3 种：①用微波段的无线电波作为载波的微波测距仪；②用激光作为载波的激光测距仪；③用红外光作为载波的红外测距仪。后两种又统称光电测距仪。微波和激光测距仪多属长程测距，测程可达 60km；红外测距仪属中、短程测距，测程一般在 15km 以内，在工程测量中使用较广泛。本节主要介绍红外测距仪的基本原理和测距方法。

一、电磁波测距的基本原理

如图 $4-10$ 所示，为了测定 A、B 间的距离 D，将测距仪安置于 A 点，反光棱镜安置于 B 点，测距仪连续发射的红外光到达 B 点后，由反光镜反射回仪器。光的传播速度 c 约为 $3 \times 10^8 \mathrm{m/s}$，若能测定光束在距离 D 上往返所经历的时间 t，则被测距离 D 可由下式求得

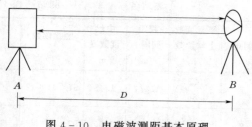

图 $4-10$　电磁波测距基本原理

$$D = \frac{1}{2} ct \qquad (4-22)$$

但一般 t 值是很微小的，如 D 为 500m，t 仅为 $\frac{1}{30\,\text{万}}$ s，要测定这样微小的时间间隔是极为困难的。

因此，在光电测距仪中，根据测量光波在待测距离 D 上往返一次传播时间方法的不同，光电测距仪可分为相位法和脉冲法两种。

1. 相位法测距原理

相位式是把距离与时间的关系，改化为距离与相位的关系。即由仪器发射连续的调制光波，用测定调制光波的相位来确定距离。

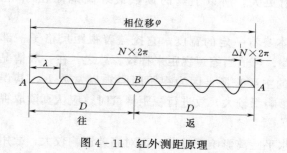

图 $4-11$　红外测距原理

红外光电测距仪简称红外测距仪，它采用砷化镓（GaAs）发光二极管作光源，能连续发光，具有体积小、重量轻、功耗小等特点。

如图 $4-11$ 所示，由 A 点发出的光波，到达 B 点后反射回 A 点。将光波往返于被测距离上的图形展开，成一连续的正弦曲线。其中光波一周期的相位变化为 2π，路程的长度恰为一个波长 λ。设调制光波的频率为 f，则光波从 A 到 B 再返回 A 的相位移 φ 可由下式求得

$$\varphi = 2\pi f t$$

即

$$t = \frac{\varphi}{2\pi f}$$

代入式 $(4-22)$，得

$$D = \frac{c}{2f} \frac{\varphi}{2\pi}$$

因为

$$\lambda = \frac{c}{f}$$

所以

$$D = \frac{\lambda}{2} \frac{\varphi}{2\pi} \qquad (4-23)$$

其中相位移 φ 是以 2π 为周期变化的。

设从发射点至接收点之间的调制波整周期数为 N，不足一个整周期的比例数为 ΔN，由图 4-11 可知

$$\varphi = N \times 2\pi + \Delta N \times 2\pi$$

代入式（4-23），得

$$D = \frac{\lambda}{2}(N + \Delta N) \qquad (4-24)$$

上式即为相位法测距的基本公式。它与用钢尺丈量距离的情况相似，$\lambda/2$ 相当于整尺长，称为"光尺"，N 与 ΔN 相当于整尺段数和不足一整尺段的零数，$\lambda/2$ 为已知，只要测定 N 和 ΔN，即可求得距离 D。但是仪器上的测相装置，只能测定 $0 \sim 2\pi$ 的相位变化，而无法确定相位的整周期数 N。如"光尺"为 10m，则只能测定小于 10m 的距离，为此一般仪器采用两个调制频率的"光尺"分别测定小数和大数。例如，"精尺"长为 10m，"粗尺"长为 1000m，若所测距离为 476.384m，则由"精尺"测得 6.384m，"粗尺"测得 470m，显示屏上显示两者之和为 476.384m。如被测距离大于 1000m（例如 1367.835m），则仪器仅显示 367.835m，这时整千米数需要测量人员根据实际情况进行断定。对于测程较长的中程和远程光电测距仪，一般采用 3 个以上的调制频率进行测量。

2. 脉冲法测距原理

图 4-12 可说明脉冲法测距的原理，脉冲法测距使用的光源为激光器，它发射一束极窄的光脉冲射向目标，同时输出一电脉冲信号，打开电子门让标准频率发生器产生的时标脉冲通过并对其进行计数。光脉冲被目标反射后回到发射器，同样产生一电脉冲，关闭电子门阻止时标脉冲通过。电子门开关的时间，即测距光脉冲往返的时间 t_{2D}（图 4-12）。

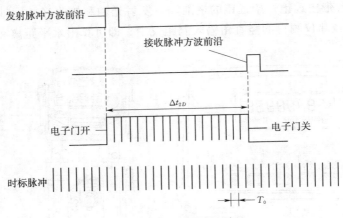

图 4-12　脉冲法测距原理

若其间通过的时标脉冲为 n，则

$$t_{2D} = n\frac{1}{f} \qquad (4-25)$$

$$D = \frac{c}{2}\frac{n}{f} = n \cdot \frac{\lambda}{2} \qquad (4-26)$$

式中　f——时标脉冲的频率；

$1/f$——脉冲周期；

λ——波长。

显然，$\lambda/2$ 为一个时标脉冲所代表的距离。

我们知道，波长与频率的乘积等于波每秒传播的距离，即波速 $c=\lambda f$，当电磁波频率等于 150MHz 时，其波长等于 2m，则一个时标脉冲代表的距离为 1m。当知道时标脉冲的个数时，待测距离就会很容易求出来。

脉冲法测距的精度直接受到时间测定精度的限制，例如，如果要求测距精度 $\Delta D \leqslant$ 1cm，则要求时间测定的精度为

$$\Delta t \leqslant 2 \times \Delta D/c \approx 2 \times (3 \times 10^{-10})(\mathrm{s}) \tag{4-27}$$

这就要求时标脉冲的频率 f 达到 15000MHz，目前计数频率一般达到 150MHz 或 30MHz，计时精度只能达到 10^{-8}s 量级，即测距精度仅达到 1m 或 0.5m。

由测距的基本原理的及计时技术决定了相位法测距和脉冲法测距的应用方向，一般中、短程测距仪多采用相位法测距，远程测距仪多采用脉冲法测距。目前，徕卡公司的 DIOR3000 系列是市场上尚存的少数长距离脉冲式测距仪之一。

二、测距仪的使用

测距仪由于体积小，一般可安装在经纬仪上，便于同时测定距离和角度，故在工程测量中使用较为广泛。目前测距仪的类型较多，由于仪器结构不同，操作方法也各异，使用时应严格按照仪器使用手册进行操作。现仅介绍两种红外测距仪的使用方法。

（一）ND3000 红外测距仪

1. 仪器简介

ND3000 红外测距仪是我国南方公司生产的相位式测距仪，将其安置于经纬仪上如图 4-13 所示。它自带望远镜，望远镜的视准轴、发射光轴和接收光轴同轴。利用测距仪面板上的键盘，将经纬仪测得的竖直角输入测距仪中，即可算出水平距离和高差。

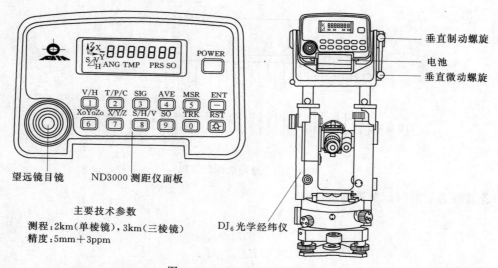

主要技术参数
测程：2km（单棱镜），3km（三棱镜）
精度：5mm+3ppm

图 4-13　ND3000 红外测距仪

与测距仪配套使用的棱镜有座式和杆式之分，如图 4-14 所示。座式棱镜的稳定性和对中精度高于杆式棱镜，但杆式棱镜较为轻便，故在高精度测量中多使用座式棱镜，一般测量常使用杆式棱镜。

ND3000 红外测距仪的主要技术指标如下。

（1）测程：单棱镜 2000m，三棱镜 3000m。

（2）精度：测距中误差为±（5mm+3×10^{-6}D）。

（3）测尺频率：$f_{精}=14835547Hz$，$f_{粗1}=146886Hz$，$f_{粗2}=149854Hz$。

（4）最小分辨率：1mm。

（5）工作温度：−20～+50℃。

2. 测距方法

（1）安置仪器。在测站上安置经纬仪，将测距仪连接到经纬仪上，装好电池。在待测点上安置棱镜，用棱镜架上的照准器照准测距仪。

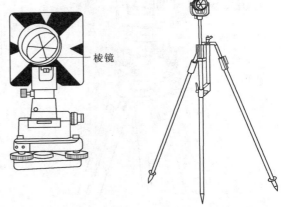

图 4-14 座式和杆式棱镜

（2）测量竖直角。用经纬仪望远镜照准棱镜中心，读取竖盘读数，测得竖直角。

（3）测定现场的气温和气压。

（4）测量距离。打开测距仪，利用测距仪的垂直制动和微动螺旋照准棱镜中心。检查电池电压、气象数据和棱镜常数，若显示的气象数据和棱镜常数与实际数据不符，应重新输入。按测距键即获得两点之间经过气象改正的倾斜距离。

（5）成果计算。测距仪测得的距离，需要进行仪器加常数、乘常数改正，以及气象和倾斜改正，现分述如下。

1）仪器加常数和乘常数改正。由于仪器制造误差以及使用过程中各种因素的影响，对仪器加常数和乘常数一般应定期在专用的检定场上进行检定，据此对测得的距离进行加常数和乘常数的改正。

2）气象改正。测距仪的测尺长度与气温气压有关，观测时的气象与仪器设计的气象通常不一致，因此应根据仪器厂家提供的气象改正公式对测值进行改正。当测量精度要求不高时，也可省去仪器加常数、乘常数和气象改正。

3）倾斜改正。如上所述，测距仪测得的是倾斜距离，应按照经纬仪测得的竖直角进行倾斜改正。实际工作中，可利用测距仪的功能键盘设定棱镜常数、气象数据和竖盘读数，仪器即可进行各项改正计算，迅速获得相应的水平距离。

（二）DI1000 红外测距仪

1. 仪器简介

DI1000 红外测距仪是瑞士徕卡公司生产的相位式测距仪，它与经纬仪连接如图 4-15 所示。该仪器不带望远镜，发射光轴和接收光轴是分开的，备有专用设备与徕卡公司生产的光学经纬仪或电子经纬仪相连接。测距时，当经纬仪望远镜照准棱镜下的觇牌时，测距

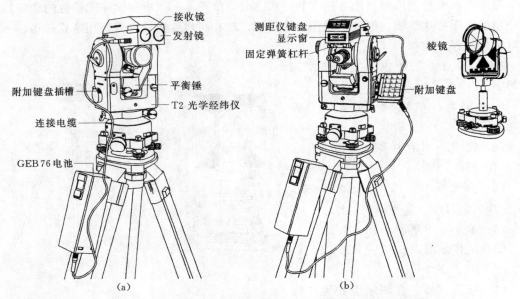

图 4-15　安装在光学经纬仪上的 DI1000 红外测距仪及其单棱镜

仪的发射光轴即照准棱镜，利用其附加键盘将经纬仪测得的竖直角输入测距仪中，即可算出水平距离和高差。

该仪器的主要技术指标如下。

(1) 测程：单棱镜 800m，三棱镜 1600m。

(2) 精度：测距中误差为 $\pm(5\text{mm}+5\times10^{-6}D)$。

(3) 测尺频率：$f_{精}=7.492700\text{MHz}$，$f_{粗}=74.92700\text{kHz}$。

(4) 最小分辨率：1mm。

(5) 工作温度：$-20\sim50℃$。

2. 测距方法

如图 4-16 所示，DI1000 测距仪可将测距仪直接与电池连接测距，也可将测距仪经过附加键盘与电池连接测距。该仪器除可直接测距外，还可跟踪测设距离。其中测距仪上有 3 个按键，附加键盘上有 15 个按键。每个按键具有双功能或多功能。各键的功能与使用方法可参阅仪器操作手册。测距时，用经纬仪测量竖直角，用气压计和温度计测定现场气温、气压后，用测距仪测定倾斜距离，从键盘上输入相应数据，最后获得两点之间经过气象和倾斜等各项改正的水平距离和高差。

三、光电测距误差

光电测距误差大致可分为两类：①与被测距离长短无关的，如仪器对中误差、测相误差和加常数误差等，称为固定误差；②与被测距离成正比的，如光速值误差、大气折射率误差和调制频率误差等，称为比例误差。

(一) 固定误差

(1) 仪器对中误差。安置测距仪和棱镜未严格对中所产生的误差。作业时精心操作，使用经过检校的光学对中器，其对中误差一般应小于 2mm。

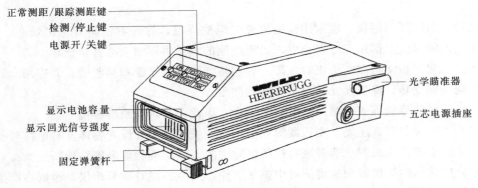

正常测距/跟踪测距键
检测/停止键
电源开/关键
光学瞄准器
显示电池容量
显示回光信号强度
五芯电源插座
固定弹簧杆

图 4-16 DI1000 的操作面板

　　(2) 测相误差。测相误差包括数字测相系统的误差和测距信号在大气传输中的信噪比误差等。前者取决于仪器的性能和精度，后者与测距时的外界条件有关，如空气的透明度、闲杂光的干扰以及视线离地面和障碍物的远近等，该误差具有一定偶然性，一般通过多次观测取平均值，可削弱其影响。

　　(3) 加常数误差。仪器的加常数是由厂家测定后，预置于逻辑电路中，对测距结果进行自动修正。有时由于仪器元件老化等原因，会使加常数发生变化。故应定期检测，如有变化，应及时在仪器中重新设置加常数。

　　(二) 比例误差

　　(1) 光速值误差。在式 (4-22) 中，c 为光在大气中的传播速度，若令 c_0 为光在真空中的传播速度，则 $c = c_0/n$，其中 n 为大气折射率 ($n \geqslant 1$)，它是波长 λ、大气温度 t 和气压 p 的函数，即

$$n = f(\lambda、t、p) \tag{4-28}$$

　　对一台红外测距仪来说，λ 是一常数，因此大气温度 t 和气压 p 是影响光速的主要因素，所以在作业中，应实时测定现场的大气温度和气压，对所测距离加以气象改正。真空光速测定的相对误差约为 0.004ppm，即测定真空光速的误差对测距的影响是 0.004mm/km，其值很小，可忽略不计。

　　(2) 大气折射率误差。大气折射率主要与大气压力 p 有关。由于测距时测量大气温度和大气压力存在误差，特别是在作业时不可能实时测定光波沿线大气温度和大气压力的积分平均值，一般只能在测距仪的测站上和安置棱镜的测点上分别测定大气温度和大气压，取其平均值作为气象改正，由此产生的误差称为大气折射率误差，亦称气象代表性误差。测距时如选择气温变化较小、有微风的阴天进行，可削弱该项误差的影响。

　　(3) 调制频率误差。仪器的"光尺"长度仅次于仪器的调制频率，目前国内外生产的红外测距仪，其精测尺调制频率的相对误差一般为 1~5ppm，即 1km 产生 1~5mm 的比例误差。由于仪器在使用过程中，电子元器件老化和外部环境温度变化等原因，仪器的调制频率将发生变化，"光尺"的长度随之发生变化，这给测距结果带来误差，因此，在定期对测距仪进行检定，按求得的比例改正数对测距进行改正。

　　四、测距仪使用的注意事项

　　(1) 如前所述，应定期对仪器进行固定误差和比例误差的检定，使测量的精度达到预

69

定要求。

（2）目前红外测距仪一般采用镍镉可充电电池供电，这种电池具有记忆效应，因此，应确认电池的电量全部用完才可充电，否则电池的容量将逐渐衰减甚至损坏。

（3）观测时切勿将测距头正对太阳，否则将会烧坏发光管和接收管。并应用伞遮住仪器，否则仪器受热，降低发光管效率，影响测距。

（4）反射信号的强弱对测距精度影响较大，因此，要认真照准棱镜。

（5）主机应避开高压线、变压器等强电干扰，视线应避开反光物体及有电信号干扰的地方，尽量不要逆光观测。若观测时视线临时被阻，该次观测应舍弃并重新观测。

（6）应认真做好仪器和棱镜的对中整平工作，并令棱镜对准测距仪，否则将产生对中误差及棱镜的偏歪和倾斜误差。

（7）应在关机状态接通电源，关机后再卸电源。观测完毕应随即关机，不能带电迁站。应保持仪器和棱镜的清洁和干燥，注意防潮防震。

（8）应选择大气比较稳定，通视比较良好的条件下观测。视线不宜靠近地面或其他障碍物。

第三节　直　线　定　向

确定一条直线的方向称为直线定向。要确定直线的方向，首先要选定一标准方向线，作为直线定向的依据，然后，由该直线与标准方向线之间的水平角确定其方向。

一、标准方向

在测量中常以真子午线、磁子午线、坐标纵轴作为直线定向的标准方向。

（一）真子午线

通过地面上某点指向地球南北极的方向线，称为该点的真子午线。用天文观测的方法或陀螺经纬仪来测定。

（二）磁子午线

磁针在地球磁场的作用下自由静止时所指的方向，即为磁子午线方向。

由于地磁的南北极与地球的南北极并不重合，因此，地面上某点的磁子午线与真子午线也不一致，它们之间的夹角称为磁偏角 δ（图 4-17）。磁针北端所指的方向线偏于真子午线东的称为东偏，规定为正，偏于西的称为西偏，规定为负。磁偏角的大小随地点的不同而异，即使在同一地点，由于地磁经常变化，磁偏角的大小也有变化，我国磁偏角的变化在 $+6°$（西北地区）和 $-10°$（东北地区）之间。北京地区的磁偏角约为 $-6°$。

（三）坐标纵轴

经过地球表面上各点的子午线收敛于地球两极。地面上两点子午线方向间的夹角称为子午线收敛角，用 γ 表示（图 4-18）。它给计算工作带来不少麻烦，因此，在测量上常采用高斯-克吕格平面直角坐标（详见第十章）的坐标纵轴作为标准方向。优点是任何点的标准方向都平行于坐标纵轴。

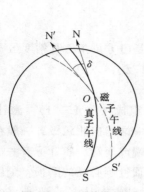

图 4-17　磁偏角图

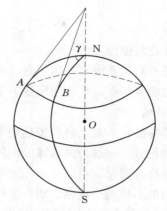

图 4-18　子午线收敛角

二、直线方向的表示方法

测量中常用方位角或坐标方位角来表示直线的方向。

（一）方位角

从直线一端的子午线北端开始顺时针方向至该直线的水平角，称为该直线的方位角，角值从 $0°\sim360°$。如果以真子午线为标准方向，称为真方位角；以磁子午线为标准方向，称为磁方位角。如图 4-19 所示，A_{0-1}、A_{0-2}、A_{0-3}、A_{0-4} 分别为直线 01、02、03、04 的真方位角；磁方位角以 A' 表示。

同一条直线的不同端点其方位角也不同，如图 4-20 所示，在 A 点测的方位角为 A_{ab}，在 B 点测的方位角为 A_{ba}，则有

$$A_{ba}=A_{ab}+180°\pm\gamma \qquad (4-29)$$

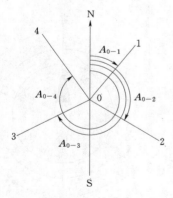

图 4-19　方位角

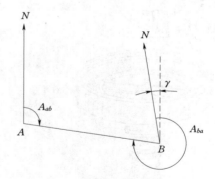

图 4-20　正、反方位角

测量中常以直线前进方向为正方向，反之则为反方向。设 A 点为直线的起始端，B 点为直线的终端，则 A_{ab} 为正方位角，A_{ba} 为反方位角。

（二）坐标方位角

从坐标纵轴的北端顺时针方向到一直线的水平角，称为直线的坐标方位角，用 α 表示（图 4-21）。因各坐标纵轴线互相平行，因此一直线的正、反坐标方位角相差

180°，即

$$\alpha_{BA} = \alpha_{AB} \pm 180° \tag{4-30}$$

三、罗盘仪及其使用

罗盘仪是用来测定直线方向的仪器，它测得的是磁方位角，其精度虽不高，但具有结构简单，使用方便等特点，在普通测量中使用较为广泛。

（一）罗盘仪的构造

罗盘仪主要由磁针、刻度盘和望远镜等 3 部分组成（图 4-21）。磁针位于刻度盘中心的顶针上，静止时，一端指向地球的南磁极，另一端指向北磁极。一般在磁针的北端涂以黑漆，在南端绕有铜丝，可以用此标志来区别北端或南端。磁针下有一小杠杆，不用时应拧紧杠杆一端的小螺丝，使磁针离开顶针，避免顶针不必要的磨损。刻度盘的刻划通常以 1′或 30′为单位，每 10°有一注记，刻度盘按反时针方向从 0°注记到 360°。望远镜装在刻度盘上，物镜端与目镜端分别在刻划线 0°与 180°的上面（图 4-22）。罗盘仪在定向时，刻度盘与望远镜一起转动指向目标，当磁针静止后，度盘上由 0°逆时针方向至磁针北端所指的读数即为所测直线的磁方位角。

（二）用罗盘仪测定直线方向

为了测定直线 AB 的方向，将罗盘仪安置在 A 点，用垂球对中，使度盘中心与 A 点处于同一铅垂线上，再用仪器上的水准管使度盘水平，然后放松磁针，用望远镜瞄准 B 点，待磁针静止后，磁针所指的方向即为磁子午线方向，按磁针指北的一端在刻度盘上的读数，即得直线 AB 的磁方位角。

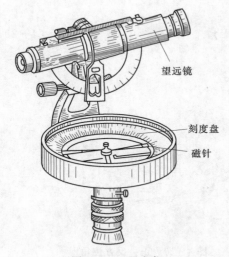

图 4-21 罗盘仪

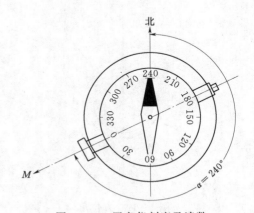

图 4-22 罗盘仪刻度及读数

使用罗盘仪进行测量时，附近不能有任何铁器，并要避免高压线，否则磁针会发生偏转，影响测量结果。必须等待磁针静止才能读数，读数完毕应将磁针固定以免磁针的顶针被磨损。若磁针摆动相当长时间还不能静止，这表明仪器使用太久，磁针的磁性不足，应进行充磁。

第四节　全　站　仪

一、概述

全站仪，即全站型电子速测仪（Electronic Total Station），是一种集光、机、电为一体的高技术测量仪器，是集水平角、垂直角、距离（斜距、平距）、高差测量功能于一体的测绘仪器系统。它在测站上除了能迅速测定水平角、竖直角和倾斜距离外，还可即时算出水平距离、高差、高程、某点三维坐标以及施工放样的有关数据等并显示于屏幕上，实现记录、存储、输出以及数据处理的自动化，使测量工作大为简化。

早期的全站仪是将光电测距仪安装于电子经纬仪上，用电缆将两者连接进行数据通信，根据测量工作需要，两者可分可合，称为积木式或分体式全站仪。目前的全站仪是将电子经纬仪、光电测距仪和微处理机融为一体，共用一个光学望远镜，仪器各部分构成一个整体，不能分离，称为整体式或集成式全站仪，它比前者性能更稳定，使用更方便，本节仅介绍整体式全站仪。

全站仪由于其使用方便，在测量工作中得到广泛应用，其品种和型号也越来越多。目前常见的有我国 NTS 和 ETD 系列，瑞士徕卡（LEICA）TPS 系列，日本拓普康（TOPOCON）GTS 系列、尼康（NIKON）DTM 系列、索佳（SOKKIA）SET 系列。近年来还研制出一种全自动全站仪，如徕卡公司生产的 TCA2003 全自动全站仪，又称测量机器人，可以自动识辨、照准目标，自动读数、数据处理和存储，实现无人值守、连续观测，适用于监视建筑物（如大坝等）的变形情况，使测量工作的自动化向更高领域发展。

二、补偿基本原理

全站仪是由电子经纬仪、光电测距仪、微型机及其软件组合而成的智能型光电测量仪器。其工作原理应该包括以上 3 个方面，但电子经纬仪测角和光电测距的基本原理已经讲述，本部分主要讲解全站仪的三轴误差及其补偿原理，这也是全站仪进行智能解算的理论基础。本质上讲，三轴误差与经纬仪的轴线误差原理一致，全站仪利用补偿器进行电算改正，提高观测数据的精度。

（一）轴系误差

1. 视准轴误差

视准轴误差也就是人们常说的"c"角。它产生的原因是由于安装和调整不当，望远镜的十字丝中心偏离了正确的位置，结果是视准轴与横轴不正交，引起的测量误差，它是一个固定值；外界温度的变化也会引起视准轴位置的变化，这个变化则不是一个固定值。若令 Δc 为视准轴误差对水平方向观测读数的影响，则有

$$\Delta c = c/\cos\alpha \tag{4-31}$$

可见，视准轴误差对水平方向读数的影响不仅与视准轴误差 c 成正比，而且也与目标点的垂直角 α 有关。采取盘左、盘右取中数的方法能够消除视准误差对水平度盘读数的影响。

2. 横轴误差

横轴误差又称水平轴倾斜误差。其主要原因是安装或调整不完善致使支承水平轴的二支架不等高，水平轴两端的直径不等也是一个原因。由于仪器存在着水平轴误差，当整平仪器时，垂直轴垂直，而水平轴不水平，这就会在水平方向引起观测误差。若令 Δi 为水平轴倾斜误差 i 对水平方向观测读数 α 的影响，则有

$$\Delta i = i\tan\alpha \tag{4-32}$$

显然，Δi 的大小不仅与 i 角的大小成正比，而且与目标点的垂直角 α 有关。采取盘左、盘右取中数的方法能够消除横轴倾斜误差对水平度盘读数的影响。

3. 竖轴倾斜误差

仪器的竖轴偏离铅垂位置，存在一定的倾斜，这种竖轴不垂直的误差称为竖轴误差。偏离的竖轴与铅垂线之间的夹角用 v 来表示。产生竖轴误差的主要原因是仪器整平不完善，竖轴晃动，土质松软引起脚架下沉或因震动、湿度和风力等因素的影响而引起脚架移动。若令 Δv 为竖轴倾斜误差 v 对水平方向观测读数 α 的影响，则有

$$\Delta v = v\cos\beta\tan\alpha \tag{4-33}$$

由式（4-33）可知，竖轴倾斜误差对水平方向值的影响不仅与竖轴倾斜角 v 有关，还随照准目标的垂直角 α 和观测目标的方位（以 β 表示）不同而不同。在测量工作中，采取盘左、盘右取中数的方法不能消除竖轴倾斜误差对水平角和垂直角的影响。

竖轴倾斜量可以分解为两个方向：①在望远镜的纵轴方向（X 轴）的倾斜；②在与 X 轴垂直的横轴方向（Y 轴）的倾斜，见图 4-23。

纵向（X 轴）倾斜将引起垂直角的误差，垂直轴纵向的倾斜将引起 $1:1$ 的垂直角误差。横向（Y 轴）的倾斜影响水平角的测量。

假设：测量中发生仪器竖轴在 X 轴的倾斜为 ϕ_X，Y 轴的倾斜为 ϕ_Y。那么存在以下函数关系：

$$\left.\begin{array}{l} \text{天顶距的误差} = \phi_X \\ \text{水平读盘读数的误差} = \phi_Y\cot V_K \\ V_K = V_0 + \phi_X \end{array}\right\} \tag{4-34}$$

式中　ϕ_X——竖轴倾斜在视准轴方向（X 轴）的分量；

ϕ_Y——竖轴倾斜在视准轴方向（Y 轴）的分量；

V_K——仪器显示的天顶距；

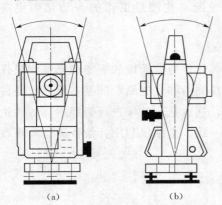

图 4-23　竖轴倾斜量垂直方向分解图
(a) 横向倾斜；(b) 纵向倾斜

V_0——电子度盘测得的天顶距。

从式（4-34）可看出，水平角的误差与测得的天顶距有关。先假设 Y 轴的倾斜为一个定量，则水平角的误差随着望远镜的转动而变化。在天顶距接近 $90°$（水平方向）时，根据式（4-34）可以知道水平角的误差趋近于 0，就是说此时没有误差；在接近天顶（$0°$）但未达到天顶时，此时的误差较大。

（二）补偿原理

在测量工作中，有许多方面的因素影响着测量的精度，其中垂直轴、水平轴和视准轴的不正确安装或整置，常常是诸多误差源中最重要的因素。且减小测量误差的过程比较麻烦，容易导致操作上的错误。这就对仪器生产提出了更高的要求，即其产品应尽可能方便使用，自动减少轴系误差的影响。而补偿器就是为了这个目的应运而生的。补偿器的作用就是通过寻找仪器竖轴在 X 轴和 Y 轴方向的倾斜信息，自动地对测量值进行倾斜改正。

1. 单轴补偿器

在光学经纬仪上采用单轴补偿的方法来补偿竖轴倾斜而引起的竖直度盘读数误差已很久了。光学经纬仪上一般采用簧片式补偿器、吊丝补偿器、液体补偿器。

图 4-24 是徕卡的摆式单轴补偿器工作原理图，当仪器倾斜的时候，将引起摆的微小摆动，这个变化通过光路引起竖直度盘影像的相应变化，垂直指标的位移与仪器的倾斜量相等，正确地改正了角度的输出，从而对仪器的倾斜起到了补偿作用。

图 4-25 是国内某厂采用的电容式单轴补偿器，当仪器倾斜的时候，将引起气泡的运动，从而导致电容的变化，只要测量极板间的电容变化，就可以测量仪器的倾斜量。

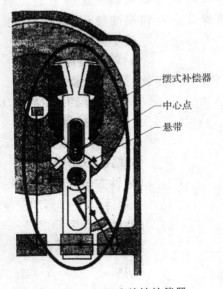

图 4-24 摆式单轴补偿器

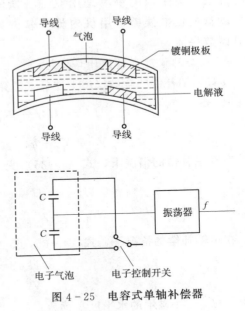

图 4-25 电容式单轴补偿器

2. 双轴补偿器

双轴补偿器的功能是仪器竖轴倾斜时能自动改正。由于竖轴倾斜对竖直度盘和水平度盘读数的影响，目前绝大部分具有双轴补偿的仪器均采用液体补偿器，如图 4-26 所示。

3. 三轴补偿器

三轴补偿器则不仅能补偿全站仪垂直轴倾斜引起的竖直度盘和水平度盘读数误

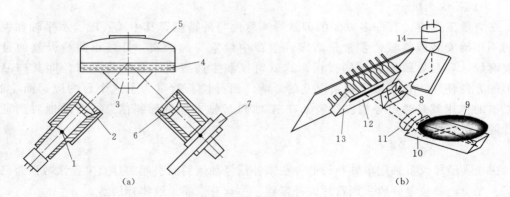

图 4 - 26　两种液体补偿器

1—光源；2、6—物镜；3—棱镜；4—液体表面；5—封闭玻璃补偿器；7—光电二极管；
8—棱镜分划板；9—液体表面；10—偏转透镜；11—成像透镜；12—分划板影像；
13—线性 CCD 阵列；14—发光二极管

差，而且还能补偿由于水平轴倾斜误差和视准轴误差引起的水平度盘读数的影响。徕卡、宾得 PTS－V2 以及捷创力的 Geodimeter500/600 系列仪器等都使用了三轴补偿的方法。其采取的手段是用双轴补偿的方法来补偿垂直轴倾斜引起的竖直度盘和水平度盘的读数误差，用机内计算软件来改正因横轴误差和视准轴误差引起的水平度盘读数误差。

（三）全站仪度盘读数计算公式

具有三轴补偿的全站仪用下述公式计算并显示水平度盘读数：

$$\left.\begin{aligned} H_{ZT} &= H_{Z0} + \frac{c}{\sin V_k} + (\varphi_Y + i)\cot V_k \\ V_k &= V_0 + \varphi_X \end{aligned}\right\} \tag{4-35}$$

在双轴补偿的情况下，式（4-35）变为

$$\left.\begin{aligned} H_{ZT} &= H_{Z0} + \frac{c}{\sin V_k} + \varphi_Y \cot V_k \\ V_k &= V_0 + \varphi_X \end{aligned}\right\} \tag{4-36}$$

在单轴补偿的情况下，式（4-35）变为

$$\left.\begin{aligned} H_{ZT} &= H_{Z0} \\ V_k &= V_0 + \varphi_X \end{aligned}\right\} \tag{4-37}$$

式中　H_{ZT}——显示的水平度盘读数；

$\quad\quad H_{Z0}$——电子度盘传感器测得的值；

$\quad\quad \varphi_X$——竖轴倾斜在 X 轴的分量；

$\quad\quad \varphi_Y$——竖轴倾斜在 Y 轴的分量；

$\quad\quad V_k$——仪器显示的天顶距；

$\quad\quad V_0$——横轴误差；

$\quad\quad i$——视准轴误差。

三、全站仪的构造及其功能

（一）基本结构

全站仪的基本结构如图 4－27 所示，图中上半部分包括水平角、竖直角、测距及水平补偿等光电测量系统，通过 I/O 接口接入总线与数字计算机联接起来，微处理机是全站仪的核心部件，它的主要功能是根据键盘指令执行测量过程中的数据检核、处理、传输、显示和存储等工作。数据存储器是测量的数据库。仪器中还提供程序存储器，以便于根据工作需要编制有关软件进行某些测量成果处理。

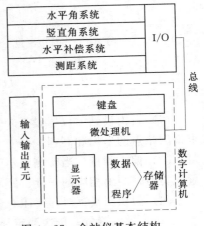

图 4－27 全站仪基本结构

（二）数据存储与通信

有的全站仪将仪器的数据传输接口和外接的记录器连接起来，数据存储于外接的记录器中，基本结构如图 4－28 所示。大多数的全站仪内部都有一大容量内存，有的还配置储存卡来增加存储容量。仪器上还设有标准的 RS－232C 通信接口，用电缆与计算机的 COM 口连接，实现全站仪与计算机的双向数据传输。

（三）全站仪的功能

全站仪的功能与仪器内置的软件有关，目前一般具有下列功能。

（1）角度测量。望远镜照准目标后，自动显示视线方向的水平度盘和竖盘读数。

（2）距离测量。望远镜照准棱镜后，直接测得仪器至棱镜的倾斜距离，输入相应的竖直角可获得两者之间的水平距离。

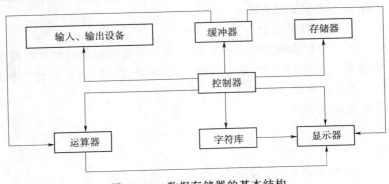

图 4－28 数据存储器的基本结构

（3）高差测量。当测定仪器至棱镜的倾斜距离或水平距离及相应的竖直角后，再输入仪器高和棱镜高，即可获得两者之间的高差。

（4）三维坐标测量与放样。根据测站点已知的平面坐标和高程，通过水平角、竖直角和距离测量，可迅速获得待测点的三维坐标。若输入待放样点的坐标值，将获得有关放样数据，进行实地放样。

（5）悬高测量。架空的电线或远离地面的管道，无法在其上安置棱镜，又要测定其高度时，可在待测目标之下安置棱镜，用仪器照准棱镜进行距离测量和竖直角测

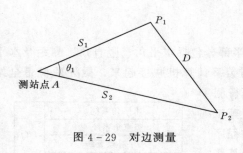

图 4-29 对边测量

量，再转动望远镜照准待测点测定其竖直角，输入仪器高和棱镜高即可确定待测点的高度。

（6）对边测量。如图 4-29 所示，在测站点 A 上对未知点 P_1 和 P_2 依次测定其水平距离 S_1、S_2 和水平角 θ_1，以及高差 h_{A1}、h_{A2}，则可按下式求得 P_1 至 P_2 的水平距离 D 和高差 h_{12}。

$$D = \sqrt{S_1^2 + S_2^2 - 2S_1 S_2 \cos\theta_1} \tag{4-38}$$

$$h_{12} = h_{A2} - h_{A1} \tag{4-39}$$

（7）自由设站。仪器设于未知点对若干个已知点测定其相应的角度、距离和高差，反求得测站点的坐标和高程。

（8）偏心测量。当待测点不能安置棱镜时，可将棱镜安置在待测点的旁边，与悬高测量相类似，测出相应的角度、距离和高差，最后确定待测点的坐标和高程。

（9）面积测量。对任一闭合多边形，测定其边界上若干点的坐标，从而求得其面积。

（10）导线测量。依次测定导线各边的边长和夹角，输入相应的方位角，经过平差计算求得各导线点的坐标并自动记录和存储。

（11）数字化测图。利用全站仪可进行数字化测图，详见第九章第七节。

四、全站仪的使用

目前国内外全站仪有多种品牌和型号，其功能和操作方法各异，使用时应认真阅读随机携带的使用手册，弄清其功能和使用方法再进行操作，现仅以日本 TOPCON 公司生产的 GTS-222 全站仪为例作简要介绍。

（一）GTS-222 全站仪的构造和性能

如图 4-30 所示，该仪器属整体式全站仪，望远镜连同测距装置可在两支架内自由纵转，不论盘左或盘右位置，键盘和显示屏均面向观测者，以便于操作。机载电池 BT-52QA 嵌于仪器的支架上构成一整体。

该仪器的主要技术指标如下：

（1）测角精度：$\pm 2''$。

（2）测距精度：$\pm (2mm + 2 \times 10^{-6}D)$。

（3）测程：单棱镜 3000m；三棱镜 4000m。

（4）电池：机载镍氢电池 BT-52QA，充满后可连续工作 10h。

（5）仪器倾斜补偿范围：$\pm 3'$。

（6）工作环境温度：$-20 \sim +50℃$。

（二）使用方法

全站仪测量是通过键盘输入指令进行操作的，该仪器键盘和显示屏以及各按键的功能见图 4-31 和表 4-3，按键分为硬键和软键。其中 $F_1 \sim F_4$ 为软键，亦称功能键，其余均为硬键，在各种模式下的功能选择都是通过 $F_1 \sim F_4$ 4 个软键来实现。该仪器通过 MENU 键，可令仪器在正常测量模式与菜单模式之间切换，现分述如下。

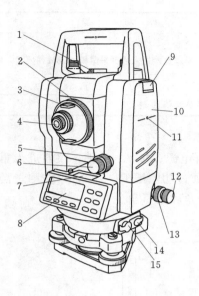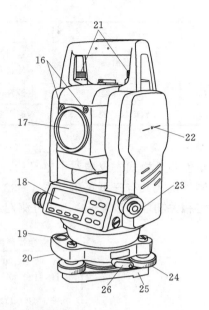

图 4-30 GTS-222 全站仪

1—粗瞄准器；2—望远镜调焦螺旋；3—望远镜把手；4—目镜；5—垂直制动螺旋；6—垂直微动螺旋；

7—管水准器；8—键盘和显示屏；9—电池锁紧杆；10—机载电池 BT-52QA；11—仪器高中心标志；

12—水平微动螺旋；13—水平制动螺旋；14—外接电源接口；15—串行信号接口；16—定线点指示器；

17—物镜；18—键盘和显示屏；19—圆水准器；20—圆水准器校正螺旋；21—提手固定螺旋；

22—仪器高中心标志；23—光学对中器；24—整平脚螺旋；25—底板；26—基座固定钮

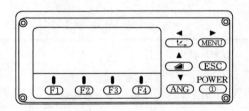

图 4-31 键盘及显示屏

表 4-3		按 键 功 能	
键	名 称	功 能
∠↗	坐标测量键	坐标测量模式
◢	距离测量键	距离测量模式
ANG	角度测量键	角度测量模式
MENU	菜单键	在菜单模式和正常测量模式之间切换，在菜单模式下设置应用测量与照明调节方式

键	名　称	功　能
ESC	退出键	• 返回测量模式或上一层模式 • 从正常测量模式直接进入数据采集模式或放样模式
POWER	电源键	电源开关
F1~F4	软键（功能键）	对应于显示的软键信息

1. 正常测量模式

（1）角度测量模式。仪器对中整平后，打开电源，按 ANG 键，仪器进入角度测量模式。角度测量模式共有三页菜单（图 4 - 32），通过功能键 F1~F4，可按测量需要在各页菜单中选定相关功能（表 4 - 4），即可测定水平角和竖直角。

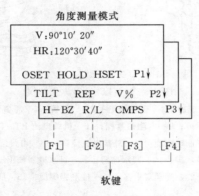

图 4 - 32　角度测量模式菜单

表 4 - 4　　　　　　　　　　　角 度 测 量 模 式

页　数	软　键	显示符号	功　能
1	F1	OSET	水平角置为 0°00′00″
	F2	HOLD	水平角读数锁定
	F3	HSET	通过键盘输入数字设置水平角
	F4	P1↓	显示第 2 页软键功能
2	F1	TILT	设置倾斜改正开或关（ON/OFF）、若选择 ON，则显示倾斜改正值
	F2	REP	角度重复测量模式
	F3	V%	垂直角百分比坡度（%）显示
	F4	P2↓	显示第 3 页软键功能
3	F1	H－BZ	仪器每转动水平角 90°是否要发出蜂鸣声的设置
	F2	R/L	水平角右/左计数方向的转换
	F3	CMPS	垂直角显示格式（高度角/天顶距）的切换
	F4	P3↓	显示下一页（第 1 页）软键功能

（2）距离测量模式。仪器照准棱镜时，按◢进入距离测量模式并自动测距，距离测

量模式共有两页菜单（图 4-33），可按表 4-5 所列选定相关功能进行测距。

表 4-5　　　　　　　　　　　　　　距 离 测 量 模 式

页　数	软　键	显示符号	功　　能
1	F1	MEAS	启动测量
	F2	MODE	设置测距模式精测/粗测/跟踪
	F3	S/A	设置音响模式
	F4	P1↓	显示第 2 页软键功能
2	F1	OFSET	偏心测量模式
	F2	S.O	放样测量模式
	F3	m/f/i	米、英尺或者英尺、英寸单位的变换
	F4	P2↓	显示第 1 页软键功能

（3）坐标测量模式。当仪器照准棱镜时，按 键进入坐标测量模式，并开始坐标测量。坐标测量共有三页菜单（图 4-34），各页功能见表 4-6。

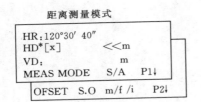

图 4-33　距离测量模式菜单

图 4-34　坐标测量模式菜单

表 4-6　　　　　　　　　　　　　　坐 标 测 量 模 式

页　数	软　键	显示符号	功　　能
1	F1	MEAS	开始测量
	F2	MODE	设置测量模式精测/粗测/跟踪
	F3	S/A	设置音响模式
	F4	P1↓	显示第 2 页软件功能
2	F1	R.HT	通过输入设置棱镜高度
	F2	INS.HT	通过输入设置仪器高度
	F3	OCC	通过输入设置仪器站坐标
	F4	P2↓	显示第 3 页软件功能
3	F1	OFSET	偏心测量模式
	F3	m/f/i	米、英尺或者英尺、英寸单位的变换
	F4	P3↓	显示第 1 页软键功能

2. 菜单模式

按 MENU 键进入主菜单，主菜单有 4 个主要模块。

（1）数据采集模式（DATA COLLECT）。该模式用于设置测站坐标、后视点坐标，进行测点坐标和高程测量，并根据用户规定的格式存储等。

（2）放样模式（LAYOUT）。该模式可根据测站点坐标、后视点坐标和放样点坐标，对放样点进行实地放样。

（3）存储管理模式（MEMORY MGR）。该模式用于文件状态查询、数据查询、文件管理、输入坐标、删除坐标、输入编码、数据传输、内存初始化等。

（4）应用测量程序（PROGRAMS）。该模式可用于对边测量、悬高测量以及面积测量等。

以上仅是粗略介绍，详细操作方法应参阅随机的使用手册。

第五章　测量误差的基本知识

第一节　测量误差的来源及其分类

任何观测值都包含着误差。例如，水准测量闭合路线的高差总和往往不等于 0；观测水平角时两个半测回测得的角值不完全相等；距离往返丈量的结果总有差异；这些都说明观测值中有误差存在，测量误差是不可避免的。

一、测量误差的定义

观测对象的量是客观存在的，称为真值。每次观测所得的数值，称为观测值。设观测对象的真值为 X，观测值为 L_i（$i=1, 2, \cdots, n$），则差数

$$\Delta_i = L_i - X \quad (i=1,2,\cdots,n) \tag{5-1}$$

称为真误差。

二、测量误差的来源

产生测量误差的主要原因如下：

（1）测量仪器的构造不十分完善，虽事先已将仪器校正，但尚有剩余的仪器误差没有完全消除。

（2）观测者感觉器官的鉴别能力有一定的局限性，所以在仪器的安置、照准、读数等方面都会产生误差。

（3）观测时所处的外界条件发生变化，例如，温度高低、湿度大小、风力强弱以及大气折光的影响等方面都会产生误差。

这三方面因素综合起来，称为观测条件。显然，观测条件的好坏与观测成果的质量密切相关。

三、测量误差的分类

测量误差按其性质可分以下几类。

（一）系统误差

在相同的观测条件下作一系列的观测，如果误差在大小、符号上表现出系统性，或按一定规律变化，这种误差称为系统误差。产生系统误差的原因很多，主要是由于使用的仪器不够完善及外界条件所引起的。例如，量距时所用的钢尺的长度比标准尺略长或略短，则每量一整尺均存在尺长误差，它的大小和正负号是一定的，量的整尺数愈多，误差就愈大，具有累积性。因此，必须尽可能地全部或部分地消除系统误差的影响。

消除系统误差的影响可以采用改正的方法，例如在量距前将所用的钢尺与标准长度比较，得出差数，进行尺长改正。也可以采用适当的观测方法，例如进行水准测量时，仪器安置在离两水准尺等距离的地方，可以消除水准仪水准管轴不平行于视准轴的误差；又如

用盘左、盘右两个位置测水平角，可以消除经纬仪视准轴不垂直于横轴的误差。

外界条件如空气温度、地球曲率、大气折光等的影响，观测者的感觉以及鉴别能力的不足，也会产生系统误差，有的可以改正，有的难以完全消除。

（二）偶然误差

在相同观测条件下作一系列的观测，如果误差在大小和符号上都表现出偶然性，即误差的大小不等、符号不同，这种误差称为偶然误差。

偶然误差是由于人的感觉器官和仪器的性能受到一定的限制，以及观测时受到外界条件的影响等原因所造成的。例如，用望远镜瞄准目标时，由于观测者眼睛的分辨能力和望远镜的放大倍数有一定的限度，观测时光线强弱的影响，致使照准目标不能绝对正确，可能偏左一些，也可能偏右一些。又如，水准测量估读毫米时，每次估读也不绝对相同，其影响可大可小，纯属偶然性，数学上称随机性，所以偶然误差也称随机误差。每个偶然误差的出现没有规律性，但在相同条件下重复观测某一量，出现的大量偶然误差却具有一定的规律性，概率论就是研究随机现象出现规律性的学科。

系统误差和偶然误差在观测过程中总是同时存在的，当观测值中系统误差影响占主导地位，偶然误差居次要地位时，观测误差就呈现出系统误差的性质；反之，观测误差就呈现出偶然误差的性质。

偶然误差是本章研究的主要对象，至于系统误差的处理将在叙述具体测量方法时进行讨论。

在测量工作中，除了上述两类性质的误差外，还可能发生错误，例如，测错、记错、算错等。错误的发生是由于观测者在工作中粗心大意造成的，又称粗差。凡含有粗差的观测值应舍去不用，并需重测，为此应加强责任心，认真操作。

为了提高观测成果的质量，同时也为了发现和消除错误，在测量工作中，一般都要进行多于必要的观测，称为多余观测。例如，测量一平面三角形的内角，只需要测得其中的任意两个角，即可确定其形状，但实际上也测出第三个角，以便检校内角和，从而判断观测结果的正确性。

第二节　偶然误差的特性

偶然误差产生的原因纯系随机的，只有通过大量观测才能揭示其内在的规律，这种规律具有重要的实用价值。现通过一个实例来阐述偶然误差的统计规律。

在相同的观测条件下，独立地观测了 358 个三角形的全部内角，每个三角形内角之和应等于真值 $180°$，由于观测值存在误差而往往不相等。根据式（5-1）可计算各三角形内角和的真误差为

$$\Delta i = (L_1 + L_2 + L_3)_i - 180° \quad (i = 1, 2, \cdots, n) \tag{5-2}$$

式中　　$(L_1 + L_2 + L_3)_i$ ——第 i 个三角形内角观测值之和。

现取误差区间的间隔 $d\Delta = 5''$，将这一组误差按其正负号与误差值的大小排列。出现在某区间内误差的个数称为频数，用 K 表示，频数除以误差的总个数 n 得 K/n，称误差在该区间的频率。统计结果列于表 5-1，此表称为频率分布表。

为更加直观，根据表 5-1 的数据画出如图 5-1（a）所示的图形，图中横坐标 Δ 表示误差的大小，纵坐标 y 为各区间内误差出现的频率除以区间的间隔，即 $\frac{K}{n}/\mathrm{d}\Delta$，这样图 5-1（a）中每一误差区间上的长方条面积就代表误差出现在该区间的频率。例如，图中画有斜线的面积就是误差出现在 $+10''\sim+15''$ 区间的频率，其值为 $\frac{K}{n}/\mathrm{d}\Delta\times\mathrm{d}\Delta=0.092$。这种图在统计学上称为直方图。

表 5-1   误 差 频 率 分 布 表

误差区间 dΔ	$-\Delta$			$+\Delta$		
	K	K/n	$K/n\cdot\mathrm{d}\Delta$	K	K/n	$K/n\cdot\mathrm{d}\Delta$
$0\sim5''$	45	0.126	0.0252	46	0.128	0.0256
$5''\sim10''$	40	0.112	0.0224	41	0.115	0.0230
$10''\sim15''$	33	0.092	0.0184	33	0.092	0.0184
$15''\sim20''$	23	0.064	0.0128	21	0.059	0.0118
$20''\sim25''$	17	0.047	0.0094	16	0.045	0.0090
$25''\sim30''$	13	0.036	0.0072	13	0.036	0.0072
$30''\sim35''$	6	0.017	0.0034	5	0.014	0.0028
$35''\sim40''$	4	0.011	0.0022	2	0.006	0.0012
$40''$ 以上	0	0	0	0	0	0
和	181	0.505	0.101	177	0.495	0.099

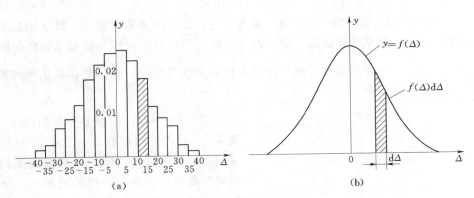

图 5-1 误差分布图

（a）直方图；（b）分布曲线

通过上面的实例，可以概括偶然误差的特性如下。

（1）在一定条件下的有限观测值中，其误差的绝对值不会超过一定的界限，或者说，超过一定限值的误差，其出现的概率为零。

（2）绝对值较小的误差比绝对值较大的误差出现的次数多，或者说，小误差出现的概率大，大误差出现的概率小。

（3）绝对值相等的正误差与负误差出现的次数大致相等，或者说，它们出现的概率相等。

（4）当观测次数无限增多时，其算术平均值趋近于零，即

$$\lim_{n \to \infty} \frac{\sum\limits_{i=1}^{n} \Delta i}{n} = \lim_{n \to \infty} \frac{[\Delta]}{n} = 0 \qquad (5-3)$$

式中　$[\Delta]$——误差总和的符号，换言之，偶然误差的理论均值为零。

特性（1）说明误差出现的范围，即误差的有限性；特性（2）说明误差呈单峰性，或称小误差的密集性；特性（3）说明误差方向的规律，称为对称性；特性（4）是由特性（3）导出的，它说明该列误差的抵偿性。抵偿性是偶然误差最本质的统计特性，换言之，凡有抵偿性的误差，原则上都可按偶然误差处理。

如果继续观测更多的三角形，即增加误差的个数，当 $n \to \infty$ 时，各误差出现的频率也就趋于一个完全确定的值，这个数值就是误差出现在各区间的频率。此时如将误差区间无限缩小，那么图 5-1（a）中各长方条顶边所形成的折线将成为一条光滑的连续曲线，如图 5-1（b）所示，这条曲线称为误差分布曲线，也称为正态分布曲线。曲线上任一点的纵坐标 y 均为横坐标 Δ 的函数，其函数形式为

$$y = f(\Delta) = \frac{1}{\sqrt{2\pi}\sigma} e^{-\frac{\Delta^2}{2\sigma^2}} \qquad (5-4)$$

式中　e——自然对数的底（e=2.7183）；

　　　σ——观测值的标准差（将在下节讨论），其平方 σ^2 称为方差。

图 5-1（b）中小长方条的面积 $f(\Delta)\mathrm{d}\Delta$，代表误差出现在该区间的概率，即

$$\rho = f(\Delta)\mathrm{d}\Delta \qquad (5-5)$$

由上式可知，当函数 $f(\Delta)$ 较大时，误差出现在该区间的概率也大，反之则较小，因此，称函数 $f(\Delta)$ 为概率密度函数，简称密度函数。图中分布曲线与横坐标轴所包围的面积为 $\int_{-\infty}^{+\infty} f(\Delta)\mathrm{d}\Delta = 1$（直方图中所有长方条面积总和也等于1），即偶然误差出现的概率为1，是必然事件。

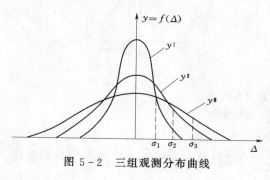

图 5-2　三组观测分布曲线

图 5-2 中有三条误差分布曲线 y^{I}、y^{II} 及 y^{III}，代表不同标准差 σ_1、σ_2 及 σ_3 的三组观测。由图中看出，曲线Ⅰ较高而陡峭，表明绝对值较小的误差出现的概率大，分布密集；曲线Ⅱ、曲线Ⅲ都较低而平缓，分布离散。因此，前者的观测精度高，后两者则较低。由误差分布的密集和离散的程度，可以判断观测的精度。但是求误差分布曲线的函数式比较困难，可以由分布曲线的标准差来

比较精度。当 $\Delta = 0$ 时，y 的最大值为 $y_0^{\mathrm{I}} = \dfrac{1}{\sqrt{2\pi}\sigma_1}$、$y_0^{\mathrm{II}} = \dfrac{1}{\sqrt{2\pi}\sigma_2}$、$y_0^{\mathrm{III}} = \dfrac{1}{\sqrt{2\pi}\sigma_3}$，且 y_0^{I}

$> y_0^{II} > y_0^{III}$ ，则 $\sigma_1 < \sigma_2 < \sigma_3$ ，表明标准差越小，误差分布越密集，观测精度高，所以观测的好坏常用标准差来衡量。标准差在分布图上的几何意义是分布曲线拐点的横坐标，即 $\sigma = \pm \Delta_{拐}$ ，可以由 $f(\Delta)$ 的二阶导数等于零求得。

第三节 衡量精度的标准

在相同的观测条件下，对某量进行多次观测，为了鉴定观测结果的精确程度，必须有一个衡量精度的标准。

一、中误差

上一节中谈及的标准差衡量精度，观测误差的标准差 σ ，其定义为

$$\sigma^2 = \lim_{n \to \infty} \frac{[\Delta\Delta]}{n} \tag{5-6}$$

用上式求 σ 值要求观测数 n 趋近无穷大，实际上是很难办到的。在实际测量工作中，观测数总是有限的，为了评定精度，一般采用下述公式

$$m = \sqrt{\frac{[\Delta\Delta]}{n}} \tag{5-7}$$

式中　　m——中误差；

　　　　$[\Delta\Delta]$——一组同精度观测 Δi 误差自乘的总和；

　　　　n——观测数。

比较式（5-6）与式（5-7）可以看出，标准差 σ 与中误差 m 的不同在于观测个数的区别，标准差为理论上的观测精度指标，而中误差则是观测数 n 为有限时的观测精度指标。所以，中误差实际上是标准差的近似值，统计学上称为估值，随着 n 的增加，m 将趋近于 σ 。

必须指出，在相同的观测条件下进行的一组观测，测得的每一个观测值都为同精度观测值，也称为等精度观测值。由于它们对应着一个误差分布，具有一个标准差，其估值为中误差，因此，同精度观测值具有相同的中误差。但是同精度观测值的真误差彼此并不相等，有的差异还比较大，这是由于真误差具有偶然误差的性质。

【例 5-1】 设有甲、乙两组角度观测值，其真误差分别为

甲组：$-4''$、$-2''$、0、$-4''$、$+3''$

乙组：$+6''$、$-5''$、0、$+1''$、$-1''$

则两组观测值的中误差分别为

$$m_甲 = \sqrt{\frac{16+4+0+16+9}{5}} = 3''.0$$

$$m_乙 = \sqrt{\frac{36+25+0+1+1}{5}} = 3''.5$$

由此可以看出甲组观测值比乙观测值的精度高，因为乙组观测值中有较大的误差，用平方能反映较大误差的影响，因此，测量工作中采用中误差作为衡量精度的标准。

应该再次指出，中误差 m 是表示一组观测值的精度。例如，$m_甲$ 是表示甲组观测值中

每一观测值的精度，而不能用每次所得的真误差（$-4''$、$-2''$、0、$-4''$、$+3''$）与中误差（$3''.0$）相比较，来说明一组中哪一次的精度高或低。

二、相对误差

测量工作中，有时以中误差还不能完全表达观测结果的精度。例如，分别丈量了 1000m 及 50m 两段距离，其中误差均为 0.1m，并不能说明丈量距离的精度，因为量距时其误差的大小与距离的长短有关，所以应采用另一种衡量精度的方法，这就是相对中误差或相对误差，它是中误差的绝对值与观测值的比值，通常用分子为 1 的分数形式表示。例如上例中前者的相对误差为 $\frac{0.1}{1000} = \frac{1}{10000}$，后者则为 $\frac{0.1}{50} = \frac{1}{500}$，前者分母大比值小，丈量精度高。

三、允许误差——极限误差

中误差是反映误差分布的密集或离散程度的，不是代表个别误差的大小，因此，要衡量某一观测值的质量，决定其取舍，还要引入极限误差的概念。极限误差又称允许误差，简称限差。偶然误差的特性（1）说明，在一定条件下，误差的绝对值有一定的限值。根据概率统计理论可知，在等精度观测的一组误差中，误差落在区间 $(-\sigma, +\sigma)$、$(-2\sigma, +2\sigma)$、$(-3\sigma, +3\sigma)$ 的概率分别为

$$\left.\begin{array}{l} P(-\sigma < \Delta < +\sigma) \approx 68.3\% \\ P(-2\sigma < \Delta < +2\sigma) \approx 95.4\% \\ P(-3\sigma < \Delta < +3\sigma) \approx 99.7\% \end{array}\right\} \tag{5-8}$$

其概率分布曲线如图 5-3 所示。

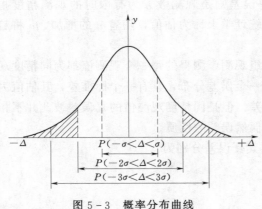

图 5-3 概率分布曲线

式（5-8）说明，绝对值大于两倍中误差的误差，其出现的概率为 4.6%，特别是绝对值大于三倍中误差的误差，其出现的概率仅为 0.3%，已经是概率接近于零的小概率事件，或者说实际上的不可能事件。因此在测量规范中，为确保观测成果的质量，通常规定以三倍或两倍中误差为偶然误差的允许误差或限差，即

$$\Delta_{允}(\Delta_{限}) = 3m \text{ 或 } \Delta_{允}(\Delta_{限}) = 2m \tag{5-9}$$

超过上述限差的观测值应舍去不用，或返工重测。

第四节 观测值函数的中误差——误差传播定律

有些未知量往往不能直接测得，而是由某些直接观测值通过一定的函数关系间接计算而得。例如水准测量中，测站的高差是由读得的前、后视读数求得的，即 $h = a - b$。又如两点间的坐标增量是由直接测得的边长 D 及方位角 α，通过函数关系（$\Delta x = D\cos\alpha$，

$\Delta y = D\sin\alpha$）间接算得的。前者的函数形式为线性函数，后者为非线性函数。

由于直接观测值含有误差，因而它的函数必然要受其影响而存在误差，阐述观测值中误差与函数中误差之间关系的定律，称为误差传播定律。现就线性与非线性两种函数形式分别讨论如下。

一、线性函数

线性函数的一般形式为

$$Z = k_1 x_1 \pm k_2 x_2 \pm \cdots \pm k_n x_n \qquad (5-10)$$

式中　　x_1、x_2、$\cdots$、x_n ——独立观测量，其中误差分别为 m_1、m_2、$\cdots$、m_n ；

　　　　k_1、k_2、$\cdots$、k_n ——常数。

设函数 Z 的中误差为 m_Z ，下面来推导两者中误差的关系。为推导简便，先以两个独立观测值进行讨论，则式（5-10）为

$$Z = k_1 x_1 \pm k_2 x_2 \qquad (a)$$

若 x_1 和 x_2 的真误差为 Δx_1 和 Δx_2 ，则函数 Z 必有中误差 ΔZ ，即

$$Z + \Delta Z = k_1(x_1 + \Delta x_1) \pm k_2(x_2 + \Delta x_2) \qquad (b)$$

式（b）减式（a）得真误差的关系式为

$$\Delta Z = k_1 \Delta x_1 \pm k_2 \Delta x_2 \qquad (c)$$

对 x_1 及 x_2 均进行了 n 次观测，可得

$$\left.\begin{array}{l} \Delta Z_1 = k_1(\Delta x_1)_1 \pm k_2(\Delta x_2)_1 \\ \Delta Z_2 = k_1(\Delta x_1)_2 \pm k_2(\Delta x_2)_2 \\ \qquad\qquad \vdots \\ \Delta Z_n = k_1(\Delta x_1)_n \pm k_2(\Delta x_2)_n \end{array}\right\} \qquad (d)$$

式（d）等号两边平方求和，并除以 n ，则得

$$\frac{[\Delta Z^2]}{n} = \frac{k_1^2[\Delta x_1^2]}{n} + \frac{k_2^2[\Delta x_2^2]}{n} \pm 2\frac{k_1 k_2[\Delta x_1 \Delta x_2]}{n} \qquad (e)$$

由于 Δx_1、Δx_2 均为独立观测值的偶然误差，因此乘积 $\Delta x_1 \Delta x_2$ 也必然呈现偶然性，根据偶然误差的第四特性，得

$$\lim_{n\to\infty} \frac{k_1 k_2[\Delta x_1 \Delta x_2]}{n} = 0$$

根据中误差的定义，得中误差的关系式

$$m_Z^2 = k_1^2 m_1^2 + k_2^2 m_2^2 \qquad (5-11)$$

推广之，可得线性函数中误差的关系式为

$$m_Z^2 = k_1^2 m_1^2 + k_2^2 m_2^2 + \cdots + k_n^2 m_n^2 \qquad (5-12)$$

二、非线性函数

非线性函数即一般函数，其形式为

$$Z = f(x_1, x_2, \cdots, x_n) \qquad (5-13)$$

上式可用泰勒级数展开成线性函数的形式。对函数取全微分，得

$$dZ = \frac{\partial f}{\partial x_1}dx_1 + \frac{\partial f}{\partial x_2}dx_2 + \cdots + \frac{\partial f}{\partial x_n}dx_n \qquad (f)$$

因为真误差均很小，用以代替上式的 dZ、dx_1、dx_2、$\cdots$、dx_n，得真误差关系式

$$\Delta Z = \frac{\partial f}{\partial x_1}\Delta x_1 + \frac{\partial f}{\partial x_2}\Delta x_2 + \cdots + \frac{\partial f}{\partial x_n}\Delta x_n \tag{g}$$

式中 $\frac{\partial f}{\partial x_i}(i=1,2,\cdots,n)$ 是函数对各变量所取的偏导数，以观测值代入，所得的值为常数，因此，式（g）是线性函数的真误差关系式，仿式（5-12），得函数的 Z 中误差为

$$m_Z^2 = \left(\frac{\partial f}{\partial x_1}\right)^2 m_1^2 + \left(\frac{\partial f}{\partial x_2}\right)^2 m_2^2 + \cdots + \left(\frac{\partial f}{\partial x_n}\right)^2 m_n^2 \tag{5-14}$$

常用函数的中误差关系式均可由一般函数中误差关系式导出，现与一般函数中误差关系式，一并列于表 5-2。

表 5-2   观 测 值 函 数 中 误 差

函数名称	函 数 关 系 式	$\frac{\partial f}{\partial x_i}$	中 误 差 关 系 式
一般函数	$Z = f(x_1、x_2、\cdots、x_n)$	$\frac{\partial f}{\partial x_i}$	$m_Z^2 = \left(\frac{\partial f}{\partial x_1}\right)^2 m_1^2 + \left(\frac{\partial f}{\partial x_2}\right)^2 m_2^2 + \cdots + \left(\frac{\partial f}{\partial x_n}\right)^2 m_n^2$
线性函数	$Z = k_1 x_1 \pm k_2 x_2 \pm \cdots \pm k_n x_n$	k_i	$m_Z^2 = k_1^2 m_1^2 + k_2^2 m_2^2 + \cdots + k_n^2 m_n^2$
和差函数	$Z = x_1 \pm x_2$	1	$m_Z^2 = m_1^2 + m_2^2$ 或 $m_Z = \sqrt{m_1^2 + m_2^2}$ $m_Z = \sqrt{2}m$（当 $m_1 = m_2 = m$ 时）
	$Z = x_1 \pm x_2 \pm \cdots \pm x_n$	1	$m_Z^2 = m_1^2 + m_2^2 + \cdots + m_n^2$ $m_Z = \pm\sqrt{n}m$（当 $m_1 = m_2 = \cdots = m_n = m$ 时）
算术平均值	$Z = \frac{1}{n}(x_1 + x_2 + \cdots + x_n)$ $= \frac{1}{n}x_1 + \frac{1}{n}x_2 + \cdots + \frac{1}{n}x_n$	$\frac{1}{n}$	$m_Z = \pm\frac{1}{n}\sqrt{m_1^2 + m_2^2 + \cdots + m_n^2}$ $m_Z = \frac{m}{\sqrt{n}}$（当 $m_1 = m_2 = \cdots = m_n = m$ 时）
	$Z = \frac{1}{2}(x_1 + x_2)$	$\frac{1}{2}$	$m_Z = \frac{1}{2}\sqrt{m_1^2 + m_2^2}$ $m_Z = \frac{m}{\sqrt{2}}$（当 $m_1 = m_2 = m$ 时）
倍数函数	$Z = cx$	c	$m_Z = cm$

应用误差传播定律求观测值函数的中误差时，首先应根据问题的性质列出函数关系式，而后用上表中相应的公式来求。如果问题复杂，列出函数式也复杂，则可对函数式进行全微分，获得真误差关系式后，再求函数的中误差。应用时应注意，观测值必须是独立的观测值，即函数式等号右边的各自变量应互相独立，不包含共同的误差，否则应作并项或移项处理，使其均为独立观测值为止。

【例 5-2】 在 1:1000 比例尺地形图上，量得某坝的坝轴线长为 234.5mm，其中误差 m 为 ±0.1mm。求坝轴线的实际长度及其中误差 m_D。

解：坝轴线的实际长度与图上量得长度之间是倍数函数关系，即

$$D = cx = 1000 \times 234.5\text{mm} = 234.5\text{m}$$

$$m_D = cm = 1000 \times 0.1\text{mm} = 0.1\text{m}$$

最后结果写为 $D = 234.5 \pm 0.1m$

【例 5-3】 自水准点 BM_1 向水准点 BM_2 进行水准测量（图 5-4），设备段所测高差分别为

$$h_1 = +3.852\text{m} \pm 5\text{mm}$$

$$h_2 = +6.305\text{m} \pm 3\text{mm}$$

$$h_1 = -2.346\text{m} \pm 4\text{mm}$$

图 5-4 和差函数中误差算例图

求 BM_1、BM_2 两点间的高差及其中误差。

解：BM_1、BM_2 之间的高差 $h = h_1 + h_2 + h_3 = +7.811\text{m}$；

高差中误差 $m_h = \pm \sqrt{m_1^2 + m_2^2 + m_3^2} = \sqrt{5^2 + 3^2 + 4^2} = 7.1\text{mm}$。

【例 5-4】 以同精度观测测得三角形 3 内角为 α、β、γ，其中误差 $m_\alpha = m_\beta = m_\gamma = m$，3 内角之和不等于 $180°$，产生闭合差

$$\omega = \alpha + \beta + \gamma - 180 \tag{1}$$

为了消除闭合差，将闭合差以相反的符号分配至各角，得各内角的最后结果为

$$\hat{\alpha} = \alpha - \frac{1}{3}\omega \ ; \ \hat{\beta} = \beta - \frac{1}{3}\omega \ ; \ \hat{\lambda} = \gamma - \frac{1}{3}\omega \tag{2}$$

试求 ω 及 $\hat{\alpha}$ 的中误差 m_ω 及 $m_{\hat{\alpha}}$。

解：3 内角均为独立观测值，闭合差与 3 内角的函数关系式为和差函数，由表 5-2 得

$$m_\omega^2 = m_\alpha^2 + m_\beta^2 + m_\gamma^2 = 3m^2 \ ; \ \text{所以} \ m_\omega = \pm\sqrt{3}m$$

求 $\hat{\alpha}$ 的中误差时，式（2）中的 ω 是由 3 内角算得，并非独立观测值，为此将式（1）代入式（2）消去 ω，得 $\hat{\alpha}$ 与独立观测值（3 内角）的函数关系式为

$$\hat{\alpha} = \alpha - \frac{1}{3}(\alpha + \beta + \gamma - 180°) = \frac{2}{3}\alpha - \frac{1}{3}\beta - \frac{1}{3}\gamma + 60°$$

由此得

$$m_{\hat{\alpha}}^2 = \left(\frac{2}{3}m_\alpha\right)^2 + \left(\frac{1}{3}m_\beta\right)^2 + \left(\frac{1}{3}m_\gamma\right)^2 = \frac{2}{3}m^2$$

$$m_{\hat{\alpha}} = \sqrt{\frac{2}{3}}m$$

【例 5-5】 直线 AB 的长度 $D = 206.125\text{m} \pm 0.003\text{m}$，方位角 $\alpha = 119°45'00'' \pm 4''$，求直线端点 B 的点位中误差（图 5-5）。

解：坐标增量的函数式为

$$\Delta x = D\cos\alpha$$

$$\Delta y = D\sin\alpha$$

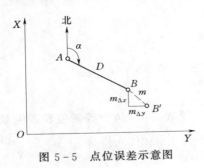

图 5-5 点位误差示意图

设 $m_{\Delta x}$、$m_{\Delta y}$、m_D、m_α 分别为 Δx、Δy、D 及 α 的中误差。将上两式对 D 及 α 求偏导数，得

$$\frac{\partial(\Delta x)}{\partial D} = \cos\alpha \ ; \ \frac{\partial(\Delta x)}{\partial \alpha} = -D\sin\alpha$$

$$\frac{\partial (\Delta y)}{\partial D} = \sin\alpha \ ; \ \frac{\partial (\Delta y)}{\partial \alpha} = D\cos\alpha$$

由式（5-14）得

$$m_{\Delta x}^2 = \cos^2\alpha m_D^2 + (-D\sin\alpha)^2 \left(\frac{m_\alpha}{\rho''}\right)^2$$

$$m_{\Delta y}^2 = \sin^2\alpha m_D^{\ 2} + (D\cos\alpha)^2 \left(\frac{m_\alpha}{\rho''}\right)^2$$

由图 5-5 可知，B 点的点位中误差为

$$m^2 = m_{\Delta x}^{\ 2} + m_{\Delta y}^{\ 2} = m_D^{\ 2} + \left(D\frac{m_\alpha}{\rho''}\right)^2$$

故

$$m = \sqrt{m_D^{\ 2} + \left(D\frac{m_\alpha}{\rho''}\right)^2}$$

将 $m_D = 3\text{mm}$，$m_\alpha = \pm 4''$，$\rho'' = 206265''$，$D = 206.125\text{m}$ 代入上式得

$$m = \sqrt{3^2 + \left(206.125 \times 1000 \times \frac{4}{206265}\right)^2} \approx 5 \ (\text{mm})$$

第五节 测量精度分析举例

一、有关水准测量的精度分析

（一）在水准尺上读一个数的中误差

影响在水准尺上读数的因素很多，其中产生较大影响的有：整平误差、照准误差及估读误差。

等外水准测量可用 DS_3 水准仪施测，DS_3 水准仪望远镜放大倍率不应小于 25 倍，符合水准器水准管分划值为 $\frac{20''}{2}$ mm，视距不超过 100m。根据第二章第六节的分析：

整平误差 $m_{平} = \frac{0.075\tau}{\rho''}D = 0.7\text{mm}$

照准误差 $m_{照} = \frac{60}{\nu\rho''}D = \frac{60}{25 \times 206265} \times 100 \times 1000 = 1.2 \ (\text{mm})$

估读误差 $m_{估} = 1.5\text{mm}$

综合上述影响，在水准尺上读一个数的中误差 $m_{读}$ 为

$$m_{读} = \sqrt{m_{平}^2 + m_{照}^2 + m_{估}^2} = \sqrt{0.7^2 + 1.2^2 + 1.5^2} = 2.0 \ (\text{mm})$$

（二）一个测站高差的中误差

一个测站上测得的高差等于后视读数减前视读数，根据表 5-2 两个等精度和差函数的公式，一个测站的高差中误差为 $m_{站} = \sqrt{2}\, m_{读}$，以 $m_{读} = 2.0\text{mm}$ 代入得

$$m_{站} = 2.9\text{mm} \ 取 \ 3.0\text{mm}$$

(三) 水准路线的高差中误差及允许误差

设在两点间进行水准测量，共测了 n 个测站，求得高差为

$$h = h_1 + h_2 + \cdots + h_n$$

每一测站测得的高差，其中误差为 $m_{站}$，按表 5-2 等精度和差函数的公式，h 的中误差为

$$m_h = m_{站}\sqrt{n}$$

以 $m_{站} = 3mm$ 代入得 $m_h = 3\sqrt{n}$（mm）

对于平坦地区，一般 1km 水准路线不超过 15 站，如用公里数 L 代替测站数 n，则

$$m_h = 3\sqrt{15L} = 12\sqrt{L}$$

以三倍中误差作为限差，考虑其他因素的影响，规范规定等外水准测量高差闭合差的允许值为

$$f_{允} = 10\sqrt{n}\,(\text{mm}) \quad \text{或} \quad f_{允} = 40\sqrt{L}\,(\text{mm})$$

二、有关水平角观测的精度分析

用 DJ$_6$ 型经纬仪观测水平角，一个方向一个测回（望远镜在盘左和盘右位置观测一个测回）的中误差为 6″。设望远镜在盘左（或盘右）位置观测该方向的中误差为 $m_{方}$，按表 5-2 中等精度算术平均值的公式，则有 $6'' = \dfrac{m_{方}}{\sqrt{2}}$，即

$$m_{方} = \sqrt{2} \times 6'' = 8.''5$$

(一) 半测回所得角值的中误差

半测回的角值等于两方向之差，故半测回角值的中误差为

$$m_{\beta半} = m_{方}\sqrt{2} = 8.''5\sqrt{2} = 12''$$

(二) 上、下两个半测回的限差

上、下两个半测回的限差是以两个半测回角值之差来衡量。两个半测回角值之差 $\Delta\beta$ 的中误差为

$$m_{\Delta\beta} = m_{\beta半}\sqrt{2} = 12\sqrt{2} = 17''$$

取两倍中误差为允许误差，则

$$f_{\Delta\beta允} = 2 \times 17'' = 34''（规范规定为 36''）$$

(三) 测角中误差

因为一个水平角是取上、下两个半测回的平均值，故测角中误差为

$$m_{\beta} = \frac{m_{\beta半}}{\sqrt{2}} = \frac{12''}{\sqrt{2}} = 8.''5$$

(四) 测回差的限差

两个测回角值之差为测回差，它的中误差为

$$m_{\beta \text{测回差}} = m_\beta \sqrt{2} = 8.''5 \sqrt{2} = 12''$$

取两倍中误差作为允许误差，则测回差的限差为

$$f_{\beta \text{测回差}} = 2 \times 12'' = 24''$$

第六节 等精度观测的平差

在相同的观测条件（人员、仪器设备、观测的外界条件）下进行的观测，称为等精度观测。在不同的观测条件下进行的观测，称为不等精度观测。无论哪一种观测，为确定一个未知量的大小，一般都对未知量进行多余观测，观测值之间就出现了矛盾。进行平差的目的，就是对观测数据进行处理，求得未知量的最或是值，同时评定观测值及最或是值的精度。如何进行平差，下面先举一个例子来说明平差应遵循的原则。

一个三角形的三个内角 a、b、c，只要观测其中任意两个，三个角的值就可以确定，因此，必要观测数为 2 个。一般三个角都要测，就有一个多余观测。所测三个角之和应满足三角形内角和条件（称为图形条件），但一般 $a+b+c \neq 180°$。则产生闭合差 f 为

$$f = a + b + c - 180°$$

为了消除闭合差以满足图形条件，求得各角的最或是值，就必须在每一角上加一改正数。

设 v_a、v_b、v_c 分别为三角的改正数，则

$$(q + v_a) + (b + v_b) + (c + v_c) = 180°$$

或

$$v_a + v_b + v_c = 180° - (a + b + c) = -f$$

一个方程有三个未知数，有很多组解，因而需要确定 v_a、v_b、v_c 的一组最佳值。

设 L_1、L_2、$\cdots$、L_n 为一组互相独立的观测值，$\hat{L}_1$、$\hat{L}_2$、$\cdots$、$\hat{L}_n$ 为各观测值的最或是值（经平差后的值，也称平差值），其值为 $\hat{L}_i = L_i + v_i$，v_i 为观测值上所加的改正数，各观测值的中误差为 m_1、m_2、$\cdots$、m_n。由式（5-4）可知，未知数的概率密度函数为

$$G = \frac{1}{m_1 m_2 \cdots m_n (2\pi)^{n/2}} e^{-\frac{1}{2}\left(\frac{v_1^2}{m_1^2} + \frac{v_2^2}{m_2^2} + \cdots + \frac{v_n^2}{m_n^2}\right)} \qquad (5-15)$$

密度函数大，误差出现的概率就大，上式中当 $\frac{v_1^2}{m_1^2} + \frac{v_2^2}{m_2^2} + \cdots + \frac{v_n^2}{m_n^2}$ 最小时，函数 G 的值为最大。因此，选择的改正数应是 $\frac{v_1^2}{m_1^2} + \frac{v_2^2}{m_2^2} + \cdots + \frac{v_n^2}{m_n^2}$ 最小时的一组。

在等精度观测时，$m_1 = m_2 = \cdots = m_n = m$，则有

$$v_1^2 + v_1^2 + \cdots + v_1^2 = 最小$$

写作

$$[vv] = 最小$$

平方是一个数的自乘，也叫二乘，因此称为最小二乘法，这就是平差时应遵循的原则。

一、求最或是值

设对某量进行 n 次等精度观测，观测值为 $L_i (i = 1, 2, \cdots, n)$，最或是值为 $\hat{L}$，v_i 为

观测值的改正数，则有

$$
\left.\begin{array}{c}
v_1 = \hat{L} - L_1 \\
v_2 = \hat{L} - L_2 \\
\vdots \\
v_n = \hat{L} - L_n
\end{array}\right\}
\tag{5-16}
$$

上式等号两边平方求和，得

$$
[vv] = (\hat{L} - L_1)^2 + (\hat{L} - L_2)^2 + \cdots + (\hat{L} - L_n)^2
$$

根据最小二乘原理，必须使 $[vv] = $ 最小，为此，将 $[vv]$ 对 $\hat{L}$ 取一、二阶导数

$$
\frac{\mathrm{d}}{\mathrm{d}\hat{L}}[vv] = 2(\hat{L} - L_1) + 2(\hat{L} - L_2) + \cdots + 2(\hat{L} - L_n) ; \quad \frac{\mathrm{d}^2}{\mathrm{d}\hat{L}^2}[vv] = 2n > 0
$$

由于二阶导数大于零，因此，一阶导数等于零时，$[vv]$ 为最小，由此求得最或是值

$$
n\hat{L} = L_1 + L_2 + \cdots + L_n = [L] \quad \text{或} \quad \hat{L} = \frac{[L]}{n}
\tag{5-17}
$$

由上可知，观测值的算术平均值就是最或是值。

如果将式（5-16）求和，得

$$
[v] = n\hat{L} - [L] = n\frac{[L]}{n} - [L] = 0
\tag{5-18}
$$

利用式（5-18）以校核由式（5-16）算得各观测的改正数是否有错。

二、观测值的中误差

第三节给出了评定精度的中误差公式：

$$
m = \sqrt{\frac{[\Delta\Delta]}{n}}
$$

式中 $\Delta_i = L_i - \dot{X}$（$i = 1, 2, \cdots, n$）。由于真值一般难以知道，可用观测值的改正数 v_i 来推求，为此，将 $\Delta_i = L_i - X$ 与式（5-16）中 $v_i = \hat{L} - L_i$ 相加，得

$$
\Delta_i = (\hat{L} - X) - v_i \quad (v_i = 1, 2, \cdots, n)
\tag{a}
$$

将式（a）等号两边自乘取和，得

$$
[\Delta\Delta] = n(\hat{L} - X)^2 + [vv] - 2(\hat{L} - X)[v]
\tag{b}
$$

式（b）等号两边再除以 n，顾及 $[v] = 0$，得

$$
\frac{[\Delta\Delta]}{n} = \frac{[vv]}{n} + (\hat{L} - X)^2
\tag{c}
$$

式（c）中 $\hat{L} - X$ 是最或是值（算术平均数）的真误差，也难以求得，通常以算术平均值的中误差 $m_{\hat{L}}$ 代替，表 5-2 求算术平均值的中误差公式为 $m_{\hat{L}} = \frac{m}{\sqrt{n}}$，则

$$
(\hat{L} - X)^2 = m_{\hat{L}}^2 = \frac{m^2}{n}
\tag{d}
$$

将式（d）代入式（c），并顾及 $m = \sqrt{\frac{[\Delta\Delta]}{n}}$，得

$$
m^2 = \frac{[vv]}{n} + \frac{m^2}{n}
$$

经整理，得

$$m = \sqrt{\frac{[vv]}{n-1}} \qquad (5-19)$$

三、算术平均值的中误差

根据误差传播定律，等精度观测由观测值中误差 m 求得算术平均值的中误差 $m_{\hat{L}}$ 为

$$m_{\hat{L}} = \frac{m}{\sqrt{n}} = \sqrt{\frac{[vv]}{n(n-1)}} \qquad (5-20)$$

【例 5-6】 用经纬仪对某一水平角进行了 5 次观测，观测值列于表 5-3 中，求观测值的中误差 m 及算术平均值的中误差 $m_{\hat{L}}$。

计算过程及结果，列在表 5-3 中。

表 5-3 　　　　　　　　　　观测值及算术平均值计算表

观测次序	观测值 L_i	v	vv	计　　算
1	85°42′20″	−14″	196	
2	85°42′00″	+6″	36	$m = \sqrt{\frac{1520}{5-1}} = 19''.5$
3	85°42′00″	+6″	36	$m_L = \frac{19.5}{\sqrt{5}} = 8''.7$
4	85°41′40″	+26″	676	观测成果：
5	85°42′30″	−24″	576	85°42′06″ ± 8″.7
平均值 $\hat{L}$ = 85°42′06″	校核 $[v]=0$	$[vv]=1520$		

观测成果用误差界限法表达，如例中观测成果为 85°42′06″±8″.7，其含义是观测角的真值以 68.3‰ 的概率落在 85°41′57″.3（85°42′06″−8″.7）～85°42′14″.7（85°42′06″+8″.7）区间之中。

第七节　不等精度观测的平差

一、权

在不同的观测条件下进行观测，例如观测时使用的仪器精度不同，或同一仪器采用不同的观测方法，或观测的次数不同等等，观测值的可靠程度，即精度就不同，在求观测量的最或是值时，就不能用简单的算术平均值公式，因为较可靠的观测值，应给予最后结果以较大的影响。

不等精度观测时，用以衡量观测值可靠程度的数值，称为观测值的权，通常以 P 表示。观测值精度愈高权就愈大，它是衡量可靠程度的一个相对性数值。

例如，观测某一量，用相同的仪器和相同的方法，分两组按不同的次数观测，第一组观测了四次，第二组观测了六次，其观测值与中误差列于表 5-4 中。

组　别	观测值	观测值中误差	平　均　值	平均值中误差
一	l_1 l_2 l_3 l_4	m m m m	$\hat{L}_1 = \dfrac{l_1 + l_2 + l_3 + l_4}{4}$	$m_{\hat{L}_1} = \dfrac{m}{\sqrt{4}}$
二	l_5 l_6 l_7 l_8 l_9 l_{10}	m m m m m m	$\hat{L}_2 = \dfrac{l_5 + l_6 + l_7 + l_8 + l_9 + l_{10}}{6}$	$m_{\hat{L}_2} = \dfrac{m}{\sqrt{6}}$

表 5－4　　　　　　　　　　　　不等精度观测值的中误差

由表 5－4 可见，第二组平均值的中误差小，结果比较精确可靠，应有较大的权。因此，可以根据中误差来确定观测值的权。权的计算公式为

$$P_i = \frac{\lambda}{m_i^2} \quad (i = 1, 2, \cdots, n) \tag{5-21}$$

式中　λ——任意常数。

表 5－4 中，设 $m = \pm 2.''0$，算得 $m_{\hat{L}_1}^2 = 1$，$m_{\hat{L}_2}^2 = \dfrac{2}{3}$，则两组的权为

$$P_1 = \frac{\lambda}{1} = \lambda \qquad P_2 = \frac{3}{2}\lambda$$

若　$\lambda = 1$，则 $P_1 = 1$，$P_2 = \dfrac{3}{2}$

　　$\lambda = 2$，则 $P_1 = 2$，$P_2 = 3$

　　$\lambda = 4$，则 $P_1 = 4$，$P_2 = 6$

而

$$P_1 : P_2 = 1 : \frac{3}{2} = 4 : 6$$

可见权是衡量可靠程度的相对性数值，选择适当的 λ，可使权成为便利计算的数值。例如，选 $\lambda = 2$ 时，P_1、P_2 均为整数；选 $\lambda = 4$ 时，权就是观测次数。

二、最或是值——加权平均值

不等精度观测时，考虑各观测值的可靠程度，采用加权平均的办法计算观测值的最或是值。

设对某量进行 n 次不等精度观测，观测值、中误差及权各为：

观测值　　　　　　　　　　　　l_1、l_2、$\cdots$、l_n

中误差　　　　　　　　　　　　m_1、m_2、$\cdots$、m_n

权　　　　　　　　　　　　　　P_1、P_2、$\cdots$、P_n

其加权平均值为

$$\hat{L} = \frac{P_1 l_1 + P_2 l_2 + \cdots + P_n l_n}{P_1 + P_2 + \cdots + P_n} = \frac{[Pl]}{P} \qquad (5-22)$$

三、精度评定——单位权中误差和加权平均值中误差

权与中误差的关系为 $P_i = \dfrac{\lambda}{m_i^2}$ ，即

$$P_1 = \frac{\lambda}{m_1^2} , \ P_2 = \frac{\lambda}{m_2^2} , \ \cdots, \ P_n = \frac{\lambda}{m_n^2}$$

权是表示观测值的相对可靠程度，因此，可取任一观测值的权作为标准，以求其他观测值的权。若令第一次观测值的权为标准，并令其为 1，即取 $\lambda = m_1^2$ ，则

$$P_1 = \frac{m_1^2}{m_1^2} , \ P_2 = \frac{m_1^2}{m_2^2} , \ \cdots, \ P_n = \frac{m_1^2}{m_n^2}$$

等于 1 的权称为单位权，权等于 1 的观测值中误差称为单位权中误差。设单位权中误差为 μ ，则权与中误差的关系为

$$P_i = \frac{\mu^2}{m_i^2} \qquad (5-23)$$

单位权中误差 μ ，按下式计算

$$\mu = \sqrt{\frac{[Pvv]}{n-1}} \qquad (5-24)$$

式中　v ——观测值的改正数。

最或是值即加权平均值 $\hat{L}$ 的中误差为

$$m_{\hat{L}} = \frac{\mu}{\sqrt{[P]}} \qquad (5-25)$$

四、具有一个结点水准路线的平差及高程计算

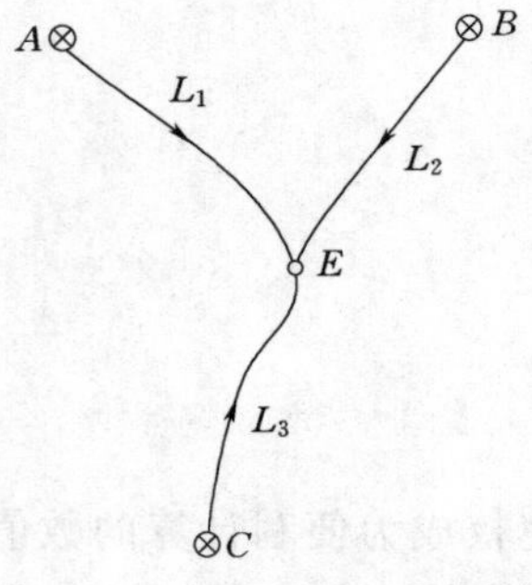

如图 5-6 所示，A、B、C 为 3 个已知水准点，高程分别为 H_A、H_B 及 H_C，沿 3 条水准路线测得各点与 E 点的高差为 h_{AE}、h_{BE} 及 h_{CE}，E 点称为结点。由此算得 E 点 3 个高程为

$$H_{E^1} = H_A + h_{AE}$$
$$H_{E^2} = H_B + h_{BE}$$
$$H_{E^3} = H_C + h_{CE}$$

由于观测高差存在误差，3 个高程一般不相等。水准路线越长，安置测站越多，可能产生的误差就越大，所以三条水准路线观测的精度是不等的，一般观测值的权与路线的长度

图 5-6　一个结点水准路线

成反比。设 L_1、L_2、L_3 为水准路线的长度（以 km 为单位），其相应观测值的权为 P_1、P_2、P_3，则

$$P_1 = \frac{C}{L_1} , \ P_2 = \frac{C}{L_2} , \ P_3 = \frac{C}{L_3} \qquad (5-26)$$

式中　C ——任意常数（以 km 为单位）。

按式（5-22）、式（5-24）及式（5-25）计算加权平均值、单位权中误差及最或是值中误差。

【例 5 - 7】 图 5 - 6 中，A、B、C 三点的高程分别为 20.145m、24.030m 及 19.898m，测得 $h_{AE} = +1.538\text{m}$、$h_{BE} = -2.330\text{m}$、$h_{CE} = +1.782\text{m}$，水准路线长度分别为 $L_1 = 2.5\text{km}$、$L_2 = 4\text{km}$ 及 $L_3 = 2\text{km}$。求结点 E 的高程、单位权中误差及 H_E 的中误差。

解：选取 $C = 1\text{km}$，即以 1km 水准路线的高差观测值的权为 1——单位权，则

$$P_1 = \frac{1}{2.5} = 0.4, \quad P_2 = \frac{1}{4} = 0.25, \quad P_3 = \frac{1}{2} = 0.5$$

计算过程见表 5 - 5。

结点 E 的高程 $H_E = \dfrac{0.4 \times 21.683 + 0.25 \times 31.700 + 0.5 \times 21.680}{1.15} = 21.6854\,(\text{m})$

$$\mu = \sqrt{\frac{70.17}{3-1}} = 5.9\,(\text{mm})$$

$$m_{H_E} = \sqrt{\frac{5.9}{1.15}} = 5.5\,(\text{mm})$$

表 5 - 5　　　　　　　　　　　水准路线结点平差计算表

水准路线	已知点	已知点高程 /m	观测高差 /m	结点 E 的高程 /m	路线长 /km	权 $P=\dfrac{1}{L}$	v /mm	Pv	Pvv	备注
1	A	20.145	+1.538	21.683	2.5	0.40	+2.4	+0.96	2.30	
2	B	24.030	-2.330	21.700	4.0	0.25	-14.6	-3.65	53.29	
3	C	19.898	+1.782	21.680	2.0	0.50	+5.4	+2.70	14.58	
Σ						1.15		+0.01	70.17	

第六章　平　面　控　制　测　量

在进行测绘工作时，一般应遵循"从整体到局部"的基本原则。例如：在进行地形测图工作时，应按照"先控制，后碎部"的工作步骤展开测绘工作；在进行施工测量时，应采用"先整体，后细部"的工作步骤。为此，需要在测区内选择并测定若干控制点，以此作为进一步测量的依据。测定控制点平面位置的测量工作，称为平面控制测量；测定控制点高程位置的测量工作，称为高程控制测量。本章介绍平面控制测量的几种常用方法。

第一节　国家平面控制网和图根控制网

建立平面控制网的常用方法有 GNSS 测量、三角测量和导线测量等。如图 6-1 所示，由 A、B、C、D、E、F 组成互相邻接的三角形，观测三角形的内角，并至少测量其中一条边长（称为基线）及方位角，通过计算获得它们之间的相对位置，进行这种控制测量称为三角测量，三角形顶点称为三角点，构成的网形称为三角网。

如图 6-2 所示，控制点 1、2、3、…用折线连接起来，测量各边的长度和各转折角，并测定一条边的方位角，通过计算同样可获得它们之间的相对位置，用这种方法测定控制点的坐标称为导线测量，这些控制点称为导线点。

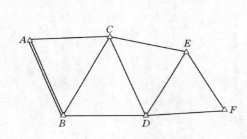

图 6-1　三角网

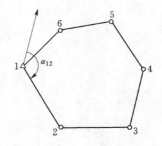

图 6-2　导线网

国家平面控制网是在全国范围内由三角测量、精密导线测量、GNSS 测量、惯性测量等建立的控制网，它是全国各种比例尺测图的基本控制，也为研究地球的形状和大小，了解地壳水平形变和垂直形变的大小及趋势，为地震预测提供形变信息等服务。

早期的国家平面控制网按三角网形式布设，精度分为一、二、三、四等四个等级，一等精度最高，逐级控制，低一级控制网是在高一级控制网的基础上建立的。各等级三角网的主要技术指标见表 6-1。一等三角网（图 6-3），沿经纬线方向布设，一般称为一等三角锁，是国家平面控制网的骨干；二等三角网布设在一等三角锁环内，是国家平面控制网的全面基础。国家一、二等网合称为天文大地网。我国天文大地网于 1951 年开始布设，

1961 年基本完成，1975 年修补测工作全部结束，全网约有 5 万个大地点。这些控制点在我国的国民经济建设中发挥了巨大的作用，但由于年代较久，相当一部分控制点已遭破坏或遗失。目前，国家基本控制网点主要依靠 GNSS 技术建立。

表 6-1　　　　　　　　　　　　全国三角网技术指标

等 级	平均边长 /km	测角中误差 /(″)	三角形最大闭合差 /(″)	起始边相对中误差
一	20～25	0.7	±2.5	1/350000
二	13 左右	1.0	±3.5	1/250000
三	8 左右	1.8	±7.0	1/150000
四	2～6	2.5	±9.0	1/100000

20 世纪 50 年代，为满足测绘工作的迫切需要，我国采用了 1954 年北京坐标系。后来随着天文大地网布设任务的完成，通过天文大地网整体平差，于 80 年代初我国又建立了 1980 西安坐标系，基本满足了一个时期国民经济建设和各种大比例尺测图的需要。但中国天文大地网点大都是一、二等三角点，这些点密度较小且基本都在大山顶上，使用起来非常不方便，且损毁严重，加之受当时的技术水平等条件限制，存在着点位精度较低、现势性差等问题，

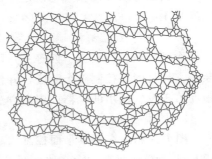

图 6-3　部分国家一等三角网示意图

难以适应国民经济建设及空间技术、信息技术的发展需要。随着全球卫星定位技术的普及和精度的进一步提高，传统大地测量工作发生了质的变化，使大地坐标系由参心坐标系向地心坐标系转化。自 2008 年 7 月 1 日起，中国启用 2000 国家大地坐标系，建立了 2000 国家 GPS 大地控制网，完成了"全国天文大地网与 2000 国家 GPS 大地控制网联合平差"，获得了中国近 5 万点高精度的地心坐标成果，已基本建立起了国家空间地心坐标系框架。

2000 国家大地坐标系，属于地心坐标系，满足国际地球自转服务局规定的条件，由 2000 国家 GPS 大地控制网点的地心坐标实现的，其精度优于 3cm，参考框架为 ITRF97，参考历元为 2000.0，椭球参数采用国际大地测量和地球物理联合会推荐的 GRS1980 椭球。椭球参数长半轴 $a= 6378137$m；扁率 $f=1/298.257222101$；地球引力常数（含大气层）$Gm= 3.986004418×10^{14}$ m³/s²；自转角速度 $\omega=7.292115×10^{-5}$ rad/s。

2000 国家 GPS 大地控制网主要是利用全球定位系统（GPS）技术进行建设，分为 A、B、C、D、E 5 个等级 [《全球定位系统（GPS）测量规范》（GB/T 18314—2009）]。A 级网主要用于进行全球性的地球动力学研究、地壳形变测量和精密卫星定轨等；B 级网主要用于建立地方或城市坐标基准框架、区域性的地球动力学研究、地壳形变测量、局部形变监测和各种精密工程测量等；C 级网主要用于建立区域、城市及工程测量的基本控制网等；D、E 级网主要用于中小城市、城镇以及测图、地籍、土地信息、房产、物探、勘测、建筑施工等的控制测量等。

根据测图比例尺的不同，一般规定测图控制点的密度见表 6-2。而国家控制点最低

一级的四等三角点，其间距仍有 $2\sim6km$，显然不能满足测图的需要（尤其在小区域测图）。因此，还必须在国家控制网的基础上，进一步加密控制点，以适应地形测图的需要。

直接供地形测图的控制点，称为图根控制点，组成的网形称为图根控制网。图根控制网可采用 GNSS 测量、导线测量和交会定点等方法来建立。

表 6-2　　　　　　　　　　　　测图控制点密度表

测图比例尺	每平方千米的控制点数	每幅图的控制点数	测图比例尺	每平方千米的控制点数	每幅图的控制点数
1:5000	4	20	1:1000	40	10
1:2000	15	15	1:500	120	8

水利水电工程测量规范规定平面控制分为三级：基本平面控制、图根控制和测站点，以满足 1:10000、1:5000、1:2000、1:1000 和 1:500 比例尺的测图要求。

1. 基本平面控制

除国家一、二、三、四等三角网（锁）或精密导线外，还有五等三角网（锁）和五等导线，其目的是控制整个测区，并作为发展图根控制的依据。基本平面控制测量中有关控制点的布设、使用的仪器、观测方法、精度要求等，在规范中都作了详细规定。

2. 图根控制

图根控制是在基本平面控制的基础上进一步加密，以满足碎部测量的要求。对于 1:500、1:1000 及 1:2000 比例尺测图，控制点的密度一般应做到满足碎部测图的要求。对于 1:5000 和 1:10000 比例尺则应能控制主要地形，以便于加密测站点。

3. 测站点

上述控制点还不能满足碎部测量需要时，用解析法或图解法测设的测图控制点，称为测站点。

在条件有利时，可以在基本平面控制的基础上直接加密测站点。小测区大比例尺测图，亦可用图根控制作为首级控制。

本章所介绍的平面控制测量以图根控制为对象，有关测量方法和精度均按图根控制的要求来阐述。

第二节　经纬仪导线测量

经纬仪导线布设的形式有下列几种。

1. 闭合导线

自某一已知点出发经过若干点的连续折线仍回至原来一点，形成一个闭合多边形，如图 6-4 所示。

2. 附合导线

自某一高一级的控制点（或国家控制点）出发，附合到另一个高一级的控制点上的导线。如图 6-5 所示，A、B、C、D 为高一级的控制点，从控制点 B（作为附合导线的第1点）出发，经 2、3、4、5 等点附合到另一控制点 C（作为附合导线的最后一点 6），布设成附合导线。

3. 支导线

仅是一端连接在高一级控制点上的伸展导线，如图 6-5 中的 4-支₁-支₂所示，4 点对支₁、支₂来讲是高一级的控制点。支导线在测量中若发生错差，无法校核，故一般只允许从高一级控制点引测一点，对 1:2000、1:5000 比例尺测图可连续引测两点。

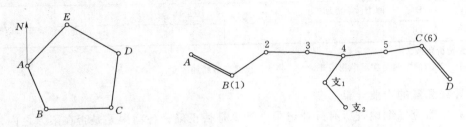

图 6-4 闭合导线示意图　　　　图 6-5 附合导线与支导线示意图

经纬仪导线按测量边长方法的不同有：钢尺量距导线、电磁波测距导线等。它们仅测距方法不同，其余工作完全相同。目前，由于全站仪的广泛使用，导线测量主要采用电磁波测距。

一、经纬仪导线测量的外业工作

经纬仪导线测量的外业包括：踏勘选点、导线边长的测定、角度观测和方位角的测定。

（一）踏勘选点

踏勘选点的任务就是根据测图的目的和测区的具体情况，拟定导线的布设形式，实地选定导线点，并设立标志。实地选点时，应注意如下事项：导线点位分布均匀；导线点应选在视野宽阔、便于保存之处；相邻导线点间必须通视，便于测角测距。

导线点选好后，用木桩打入地面，重要的点要埋设水泥桩，桩顶上划一"＋"记号，或钉一小钉表示点位。每一桩上应按前进方向顺序编号。为了便于以后寻找，每一导线点还应绘一位置草图，称为点注记。

（二）测定导线边的长度

测定导线边长的方法主要有两种。

1. 钢尺量距

用经过检定的钢尺直接丈量各相邻导线点之间的水平距离，往返丈量的相对中误差一般不得超过 1/2000，在特殊困难地区也不得超过 1/1000。

2. 光电测距仪测距

目前光电测距的精度一般较高，因此，在利用光电测距仪测距时，可采用单向观测。为保证测值的精度和可靠性，可观测四次读数，并取其均值作为最终测值。观测时，应测定测站和镜站的温度、气压，温度读至 0.5℃，气压读至 0.1mPa（相当于 1.0mm 汞柱），还要观测竖直角一测回，以便将观测所得斜距进行气象改正和倾斜改正，求得水平距离。

（三）水平角观测

导线的转折角即两导线边的夹角，有左角和右角之分，在导线前进方向左侧的水平角为左角，在右侧的为右角。附合导线一般观测左角。闭合导线一般观测内角，导线点按反时针方向顺序编号，多边形的内角就是左角，反之右角。对于量距导线和电磁波测距导线所用仪器、测回数和限差列于表 6 – 3。

表 6 – 3　　　　　　　　　　　　导线转折角观测和限差

比例尺	仪器	测回数	测角中误差	半测回差	测回差	角度闭合差
1：500～ 1：2000	DJ$_2$	两个"半测回"	30″	±18″		±60″$\sqrt{n}$
	DJ$_6$	2			±24″	
1：5000～ 1：10000	DJ$_2$	两个"半测回"	20″	±18″		±40″$\sqrt{n}$
	DJ$_6$	2			±24″	

注　1. n 为转折角数。
　　2. 两个"半测回"测角在下半测回开始时，将水平度盘读数略加改变。

二、导线测量的内业计算

在计算之前应仔细检查所有外业记录、计算是否正确，各项误差是否在限差之内，以保证原始数据的正确性。同时绘制导线略图，注明点号和相应的角度和边长，以及已知点坐标和起始方位角等，以便进行导线的坐标计算。

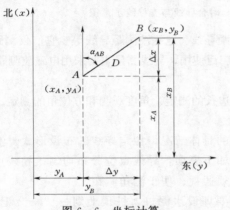

图 6 – 6　坐标计算

（一）坐标计算的基本公式

第一章第二节已介绍了测量的平面直角系，它是以纵轴为 x 轴，与南北方向一致，指北为正，横轴为 y 轴，与东西方向一致，向东为正。

如图 6 – 6 所示，设已知点 A 的坐标为 (x_A, y_A) 测得 AB 之间的距离 D 及方位角 α_{AB}，则待定点 B 的坐标 (x_B, y_B)，可用下列公式进行计算：

$$\Delta x = D\cos\alpha_{AB}, \quad \Delta y = D\sin\alpha_{AB} \tag{6-1}$$

$$\left.\begin{array}{l} x_B = x_A + \Delta x = x_A + D\cos\alpha_{AB} \\ y_B = y_A + \Delta y = y_A + D\sin\alpha_{AB} \end{array}\right\} \tag{6-2}$$

上两式中，Δx 为纵坐标增量，Δy 为横坐标增量，它们的正负号根据 α 确定。

上面所述的计算过程，称为坐标正算。

如果 A、B 两点的坐标 (x_A, y_A) 及 (x_B, y_B) 为已知，反过来计算两点间的距离 D 及方位角 α_{AB}，这一计算过程称为坐标反算。公式为

$$\tan\alpha_{AB} = \frac{\Delta y_{AB}}{\Delta x_{AB}} = \frac{y_B - y_A}{x_B - x_A} \tag{6-3}$$

或

$$\left.\begin{array}{l} D = \dfrac{\Delta y_{AB}}{\sin\alpha_{AB}} = \dfrac{\Delta x_{AB}}{\cos\alpha_{AB}} \\ D = \sqrt{\Delta x_{AB}^2 + \Delta y_{AB}^2} = \sqrt{(x_B - x_A)^2 + (y_B - y_A)^2} \end{array}\right\} \tag{6-4}$$

（二）闭合导线计算

1. 准备工作

将校核过的外业观测数据及起算数据填入"坐标计算表"，起算数据用双线标明。

2. 角度闭合差的计算与调整

由于观测角不可避免地含有误差，致使实测的内角之和不等于理论值，而产生角度闭合差：$(n-2)\times180°$，其中 n 为内角个数。

当角度闭合差超过各级导线角度闭合差的容许值，则说明所测角度不符合要求，应重新检测角度。若不超过，可将闭合差反符号平均分配到各观测角中。改正后内角和应为 $(n-2)\times180°$，以作计算校核。

3. 用改正后的导线左角或右角推算各边的坐标方位角

根据起始边的已知坐标方位角及改正后角度，按下列公式推算其他各导线边的坐标方位角：

$$\alpha_{前}=\alpha_{后}+\beta_{左}\pm180°\text{或}\ \alpha_{前}=\alpha_{后}-\beta_{右}\pm180° \tag{6-5}$$

在推算过程中必须注意：

（1）计算的 $\alpha_{后}+\beta_{左}$ 或 $\alpha_{后}-\beta_{右}$ 值大于 180° 时，减去 180°；小于 180° 时，加上 180°。

（2）如果算出的 $\alpha_{前}>360°$，则应减去 360°。如果 $\alpha_{前}<0$，则应加 360°。

（3）闭合导线各边坐标方位角的推算，最后推算出起始边坐标方位角，它应与原有的已知坐标方位角值相等，否则应重新检查计算。

4. 坐标增量的计算及其闭合差的调整

（1）坐标增量的计算：

$$\Delta x_{i-1,i}=D_{i-1,i}\cos\alpha_{i-1,i}\qquad \Delta y_{i-1,i}=D_{i-1,i}\sin\alpha_{i-1,i} \tag{6-6}$$

（2）坐标增量闭合差的计算与调整。闭合导线纵、横坐标增量代数和的理论值应为零，实际上由于量边的误差和角度闭合差调整后的残余误差，往往不等于零，而产生纵坐标增量闭合差与横坐标增量闭合差，即

$$f_x=\sum\Delta x_{测}-\sum\Delta x_{理}=\sum\Delta x_{测}\qquad f_y=\sum\Delta y_{测}-\sum\Delta y_{理}=\sum\Delta y_{测} \tag{6-7}$$

导线全长闭合差为

$$f=\sqrt{f_x^2+f_y^2} \tag{6-8}$$

导线全长相对误差为

$$K=\frac{f}{\sum D}=\frac{1}{\dfrac{\sum D}{f}} \tag{6-9}$$

坐标增量改正数计算

$$V_{xi-1,i}=-\frac{f_x}{\sum D}D_{i-1,i}\qquad V_{yi-1,i}=-\frac{f_y}{\sum D}D_{i-1,i} \tag{6-10}$$

5. 改正后坐标增量计算

$$\Delta x_{改}=\Delta x_{i-1,i}+V_{xi-1,i}\qquad \Delta y_{改}=\Delta y_{i-1,i}+V_{yi-1,i} \tag{6-11}$$

6. 各点坐标推算

$$X_{前}=X_{后}+\Delta x_{改}\qquad Y_{前}=Y_{后}+\Delta y_{改} \tag{6-12}$$

7. 闭合导线算例

如图 6-7 所示的已知数据，闭合导线的计算见表 6-4。

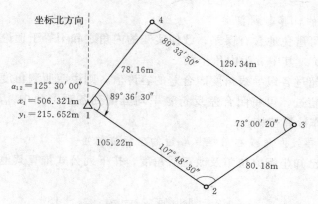

图 6-7 闭合导线测量示意图

表 6-4　　　　　　　　　　　　　闭 合 导 线 计 算 表

点号	观测角（左角）/(° ′ ″)	角度改正数/(″)	改正后角度/(° ′ ″)	坐标方位角/(° ′ ″)	距离/m	坐标增量		改正后坐标增量		坐标值	
						Δx/m	Δy/m	Δx/m	Δy/m	X/m	Y/m
1				125 30 00	105.22	−2 −61.10	+2 +85.66	−61.12	+85.68	506.321	215.652
2	107 48 30	+13	107 48 43							445.201	301.332
				53 18 43	80.18	−2 +47.90	+2 +64.30	47.88	+64.32		
3	73 00 20	+12	73 00 32							493.081	365.652
				306 19 15	129.34	−3 +76.61	+2 −104.21	+76.58	−104.19		
4	89 33 50	+12	89 34 02							569.661	261.462
				215 53 17	78.16	−2 −63.32	+1 −45.82	−63.34	−45.81		
1	89 36 30	+13	89 36 43							506.321	215.652
2				125 30 00							
总和	359 59 10	+50			392.90	+0.09	−0.07	0.00	0.00		
辅助计算	\multicolumn{11}{l}{}										

辅助计算：

$\sum\beta_测 = 359°59'10''$　　　　　$f_x = \sum\Delta x_测 = 0.09\text{m}$, $f_y = \sum\Delta y_测 = -0.07\text{m}$

$\sum\beta_理 = 360°$　　　　　　　导线全闭合差 $f = \sqrt{f_x^2 + f_y^2} = 0.11\text{m}$

$f_\beta = \sum\beta_测 - \sum\beta_理 = -50''$　　导线相对闭合差 $K = \dfrac{1}{\sum D/f} \approx \dfrac{1}{3500}$

$f_{\beta允} = \pm 60''\sqrt{n} = \pm 120''$　　允许相对闭合差 $k_允 = 1/2000$

（三）附合导线计算

附合导线的坐标计算步骤与闭合导线相同。仅由于两者形式不同，致使角度闭合差与坐标增量闭合差和计算稍有区别。

（1）角度闭合差计算：

$$f_\beta = \sum\beta_左 + \alpha_始 - \alpha_终 - n \times 180° \tag{6-13}$$

（2）坐标闭合差计算：

$$f_x = \sum \Delta x_測 - \sum \Delta x_理 = \sum x_測 - (x_終 - x_始)$$
$$f_y = \sum y_測 - \sum \Delta y_理 = \sum \Delta y_測 - (y_終 - y_始)$$

$$(6-14)$$

（3）附合导线算例：如图 6-8 所示的已知数据，附合导线的计算见表 6-5。

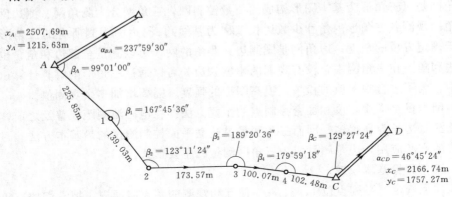

图 6-8　附合导线测量示意图

表 6-5　　　　　　　　　　　　**附合导线计算表**

点号	观测角度（左角）/(° ′ ″)	角度改正数/(″)	改正后角度/(° ′ ″)	坐标方位角/(° ′ ″)	距离/m	坐标增量		改正后坐标增量		坐标值	
						Δx/m	Δy/m	Δx/m	Δy/m	X/m	Y/m
B				237 59 30							
A	99 01 00	+6	99 01 06							2507.639	1215.635
				157 00 36	225.85	+5 −207.91	−4 +88.21	−207.8	+88.17		
1	167 45 36	+6	167 45 42							2299.833	1303.805
				144 46 18	139.03	+3 −113.57	−3 +80.20	−113.54	+80.17		
2	123 11 24	+6	123 10 30							2186.293	1383.975
				87 57 48	172.57	+3 +6.13	−3 +172.46	+6.16	+172.43		
3	189 20 36	+6	189 20 42							2192.453	1556.405
				97 18 30	100.07	+2 −12.73	−2 +99.26	−12.71	+99.24		
4	179 59 18	+6	175 59 24							2179.743	1655.645
				97 17 54	102.48	+2 −13.02	−2 +101.65	−13.00	+101.63		
C	129 27 24	+6	129 27 30							2166.743	1757.275
				46 25 24							
D											
总和	888 45 18	+36	888 45 54		740.00	−341.10	+541.78	−340.95	+541.64		

辅助计算

$\alpha'_{CD} = 46°44'48''$　　　$\alpha_{CD} = 46°45'24''$　　　$f_\beta = \alpha'_{CD} - \alpha_{CD} = -36''$　　$f_{\beta允} = \pm 60''\sqrt{n} = \pm 147''$

$f_x = \sum \Delta x_測 - (x_C - x_A) = -0.15\text{m}$　　　$f_y = \sum \Delta y_測 - (y_C - y_A) = +0.14\text{m}$

导线全闭合差 $f = \sqrt{f_x^2 + f_y^2} = 0.20\text{m}$　　　导线相对闭合差 $K = \dfrac{1}{\sum D/f} \approx \dfrac{1}{3700}$

允许相对闭合差 $k_允 = 1/2000$

第三节 三 角 测 量

三角网是以三角形为基本图形构成的测量控制网，三角网分为测角网、测边网和边角网。测角网观测各三角形内角和少数边长（称为基线）；测边网观测所有的三角形边长和少数用于确定方位的角度；边角网是既测边又测角的网，可以测量全部边和角，也可以测量部分边和角。在三角网中，没有观测的角度和边长可以通过三角形的解算计算出来。实际工作中，为了进行观测值的检核，提高图形的强度，需要增加多余观测值。

三角网测量是常规布设和加密控制点的主要方法。在电磁波测距仪普及之前，由于测量角度比测量边长容易得多，因而三角测量是建立平面控制测量的最基本方法。目前，由于全站仪的广泛应用，边角测量成为三角网测量的主要形式。

一、三角测量基本原理

在地面上选定一系列点位 1，2，…，使互相观测的两点能通视，把它们按三角形的形式连接起来即构成三角网（图 6-9）。三角网中的观测量是网中的全部（或大部分）方向值，根据方向值即可算出任意两个方向之间的夹角。

1. 三角网中点坐标的计算方法

如图 6-9 所示，若已知点 1 的平面坐标 (x_1, y_1)，点 1 至点 2 的平面边长 $s_{1,2}$，坐标方位角 $a_{1,2}$，便可用正弦定理依次推算出所有三角网的边长、各边的坐标方位角和各点的平面坐标。这就是三角测量的基本原理和方法。

2. 起算数据和推算元素

为了得到所有三角点的坐标，必须已知三角网中某一点的起算坐标 (x_1, y_1)，某一起算边长 $s_{1,2}$ 和某一边的坐标方位角 $a_{1,2}$，我们把它们统称为三角测量的起算数据（或元素）。在三角点上观测的水平角（或方向）是三角测量的观测元素。由起算元素和观测元素的平差

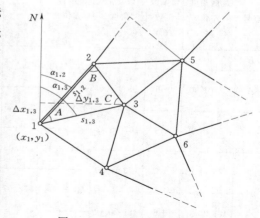

图 6-9 三角测量基本原理

值推算出的三角形边长、坐标方位角和三角点的坐标统称为三角测量的推算元素。

在工程测量中，三角网起算数据可由下列方法求得：

当测区内有国家三角网（或其他单位施测的三角网）时，若其精度满足工程测量的要求，则可利用这些三角网的边长、坐标和方位作为起算数据。若已有边长精度不能够满足测量的要求（或无已知边长可利用）时，则可采用电磁波测距仪直接测量三角网某一边或某些边的边长作为起算边长。当测区附近无已有成果可利用时，可用天文测量方法测量三角网某一边的天文方位角再把它换算为起算方位角。

二、三角测量的基本工作

1. 三角测量的外业工作

（1）踏勘、选点和建立测量标志。此项工作与导线测量基本相同，选点时也应注意：

各三角形边长应适当；为保证推算边长的精度，三角形内角应尽量相等，困难地区角度也应该在 $30°\sim120°$ 之间；相邻三角点应通视良好，点位选在地势较高、土质坚实、便于保存和加密扩展的地方；基线应选在便于量距的平坦而坚实地段。

（2）角度观测。角度观测是三角测量外业的主要工作，测量中的各项技术要求参见有关规范。在一个三角点上观测方向不超过 2h 采用测回法观测，超过 3 个方向时采用全圆方向观测法观测。在角度观测结束后，必须将外业成果做仔细的检查，尤其要注意手簿的记录和计算是否合乎规范要求，其精度是否在规定的限差以内。

（3）基线丈量。三角网的起始边需要丈量时，可以采用钢尺精密量距或采用测距仪测定距离，其技术要求参见有关规范。

2. 三角测量的内业工作

三角测量内业工作主要包括：外业观测成果的复核与整理和观测数据的平差处理等。

在三角测量中，各观测值之间存在一定的几何关系（条件），根据控制网布设的不同形式，主要有以下几种条件：

（1）图形条件：各三角形内角和应为 $180°$，多边形内角和应为 $(n-2)\times180°$。

（2）圆周角条件：在中点多边形中，中心点各角点之和应等于 $360°$。

（3）基线条件：当三角网中有两条基线时，从一条已知边开始，推算到另一条已知边必须相等。

（4）极条件：从起始边开始，以任一点为极点，推算到起始边，两值应该相等。

（5）方位角条件：当三角网中有两条边的方位角已知时，从一条已知边的方位角开始，推算到另一条已知边的方位角，两值必须相等。

三角测量数据的平差计算一般应用最小二乘原理，由专门的计算机软件进行处理。

第四节　前方交会定点

当已有控制点的数量不能满足测图或施工放样需要时，可采用前方交会定点法加密控制点。

一、测角交会

如图 6 - 10 所示，用经纬仪在已知点 A、B 上测出 α 和 β 角，计算待定点 P 的坐标，就是测角前方交会定点。计算公式推导如下。

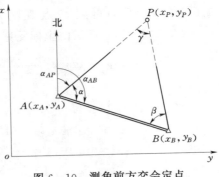

$$\left.\begin{array}{l} x_P - x_A = D_{AP}\cos\alpha_{AP} \\ y_P - y_A = D_{AP}\sin\alpha_{AP} \end{array}\right\} \qquad (6-15)$$

$$\alpha_{AP} = \alpha_{AB} - \alpha \qquad (6-16)$$

式中 α_{AB} 由已知坐标反算而得。

将式（b）代入式（a），得

$$\left.\begin{array}{l} x_P - x_A = D_{AP}(\cos\alpha_{AP}\cos\alpha + \sin\alpha_{AB}\sin\alpha) \\ y_P - y_A = D_{AP}(\sin\alpha_{AP}\cos\alpha - \cos\alpha_{AB}\sin\alpha) \end{array}\right\}$$

$$(6-17)$$

图 6 - 10　测角前方交会定点

因为
$$\cos\alpha_{AB} = \frac{x_B - x_A}{D_{AB}}\ ; \ \sin\alpha_{AB} = \frac{y_B - y_A}{D_{AB}}$$

则
$$x_P - x_A = \frac{D_{AP}}{D_{AB}}\sin\alpha[(x_B - x_A)\cot\alpha + (y_B - y_A)]$$

$$y_P - y_A = \frac{D_{AP}}{D_{AB}}\sin\alpha[(y_B - y_A)\cot\alpha + (x_A - x_B)] \tag{6-18}$$

由三角形 ABP 可得：

$$\frac{D_{AP}}{D_{AB}} = \frac{\sin\beta}{\sin(\alpha + \beta)}$$

上式等号两边乘以 $\sin\alpha$，得：

$$\frac{D_{AP}}{D_{AB}}\sin\alpha = \frac{\sin\beta\sin\alpha}{\sin\alpha\cos\beta + \cos\alpha\sin\beta} = \frac{1}{\cot\alpha + \cot\beta} \tag{6-19}$$

将式（e）代入式（d），经整理后得：

$$\left.\begin{array}{l} x_P = \dfrac{x_A\cot\beta + x_B\cot\alpha + (y_B - y_A)}{\cot\alpha + \cot\beta} \\[3mm] y_P = \dfrac{y_A\cot\beta + y_B\cot\alpha + (x_B - x_A)}{\cot\alpha + \cot\beta} \end{array}\right\} \tag{6-20}$$

为了提高测量精度，交会角 γ（图 6-10）最好在 90°左右，一般不应小于 30°或大于 120°。同时为了校核所定点位的正确性，要求由 3 个已知点进行交会，有两种方法：

（1）分别在已知点 A、B、C（见表 6-6 算例）上观测角 α_1、β_1 及 α_2、β_2，由两组图形算得待定点 P 的坐标（x_{P1}，y_{P1}）及（x_{P2}，y_{P2}）。如两组坐标的较差 $f[\pm\sqrt{(x_{P1} - x_{P2})^2 + (y_{P1} - y_{P2}^{\Box})^2}] \leqslant 0.2M\,\mathrm{mm}$ 或 $0.3M\,\mathrm{mm}$，则取平均值。式中 M 为比例尺的分母；前者用于 1∶5000 及 1∶10000 的测图，后者用于 1∶500～1∶2000 的测图。

（2）观测一组角度 α_1、β_1，计算坐标，而以另一方向检查，即在 B 点观测检查角 $\varepsilon_{测} = \angle PBC$（表 6-6 中的图）。由坐标反算检查角 $\varepsilon_{算}$，与实测检查角 $\varepsilon_{测}$ 之差 $\Delta\varepsilon''$ 进行检查，$\Delta\varepsilon'' \leqslant \pm\dfrac{0.15M\rho''}{S}$ 或 $\pm\dfrac{0.2M\rho''}{S}$，式中 s 为检查方向的边长（表 6-6 图中 BC 的边长）。上式前者用于 1∶5000、1∶10000 的测图，后者用于 1∶500～1∶2000 的测图。

算例见表 6-6。

如果按第二种方法进行交会，在上例中除观测 α_1 及 β_1 外，在测站 B 同时观测检查角 $\varepsilon_{测}$（即 α_2），不必再到 C 点观测 β_2。计算时，由 α_1 及 β_1 算出 x_P（1869.200m）及 y_P（2735.228m），而后由坐标反算计算检查角 $\varepsilon_{算}$ 如下：

$$\alpha_{BP} = \tan^{-1}\frac{y_P - y_B}{x_P - x_B} = \tan^{-1}\frac{2735.228 - 2654.051}{1869.200 - 1406.593} = 9°57'10''$$

$$\alpha_{BC} = \tan^{-1}\frac{y_C - y_B}{x_C - x_B} = \tan^{-1}\frac{2987.304 - 2654.051}{1589.736 - 1406.593} = 61°12'31''$$

$$\varepsilon_{算} = \alpha_{BC} - \alpha_{BP} = 51°15'21''$$

$$\Delta\varepsilon = \varepsilon_{测} - \varepsilon_{算} = +1''$$

测图比例尺为 1∶500 时，$\Delta\varepsilon_{允} = \dfrac{0.2 \times 500 \times 206265}{380.262 \times 1000} = 54''$；$\Delta\varepsilon < \Delta\varepsilon_{允}$，因此，$P$ 点

坐标为 $x_P = 1869.200\text{m}$、$y_P = 2735.228\text{m}$。

表 6-6

前方交会计算表

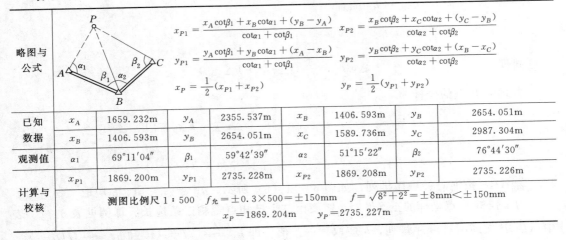

略图与公式：

$$x_{P1} = \frac{x_A \cot\beta_1 + x_B \cot\alpha_1 + (y_B - y_A)}{\cot\alpha_1 + \cot\beta_1} \qquad x_{P2} = \frac{x_B \cot\beta_2 + x_C \cot\alpha_2 + (y_C - y_B)}{\cot\alpha_2 + \cot\beta_2}$$

$$y_{P1} = \frac{y_A \cot\beta_1 + y_B \cot\alpha_1 + (x_A - x_B)}{\cot\alpha_1 + \cot\beta_1} \qquad y_{P2} = \frac{y_B \cot\beta_2 + y_C \cot\alpha_2 + (x_B - x_C)}{\cot\alpha_2 + \cot\beta_2}$$

$$x_P = \frac{1}{2}(x_{P1} + x_{P2}) \qquad\qquad y_P = \frac{1}{2}(y_{P1} + y_{P2})$$

已知数据	x_A	1659.232m	y_A	2355.537m	x_B	1406.593m	y_B	2654.051m
	x_B	1406.593m	y_B	2654.051m	x_C	1589.736m	y_C	2987.304m
观测值	α_1	69°11′04″	β_1	59°42′39″	α_2	51°15′22″	β_2	76°44′30″
	x_{P1}	1869.200m	y_{P1}	2735.228m	x_{P2}	1869.208m	y_{P2}	2735.226m

计算与校核：测图比例尺 1∶500　　$f_允 = \pm0.3\times500 = \pm150\text{mm}$　　$f = \sqrt{8^2 + 2^2} = \pm8\text{mm} < \pm150\text{mm}$

$x_P = 1869.204\text{m}$　　$y_P = 2735.227\text{m}$

二、边长前方交会

随着电磁波测距仪的广泛应用，前方交会可采用边长进行交会。

如图 6-11（a）所示，A、B 为已知点，测量了边长 D_a、D_b，求待定点 P 的坐标。

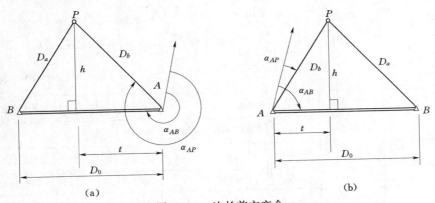

（a）　　　　　　　　　　　　　　　　（b）

图 6-11　边长前方交会

根据已知数据由坐标反算，得

$$D_0 = \sqrt{(x_B - x_A)^2 + (y_B - y_A)^2} = \sqrt{\Delta x_{AB}^2 + \Delta y_{AB}^2}$$

$$\cos\alpha_{AB} = \frac{\Delta x_{AB}}{D_0}, \quad \sin\alpha_{AB} = \frac{\Delta y_{AB}}{D_0}$$

按余弦定理，有

$$\cos A = \frac{D_0^2 + D_b^2 - D_a^2}{2D_0 D_b}$$

由图可知

$$\left.\begin{array}{l} t = D_b\cos A = \dfrac{1}{2D_0}(D_0^2 + D_b^2 - D_a^2) \\[2mm] h = D_b\sin A = \pm\sqrt{D_b^2 - t^2} \end{array}\right\} \qquad (6-21)$$

另 $\alpha_{AP} = \alpha_{AB} + A$ ，则

$$\Delta x_{AP} = D_b \cos\alpha_{AP} = D_b \cos(\alpha_{AB} + A) = D_b \cos\alpha_{AB}\cos A - D_b \sin A \sin\alpha_{AB}$$
$$= t\cos\alpha_{AB} - h\sin\alpha_{AB}$$
$$= \frac{1}{D_0}(t\Delta x_{AB} - h\Delta y_{AB})$$

同理
$$\Delta y_{AP} = \frac{1}{D_0}(t\Delta y_{AB} + h\Delta x_{AB})$$

由此得 P 点的坐标为

$$\left.\begin{array}{l} x_P = x_A + \Delta x_{AP} = x_A + \dfrac{1}{D_0}(t\Delta x_{AB} - h\Delta y_{AB}) \\[2mm] y_P = y_A + \Delta y_{AP} = y_A + \dfrac{1}{D_0}(t\Delta y_{AB} - h\Delta x_{AB}) \end{array}\right\} \qquad (6-22)$$

若 ABP 按逆时针顺序排列，如图 6 - 11 （b） 所示，$\alpha_{AP} = \alpha_{AB} - A$，$h$ 应取 "—" 号。

为了校核 P 点坐标的正确性，也需要由三个已知点观测三条边长。算例见表 6 - 7。表中 $ABCP$ 按逆时针顺序排列，h 应取 "—" 值，即 $h_1 = -\sqrt{D_a^2 - t_1^2}$ 和 $h_2 = -\sqrt{D_b^2 - t_2^2}$。

表 6 - 7   边长前方交会计算表   单位：m

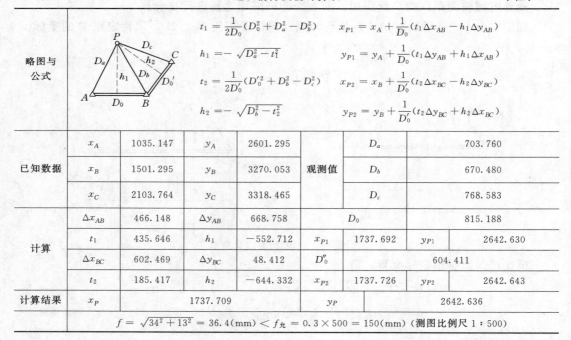

略图与公式		$t_1 = \dfrac{1}{2D_0}(D_0^2 + D_a^2 - D_b^2)$ $x_{P1} = x_A + \dfrac{1}{D_0}(t_1\Delta x_{AB} - h_1\Delta y_{AB})$ $h_1 = -\sqrt{D_a^2 - t_1^2}$ $y_{P1} = y_A + \dfrac{1}{D_0}(t_1\Delta y_{AB} + h_1\Delta x_{AB})$ $t_2 = \dfrac{1}{2D_0'}(D_0'^2 + D_b^2 - D_c^2)$ $x_{P2} = x_B + \dfrac{1}{D_0'}(t_2\Delta x_{BC} - h_2\Delta y_{BC})$ $h_2 = -\sqrt{D_b^2 - t_2^2}$ $y_{P2} = y_B + \dfrac{1}{D_0'}(t_2\Delta y_{BC} + h_2\Delta x_{BC})$				
已知数据	x_A	1035.147	y_A	2601.295	观测值 D_a	703.760
	x_B	1501.295	y_B	3270.053	D_b	670.480
	x_C	2103.764	y_C	3318.465	D_c	768.583
计算	Δx_{AB}	466.148	Δy_{AB}	668.758	D_0	815.188
	t_1	435.646	h_1	−552.712	x_{P1} 1737.692	y_{P1} 2642.630
	Δx_{BC}	602.469	Δy_{BC}	48.412	D_0''	604.411
	t_2	185.417	h_2	−644.332	x_{P2} 1737.726	y_{P2} 2642.643
计算结果	x_P	1737.709			y_P	2642.636
	$f = \sqrt{34^2 + 13^2} = 36.4(\text{mm}) < f_允 = 0.3 \times 500 = 150(\text{mm})$（测图比例尺 $1:500$）					

第五节   全球导航卫星系统控制测量

一、全球导航卫星系统（GNSS）的基本概念

全球导航卫星系统（global navigation satellite system，GNSS），它表示空间所有在轨运行的卫星导航系统的总称，是一个综合的星座系统。GNSS 在测绘领域中的应用主要

体现在建立和实时维护高精度的全球参考框架，建立不同等级国家平面控制网，建立各种工程测量控制网和满足地籍测量、海洋测量等多方面应用的需求。

全球卫星导航系统国际委员会（ICG）公布的全球四大卫星导航系统供应商包括：美国 GPS 全球定位系统、俄罗斯格洛纳斯全球导航卫星系统（GLONASS）、欧盟伽利略卫星导航系统（Galileo）和中国北斗卫星导航系统（BeiDou/COMPAS）。其中，GPS 是世界上第一个建成并在全球范围供军民两用的卫星导航定位系统，目前正处于现代化进程中；GLONASS 在经历资金短缺的困境后正在快速恢复其主要功能；Galileo 在欧空局及欧洲航天局的大力支持下正在抓紧部署并进展迅速；中国北斗卫星航系统于 2011 年年底正式投入试运行，在 2012 年覆盖亚太地区，2020 年左右建成覆盖全球的导航系统。

GNSS 还包括一些区域导航系统和天基/地基增强系统，如美国 WAAS 广域增强系统、LASS 局域增强系统、欧盟 EGNOS 欧洲静地卫星导航重叠系统、日本 QZSS 准天顶卫星系统、印度 IRNSS 区域导航卫星系统等。

二、GNSS 测定点位的基本原理

GNSS 确定地面相对点位的基本原理如图 6-12 所示。

用 GNSS 接收机接收 4 颗（或 4 颗以上）GNSS 卫星在运行轨道上发出的信号，以测定地面点至这几颗卫星的空间距离；由于卫星的空间瞬时位置可知，按距离交会的原理可以求得地面点的空间位置，从而获得较精确的两点间的 GNSS 基线向量——三维坐标差：

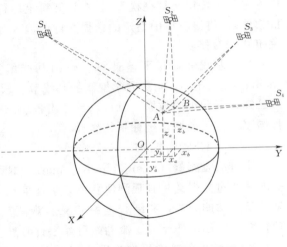

图 6-12　GNSS 坐标系和定位原理

$$\left.\begin{array}{l} \Delta x = x_b - x_a \\ \Delta y = y_b - y_a \\ \Delta z = z_b - z_a \end{array}\right\} \quad (6-23)$$

GNSS 所采用的坐标系称为 WPS 84 地心坐标系。在用 GNSS 建立的大地控制网中，根据点与点之间测定的基线向量，可由已知点推算待定点在地心坐标系中的三维坐标；再通过坐标变换，化为高斯平面直角坐标和基于大地水准面的高程。

GNSS 测定空间距离的方法主要有伪距测量和载波相位测量两种。按定位模式不同，可分为绝对定位和相对定位（又称为差分定位）。按待定点的状态不同，可分为静态定位、快速静态定位和动态定位。按获得定位成果的时间不同，可分为非实时定位（点位的坐标数据后处理）和实时定位（点位的坐标数据实时可得）。

三、GNSS 测量的基本工作

（一）GNSS 静态测量

GNSS 静态测量主要用于建立各级测量控制网，用相对定位方法测定基线的精度很高，利用随机软件观测成果的处理高度自动化。

1. GNSS 静态测量的设计与实施

GNSS 静态测量前应进行选点埋石操作，并对 GNSS 点命名。具体要求请参考有关规范。

GNSS 静态测量外业操作步骤如下：

（1）架设脚架、基座、GNSS 天线，连接天线与主机，仪器对中整平。

（2）量取天线高，记录数据。

（3）开机（按下接收机电源开关按钮至灯亮松开）。

（4）开始数据记录（按下数据存储按钮至灯亮松开）。

（5）等待存储足够数据。

（6）停止存贮数据（按下数据存储按钮至灯灭松开）。

（7）关闭电源（按下接收机电源开关按钮至灯灭松开），收仪器。

2. GNSS 测量数据内业解算

（1）GNSS 接收机数据导入计算机。将 GNSS 接收机与计算机连接，开机（按下接收机电源开关按钮至灯亮松开），在计算机上运行数据转换传输软件如 "Data Transfer"（随机软件），将接收机中指定的数据文件传输入计算机。传输完成后，断开与接收机的连接，关闭 GNSS 接收机。

（2）基线解算与平差计算。应用基线解算和平差计算软件（如随机软件 Trimble Geomatics Office、同济大学编制的基线解算软件 TJGPS 和平差计算软件 TGPPS 等），输入已知数据和观测数据，就可以计算出各点三维坐标及其精度。经过坐标换算，最后可获得国家坐标系或城市坐标系的坐标。

（二）GNSS 动态（RTK）测量

实时动态测量（Real Time Kinematic，RTK）。RTK 是一种实时载波相位差分技术，基准站通过数据链将其观测值和测站坐标信息一起传送给流动站。流动站通过数据链接收来自基准站的数据，并结合本站 GNSS 观测数据，在系统内组成差分观测值进行实时处理，获取流动站的坐标。流动站可处于暂时静止状态，也可处于运动状态。

RTK 测量的外业操作步骤包括：①控制器操作；②RTK 基准站设置操作；③RTK 流动站设置操作；④RTK 测量操作。

（1）点校正。此步主要是为求得坐标转换的三参数或七参数（当测区面积不超过 $100km^2$ 时，用三参数即可）。校正时，一般键入 4 个已知控制点（至少需要 3 个）的坐标。完成校正后，根据显示的残差的大小判断"点校正"是否合格。

（2）测量地形点/控制点。测定地形点或控制点的方法是相同的。在"测量"菜单下选择"开始测量""测量点"，显示"测量/测量点"对话框。

输入点的名称、代码等，按"测量"，开始记录测量数据；当数据记录达到指定时间后，此时"测量"变为"存储"；按"存储"，即可结束该点测量并存储于控制器内存。RTK 测量所得各点的点号、代码和点位坐标等记录储存于控制器内存，可以现场查阅和用数据线传送至计算机。

四、GNSS 测量的优缺点

GNSS 测量与常规大地测量（三角测量、边角测量、导线测量等）相比有以下一些优点：

（1）不要求测点间的相互通视，选点和观测方便。

（2）相对定位精度高。

（3）不受气候条件限制，可以全天候进行观测。

（4）观测、记录、计算高度自动化，可以较快获得测量成果。

不足之处是不能适用于所有测量环境，例如，在隐蔽地区、两旁有高楼的街道、进入室内的建筑工程或地下工程测量等。尽管如此，GNSS 测量毕竟是现代高科技的产物，对大地测量、工程测量以及开阔地区的地形测量等应用前景广阔。

第七章 高程控制测量

第一节 概　述

测量地面点的高程也应遵循"由整体到局部"的原则，即先建立高程控制网，再根据高程控制点测定地面点的高程。为了便于开展科学研究、测绘地形图和进行工程建设中的测量工作，我国已在全国范围内建立了统一的高程控制网。它与平面控制网一样分成一、二、三、四等四个等级，低一级的控制网在高一级控制网的基础上建立。由于这些高程控制点的高程是用水准测量方法测定的，所以，高程控制网一般称为水准网，高程控制点称为水准点。

一、二等水准网是国家高程控制的基础。一、二等水准路线一般沿铁路、公路或河流布设成闭合或附合的形式（图 7-1），用精密水准测量的方法测定其高程。

三、四等水准路线加密于一、二等水准网内，作为地形测量和工程测量的高程控制，可以布设成闭合或附合的形式（图 7-1）。

为保证测绘工作的顺利进行，沿水准路线按一定距离埋设固定标石作为水准点。埋设的水准点应根据水准测量的等级、保存时间的长短和地区的自然条件，采用不同的形式与埋设深度。

根据保存时间的长短，水准点可分为永久性和临时性两种。永久性水准点一般采用石桩或水泥桩埋入地下用来标志点位（图 7-2），桩顶嵌入金属标志，其顶部为半圆球形，桩面上应标明等级和编号（如 BM_{III-1}，BM_{III-2}，…），上加护盖以资保护。为保证水准点的稳定性，水准标志应尽量建立在稳固的基岩上，对于地表覆盖层很厚的地区，可建立基岩钢管标志。临时水准点可在固定建筑物（如房屋基石、闸墩、桥墩、石碑）或暴露的岩石上凿一记号作为标志，也可钉一大木桩，桩顶钉一半圆头钉作为标志。

我国自 1956 年起采用黄海平均海水面作为高程起算面，称为 1956 年黄海高程系，统一了全国高程系统。后又用较长时期的验潮观测资料，求得新的平均海水面，作为高程的零点，称为"1985 年国家高程基准"，已于 1987 年 5 月公布启用。由于高程基准面发生了变化，因此，这两个高程系统存在一定的差异，它们的关系为：$H_{85} = H_{56} - 0.029$。另外，我国在新中国成立前曾采用过许多高程系统，如废黄河高程系统、吴淞口高程系统等，有的高程系统现在还在沿用。由于高程基准面不同，其实际代表的高程也不一样，因此，在使用高程资料时，应注意水准点所在的高程系统，以避免发生错误。凡采用其他高程基准推算的各类水准点高程成果应归算统一到"1985 年国家高程基准"。

在水利水电工程的地形测图中，高程控制一般分为三级：基本高程控制（四等及四等以上的水准测量）、加密高程控制（五等水准测量及三角高程测量）和测站点高程。本章主要介绍三、四等水准测量及三角高程测量。

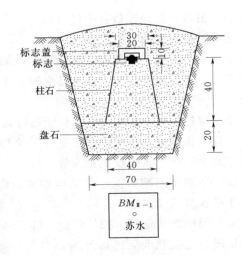

图 7-1 水准网布设示意图   图 7-2 水准标志埋设图（单位：cm）

第二节 三、四等水准测量

三、四等水准测量所使用的水准仪，其精度应不低于 S_3 型的精度指标，水准仪望远镜放大倍率应大于 30 倍，符合水准器的水准管分划值为 $20''/2mm$。

三、四等水准测量的技术要求见表 7-1。

表 7-1   三、四等水准测量技术要求

项目 等级	使用仪器	高差闭合差的限差/mm		视线长度/m	视线高度	前后视距离差/m	前后视距离累积差/m	黑红面读数差/mm	黑红面所测高差之差/mm
		附合、闭合路线	往返测						
三	DS$_3$	$\pm 12\sqrt{L}$	$\pm 12\sqrt{K}$	≤75	三丝能读数	≤2	≤5	2	3
四	DS$_3$	$\pm 20\sqrt{L}$	$\pm 12\sqrt{K}$	≤100	三丝能读数	≤3	≤10	3	5

注 1. L 为水准路线长度，以 km 计；

     2. K 为路线或测段长度，以 km 计。

一、观测方法

三、四等水准测量主要采用双面水准尺观测法，除各种限差有所区别外，观测方法基本相同。现以三等水准测量的观测方法和限差进行叙述。

1. 光学水准仪观测

每一测站上，首先安置仪器，调整圆水准器使气泡居中。分别瞄准后、前视尺、估读视距，使前、后视距离差不超过 2m。若超限，则需移动前视尺或水准仪，以满足要求。然后按下列顺序进行观测，并记于手簿中（表 7-2）。

（1）读取后视尺黑面读数：下丝（1），上丝（2），中丝（3）。

（2）读取前视尺黑面读数：下丝（4），上丝（5），中丝（6）。

（3）读取前视尺红面读数：中丝（7）。

（4）读取后视尺红面读数：中丝（8）。

测得上述 8 个数据后，随即进行计算，如果符合规定要求，可以迁站继续施测；否则应重新观测，直至所测数据符合规定要求时，才能迁站。

2. 电子水准仪观测

（1）整平仪器：要求圆水准气泡位于指标圆环中央。

（2）将望远镜对准后视尺，用十字丝竖丝照准条码中央，将物镜精确调焦至条码影像清晰，按"测量"键，水准仪显示读数。

（3）旋转望远镜照准前视标尺条码中央，将物镜精确调焦至条码影像清晰，按"测量"键，水准仪显示读数。

（4）重新照准前视标尺，按"测量"键，水准仪显示读数。

（5）旋转望远镜照准后视标尺条码中央，将物镜精确调焦至条码影像清晰，按"测量"键，水准仪显示读数。

使用电子水准仪测得数据与上文中水准仪测得 8 个数据相同。显示测站成果，测站限差检核合格后迁站。

这种"后-前-前-后"（黑-黑-红-红）的观测顺序，主要是为了减少水准仪与水准尺下沉产生的误差。对于四等水准测量，也可以采用"后-后-前-前"（黑-红-黑-红）的顺序。

二、计算与校核

测站上的计算有下面几项（表 7-2）。

表 7-2 　　　　　　　　三 等 水 准 测 量 手 簿

测自 Ⅲ₃ 至 BM_6　　　　观测者 刘××　　　记录者 徐××

1990 年 4 月 8 日　　　天　气 晴间多云　　　仪器型号 S_3 210045

开始 7 时 40 分　　　结　束 8 时 30 分　　　呈　像 清晰稳定

测站编号	点号	后尺 下丝 上丝 / 后距/m / 前后视距离差/m	前尺 下丝 上丝 / 前距/m / 累积差/m	方向及尺号	水准尺读数/m 黑色面	水准尺读数/m 红色面	K+黑 -红 /mm	高差中数 /m	备注
		(1) (2) (9) (11)	(4) (5) (10) (12)	后 前 后-前	(3) (6) (16)	(8) (7) (17)	(13) (14) (15)	(18)	
1	Ⅲ₃～ TP_1	1.614 1.156 45.8 +1.0	0.774 0.326 44.8 +1.0	后 1 前 2 后-前	1.384 0.551 +0.833	6.171 5.239 +0.932	0 -1 +1	+0.8325	K_1=4.787 K_2=4.687

测站编号	点号	后尺 下丝 上丝 后距/m 前后视距离差/m	前尺 下丝 上丝 前距/m 累积差/m	方向及尺号	水准尺读数/m 黑色面	水准尺读数/m 红色面	$K+$黑 $-$红 /mm	高差中数 /m	备注
2	$TP_1\sim$ TP_2	2.188 1.682 50.6 +1.2	2.252 1.758 49.4 +2.2	后2 前1 后-前	1.934 2.008 -0.074	6.622 6.796 -0.174	-1 -1 0	-0.0740	
3	$TP_2\sim$ TP_3	1.922 1.529 39.3 -0.5	2.066 1.668 39.8 +1.7	后1 前2 后-前	1.726 1.866 -0.140	6.512 6.554 -0.042	+1 -1 +2	-0.1410	
4	$TP_3\sim$ BM_6	2.041 1.622 41.9 -1.1	2.220 1.790 43.0 +0.6	后2 前1 后-前	1.832 2.007 -0.175	6.520 6.793 -0.273	-1 +1 -2	-0.1740	
校核		$\sum(9)=177.6$ $\sum(10)=177.0$ (12)末站$=+0.6$ 总距离$=354.6$			$\sum(3)=6.876$ $\sum(8)=25.825$ $\sum(6)=6.432$ $\sum(7)=25.382$ $\sum(16)=+0.444$ $\sum(17)=+0.443$ $\frac{1}{2}[\sum(16)+\sum(17)]=+0.4435$ $=\sum(18)$			$\sum(18)=$ $+0.4435$	

1. 视距部分

后距 $(9)=[(1)-(2)]\times100$。

前距 $(10)=[(4)-(5)]\times100$。

后、前视距离差 $(11)=[(9)-(10)]$，绝对值不超过 2m。

后、前视距离累积差 $(12)=$ 本站的 $(11)+$ 前站的 (12)，绝对值不应超过 5m。

2. 高差部分

后视尺黑、红面读数差 $(13)=K_1+(3)-(8)$，绝对值不应超过 2mm。

前视尺黑、红面读数差 $(14)=K_2+(6)-(7)$，绝对值不应超过 2mm。

上两式的 K_1 及 K_2 分别为两水准尺的黑、红面的起点差，亦称尺常数。

黑面高差 $(16)=(3)-(6)$。

红面高差 $(17)=(8)-(7)$。

黑、红面高差之差 $(15)=[(16)-(17)\pm0.100]=[(13)-(14)]$，绝对值不应超过

3mm。

由于两水准尺的红面起始读数相差 0.100m，即 4.787 与 4.687 之差，因此，红面测得的高差应为 (17) ±0.100，"加"或"减"应以黑面高差为准来确定。例如，表 7-2 中第一个测站红面高差为 (17) -0.100，第二个测站因两水准尺交替，红面高差为 (17) +0.100，以后单数站用"减"，双数站用"加"。

每一测站经过上述计算，符合要求，才能计算高差中数 $(18) = \frac{1}{2} \times [(16) + (17) \pm 0.100]$，作为该两点测得的高差。

表 7-2 为三等水准测量手簿，"( )"内的数字表示观测和计算校核的顺序。当整个水准路线测量完毕，应逐页校核计算有无错误，校核的方法是：

先计算 $\sum(3)$，$\sum(6)$，$\sum(7)$，$\sum(8)$，$\sum(9)$，$\sum(10)$，$\sum(16)$，$\sum(17)$，$\sum(18)$，而后用下式校核：

末站 $\sum(9) - \sum(10) = (12)$。

当测站总数为奇数时 $\frac{1}{2}[\sum(16) + \sum(17) \pm 0.100] = \sum(18)$。

当测站总数为偶数时 $\frac{1}{2} \times [\sum(16) + \sum(17)] = \sum(18)$。

最后算出水准路线总长度 $L = \sum(9) + \sum(10)$。

三、成果整理

水准测量外业工作完成后，首先应对手簿的记录、计算进行详细检查，并计算高差闭合差是否超限，确定无误且符合规范各项要求后，才能进行高差闭合差的调整和高程的计算。否则，应进行局部返工，甚至全部返工。

单一水准路线闭合差的调整及高程计算与第二章一般水准测量中的方法相同，它是把闭合差反符号，按与线路的距离成正比进行分配。支水准路线进行往返测量，取往、返测高差的平均值计算高程。

对于水准网，一般采用最小二乘原理进行测量数据的处理，求各待定点的高程，并评定精度。

第三节 三角高程测量

地面起伏变化较大时，进行水准测量往往比较困难。例如在山区布设三角网，有的三角点在山下平坦地区，有的在山顶上，由山下已知高程的三角点用水准测量联测山上三角点的高程较为困难。由于三角点的平面位置已经测算求得，此时可用三角高程测量的方法，测定两点之间的高差，推算高程。

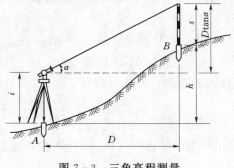

图 7-3 三角高程测量

如图 7-3 所示，在已知高程点 A 上安置经纬仪，在 B 点竖立标杆，照准杆顶，测出竖直角 α。设 A、B 之间的水平距离 D

为已知，则 A、B 之间的高差可用下面公式计算：

$$h = D\tan\alpha + i - s \tag{7-1}$$

式中　i——经纬仪的仪器高；

　　　s——标杆的长度。

如果 A 点的已知高程为 H_A，则 B 点的高程为

$$H_B = H_A + h = H_A + D\tan\alpha + i - s \tag{7-2}$$

式（7-1）是在假定地球表面为水平面，观测视线为直线的条件下导出的，地面上两点间距离较近时（一般在 300m 以内）可以运用。如果两点间的距离大于 300m，就要考虑地球曲率及观测视线由于大气垂直折光的影响（呈一条上凸的弧线）。前者为地球曲率差，简称球差，后者为大气垂直折光差，简称气差。

在图 7-4 中，$GE = f_1$ 是以水平面代替水准面产生的地球曲率差。A 点安置经纬仪的视线按直线应照准尺上的 M 点，由于大气垂直折光的影响成为一上凸的弧线而照准在尺上的 M'，$MM' = f_2$ 为大气垂直折光差。由图可知，A、B 两点高差应为

$$h = i + f_1 + D\tan\alpha - f_2 - s = D\tan\alpha + i - s + (f_1 - f_2) \tag{7-3}$$

式中　$f_1 - f_2$——球差与气差的改正数。

根据第一章第三节所述地球曲率对高程的影响，得

$$f_1 = \frac{D^2}{2R}$$

研究结果表明，大气垂直折光差约为球差的 $\frac{1}{7}$，即

$$f_2 = \frac{D^2}{14R}$$

于是两差改正数 f 为

$$f = f_1 - f_2 = \frac{D^2}{2R} - \frac{D^2}{14R} \approx 0.43\frac{D^2}{R} \tag{7-4}$$

式中　D——两点的水平距离；

　　　R——地球半径，其值为 6371km。

用不同的 D 值为引数，计算出改正值列于表 7-3。

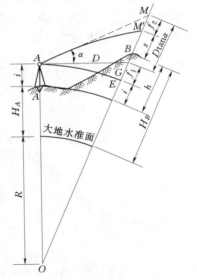

图 7-4　地球曲率及大气垂直折光

施测仅从 A 点向 B 点观测，称为单向观测。当距离超过 300m 时，测算得的高差应加地球曲率及大气垂直折光的改正。如果不仅有 A 点向 B 点观测，而且又从 B 点向 A 点观测，则称为双向观测或对向观测。因为两次观测取平均值可以自行消减地球曲率和大气垂直折光的影响，所以一般采用对向观测。另外，由于近地面大气湍流严重，为了减少大气垂直折光的影响，观测视线应高出地面或障碍物 1m 以上。

三角高程路线也应组成闭合或附合路线的形式。应用 DJ₆ 经纬仪作对向观测时，往返两次高差的差数每 100m 一般不应超过 ±4cm。

表 7-3	地球曲率与大气折光改正值表		
D/m	$f=0.43\dfrac{D^2}{R}/\text{cm}$	D/m	$f=0.43\dfrac{D^2}{R}/\text{cm}$
100	0.1	600	2.4
200	0.3	700	3.3
300	0.6	800	4.3
400	1.1	900	5.5
500	1.7	1000	6.8

近年来，由于全站仪在工程建设中的普遍应用，利用全站仪进行平面和高程控制测量已经十分常见，特别是利用全站仪作三角高程测量，解决高山、峡谷、隧道等困难地区的高程控制，在工程测量中已被广泛应用。选用适当的全站仪，并采用一定的观测步骤，可以代替三、四等水准测量，大大减少高程控制测量的工作量。

如图 7-5 所示，仪器安置在 A 点，向 B 点观测，测得竖直角 α_A 及 D'_{AB}，量得仪器高 i_A 及镜站镜高 s_B，则高差为

$$h_{AB} = D'_{AB}\sin\alpha_A + i_A - s_B + f_A \tag{7-5}$$

式中 f_A——地球曲率及大气垂直折光改正。

仪器搬至 B 点，返测 A 点，高差为 h_{BA}。由于往返测时大气折光情况大致相似，故 f 可忽略不计，则高差中数为

$$h = \frac{1}{2}(h_{AB} - h_{BA}) = \frac{1}{2}\big[(D'_{AB}\sin\alpha_A - D'_{BA}\sin\alpha_B) + (i_A - i_B) + (s_A - s_B)\big] \tag{7-6}$$

由于目前角度测量、距离测量都能达到很高的精度，且仪器高和目标高也可用特定的方法精确量取，因此，影响三角高程测量精度的主要因素是大气折光的影响，而且折光系数的误差影响与距离的平方成正比，因此，在距离达到一定值时，高程测量的误差将主要由大气折光所引起。虽然对向观测可以减弱大气折光的部分影响，但据研究，在观测过程中，大气折光仍有一定的变化，为此，为提高三角高程的测量精度，应仔细研

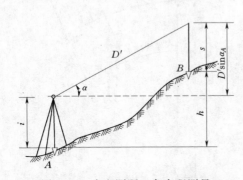

图 7-5 光电测距三角高程测量

究测区内大气折光系数的变化规律。

第四节 跨河水准测量

一、概述

当水准路线跨越江、河，视线长度超过 100m 时，应根据视线的长度和仪器设备等情况，进行跨河水准测量。跨河水准的作业方法主要有：光学测微法、倾斜螺旋法、经纬仪倾角法和测距三角高程法四种，不同的方法有各自的适用范围，表 7-4 为主要方法及适

用距离。

表 7-4   跨河水准方法及适用距离

序号	观测方法	方法概要	最长跨距/m
1	光学测微法	使用一台水准仪,用水平视线照准觇板标志,并读记测微鼓分划值,求出两岸高差	500
2	倾斜螺旋法	使用两台水准仪对向观测,用倾斜螺旋或气泡移动来测定水平视线上、下两标志的倾角,计算水平视线位置,求出两岸高差	1500
3	经纬仪倾角法	使用两台经纬仪对向观测,用垂直度盘测定水平视线上、下两标志的倾角,计算水平视线位置,求出两岸高差	3500
4	测距三角高程法	使用两台经纬仪对向观测,测定偏离水平视线的标志倾角。用测距仪量测距,计算两岸高差	3500

当跨河距离超过 3500m 时,应根据要求和测区条件进行专项设计。

跨河水准的场地应选于测线附近,利于布设工作场地与观测的较窄河段处,视线应有一定的高度(具体见 GB 12897—91《国家一、二等水准测量规范》),两岸地形、地貌、植被等基本相同。布设跨河水准场地时,应使两岸仪器及标尺点构成如图 7-6 所示的图形。

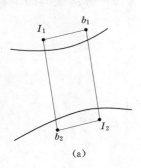 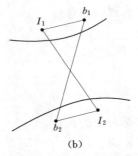 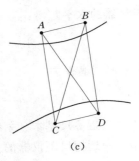

(a)   (b)   (c)

图 7-6 跨河水准基本图形

当只用一台仪器观测时,跨河水准也可用图 7-7 所示的"Z"形布设。

按"Z"形布设时,两岸测得的标尺点跨河高差,分别为两个测站高差之和:

上半测回: $h_{b_1b_2} = h_{b_1I_2} + h_{I_2b_2}$ (7-7)

下半测回: $h_{b_2b_1} = h_{b_2I_1} + h_{I_1b_1}$ (7-8)

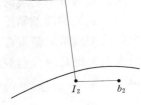

图 7-7 "Z"形跨河水准

跨河水准观测宜在风力微和,气温变化较小的阴天进行,当雨后初晴和大气折射变化较大时,均不宜观测。跨河水准测量的时段数、测回数及限差根据跨河视线的长度确定(具体见 GB 12897—91《国家一、二等水准测量规范》),各双测回间的互差限差为

$$\mathrm{d}H_{限} = 4 M_\Delta \sqrt{NS}$$ (7-9)

式中 M_Δ——每公里水准测量的偶然中误差限值,mm;

N——双测回的测回数；

S——跨河视线长度，km。

二、经纬仪倾角法

经纬仪倾角法是通过测量上、下标志线的垂直角，间接求出两岸高差的方法，其测量原理如图 7-8 所示。

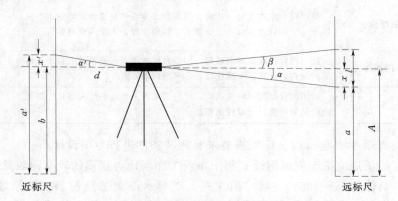

图 7-8 经纬仪倾角法测量原理

远标尺视线水平时中丝读数 A；近标尺中丝读数为 b；l 为两标志线间的距离；d 为近标尺距仪器的水平距离；α、β 为观测的垂直角。

$$A = a + x = a + \frac{\alpha}{\alpha + \beta}l \qquad b = a' - x' = a' - \frac{\alpha'}{\rho}d \qquad (7-10)$$

单向一测回高差为

$$h = b - A = a' - \frac{\alpha'}{\rho}d - a - \frac{\alpha}{\alpha + \beta}l \qquad (7-11)$$

式中　a'——近标尺基本分划线在标尺上的读数；

　　　d——近标尺距仪器的水平距离；

　α、β——上、下标志线的垂直角；

　　　l——标志线之间的距离；

　　　a——低标志线在标尺上的读数。

同步对向观测时，取对向观测高差绝对值的平均值作为一测回的高差值，当对向观测的视线穿越相似的气象环境时，即可大大削弱或基本抵消大气折光的影响。

远近标尺点间的高差精度与垂直角的观测精度、上下标志间的距离量取精度、近标尺与仪器之间的距离量取精度等有关，而后两者的量取精度一般较高，可以忽略不计，因此影响其精度的关键是垂直角观测的精度，在不计大气折光影响时，垂直角的测量精度主要受照准误差的影响，所以提高照准精度是提高过江水准的精度的关键之一。

第八章 全球导航卫星系统

第一节 概　述

全球导航卫星系统（Global Navigation Satellite System，GNSS）是指人类利用人造地球卫星确定点位位置的技术。全球导航卫星系统泛指所有的卫星定位导航系统，包括全球的、区域的和增强的系统。全球导航卫星系统包括美国的 GPS、俄罗斯的 GLONASS、欧洲的 Galileo 和中国的北斗卫星导航系统。相关增强系统包括美国的 WAAS（广域增强系统）、欧洲的 EGNOS（欧洲静地导航重叠系统）和日本的 MSAS（多功能运输卫星增强系统）等，还涵盖在建和以后要建设的其他卫星导航系统。国际 GNSS 系统是个多系统、多层面、多模式的复杂组合系统。

为了实现全天候、全球性、高精度地连续导航定位，相关国家陆续开发全球定位系统，该系统是以卫星为基础的无线电导航定位系统，具有全能性（陆地、海洋、航空和航天）、全球性、全天候、连续性和实时性的导航、定位和定时功能，能为各类用户提供精密的三维坐标、速度和时间。并且具有良好的保密性和抗干扰性。GNSS 的出现已引起了测绘技术的一场革命，它可以高精度、全天候、快速测定地面点的三维坐标，使传统的测量理论与方法产生了深刻变革，促进了测绘科学技术的现代化。GNSS 的特点主要有以下几个方面。

1. 定位精度高

应用实践已经证明，GNSS 相对定位精度在 50km 以内可达 10^{-6}，$100\sim500$km 可达 10^{-7}，1000km 以上可达 10^{-9}。在 $300\sim1500$km 工程精密定位中，1h 以上观测的解其平面位置误差小于 1mm，与 ME - 5000 电磁波测距仪测定的边长比较，其边长较差最大为 0.5mm，较差中误差为 0.3mm。

2. 观测时间短

随着 GNSS 系统的不断完善，软件的不断更新，目前，20km 以内相对静态定位，仅需 $15\sim20$min；快速静态相对定位测量时，当每个流动站与基准站相距在 15km 以内时，流动站观测时间只需 $1\sim2$min；动态相对定位测量时，流动站出发时观测 $1\sim2$min，然后可随时定位，每站观测仅需几秒钟。

3. 测站间无需通视

GNSS 测量不要求测站之间互相通视，只需测站上空开阔即可，因此可节省大量的造标费用。由于无需点间通视，点位位置可根据需要，可稀可密，使选点工作甚为灵活，也可省去经典大地网中的传算点、过渡点的测量工作。

4. 可提供三维坐标

经典大地测量将平面与高程采用不同方法分别施测。GNSS 可同时精确测定测站点的三维坐标。目前 GNSS 水准可满足四等水准测量的精度。

5. 操作简便

随着 GNSS 接收机不断改进，自动化程度越来越高，有的已达"傻瓜化"的程度；接收机的体积越来越小，重量越来越轻，极大地减轻测量工作者的工作紧张程度和劳动强度。使野外工作变得轻松愉快。

6. 全天候作业

目前 GNSS 观测可在一天 24h 内的任何时间进行，不受阴天黑夜、起雾刮风、下雨下雪等气候的影响。

7. 功能多，应用广

GNSS 系统不仅可用于测量、导航，还可用于测速、测时。测速的精度可达 0.1m/s，测时的精度可达几十毫微秒。其应用领域还在不断扩大。

第二节 GPS 的组成

全球定位系统是美国国防部批准它的海陆空三军联合研制的卫星导航定位系统，NAVSTAR/GPS 是 "Navigation system Timing and Ranging/Global Positioning System" 的缩写词，意思为"卫星测时测距导航/全球定位系统"，又称 GPS 系统。主要由空间星座部分、地面监控部分和用户设备部分共三大部分组成。

一、空间星座部分

1. GPS 卫星星座

全球定位系统的空间星座部分由 24 颗卫星组成，其中 21 颗工作卫星，3 颗可随时启用的备用卫星。工作卫星均匀分布在 6 个近圆形轨道面内，每个轨道面上有 4 颗卫星（图 8-1），卫星轨道面相对地球赤道面的倾角为 55°，各轨道平面之间相距 60°，即轨道的升交点赤经各相差 60°，同一轨道上两卫星之间的升交角距相差 90°，轨道平均高度为 20200km，卫星运行周期为 11h58min。同时在地平线以上的卫星数目随时间和地点而异，最少为 4 颗，最多时达 11 颗。上述 GPS 卫星的空间分布，保障了在地球上任何地点、任何时刻均至少可同时观测到 4 颗卫星，加之卫星信号的传播和接收不受天气的影响，因此 GPS 是一种全球性全天候的连续实时定位系统。

2. GPS 卫星及其功能

GPS 卫星（图 8-2）的主体呈圆柱形，直径为 1.5m，重约 843.68kg，设计寿命为 7.5 年。主体两侧配有能自动对日定向的双叶太阳能板，为保证卫星正常工作提供电源，通过一个驱动系统保持卫星运转并稳定在轨道位置。每颗卫星装有 4 台高精度原子钟（铷钟和铯钟各两台），以保证能发射出标准频率（稳定度为 $10^{-12} \sim 10^{-13}$），为 GPS 测量提供高精度的时间标准。

在全球定位系统中，GPS 卫星的主要功能是：接收和储存由地面监控系统发射来的导航信息；接收并执行地面监控系统发送的控制指令，如调整卫星姿态和启用备用时钟、备用卫星等；向用户连续不断地发送导航与定位信息，并提供时间标准、卫星本身的空间实时位置及其他在轨卫星的概略位置。

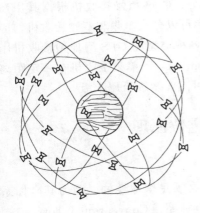

图 8-1　GPS 卫星星座

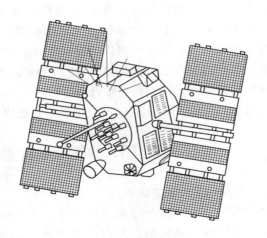

图 8-2　GPS 卫星

二、地面监控部分

GPS 的地面监控系统主要由分布在全球的 5 个地面站组成，按其功能分为主控站（MCS）、注入站（GA）和监测站（MS）3 种。

主控站有 1 个，设在美国本土的科罗拉多斯普林斯（Colorado Springs）。主控站负责协调和管理所有地面监控系统的工作，其具体任务有：根据所有地面监测站的观测资料推算编制各卫星的星历、卫星钟差和大气层修正参数等，并把这些数据及导航电文传送到注入站；提供全球定位系统的时间基准；调整卫星状态和启用备用卫星等。

注入站有 3 个，分别设在印度洋的迭戈加西亚（Diego Garcia）、南太平洋的卡瓦加兰（Kwajalein）和南大西洋的阿松森群岛（Ascencion）。其主要任务是将来自主控站的卫星星历、钟差、导航电文和其他控制指令注入相应卫星的存储系统，并监测注入信息的正确性。

监测站原有 5 个，除上述 4 个地面站（1 个主控站、3 个注入站）具有监测站功能外，在夏威夷（Hawaii）还设有一个监测站。监测站的主要任务是连续观测和接收所有 GPS 卫星发出的信号并监测卫星的工作状况，将采集到的数据连同当地气象观测资料和时间信息经初步处理后传送到主控站。2000 年，美国政府在原 5 个空军监测站的基础上又增加了 NIMA（美国国家影像与制图局）的 10 个监测站，其中包括我国房山国家测绘局与 NIMA 合作建立的监测站。监测站的增加，大大改善了卫星广播星历的精度。对于精密定位任务，用户等效距离误差由原来的 ±4.3m 提高到 ±1.3m。

整个地面监控系统由主控站控制，地面站之间由现代化通信系统联系，无需人工操作，实现了高度自动化和标准化。

三、GPS 信号接收机

GPS 信号接收机的任务是：能够捕获到按一定卫星高度截止角所选择的待测卫星的信号，跟踪这些卫星的运行，并对接收到的 GPS 信号进行变换、放大和处理，以便测量出 GPS 信号从卫星到接收天线的传播时间，解译出 GPS 卫星所发送的导航电文，实时地计算出测站的三维位置、三维速度和时间。

接收机硬件和机内软件以及 GPS 数据的后处理软件包构成了完整的 GPS 用户设备。GPS 信号接收机的结构分为天线单元和接收单元两大部分。GPS 信号接收机根据其用途分为导航型、测地型和授时型；根据接收的卫星信号频率可以分为单频和双频接收机。

近几年国内引进了许多类型的 GPS 测地型接收机，各种类型的 GPS 测地型接收机用于精密相对定位时，其双频接收机精度可达（5mm＋1ppm・D），单频接收机在一定距离内精度可达（10mm＋2ppm・D），用于差分定位其精度可达亚米级至厘米级。

第三节　GPS 坐标系统和定位原理

一、WGS 84 大地坐标系

由于 GPS 是全球性的定位导航系统，其坐标系统也必须是全球性的。因为其坐标系统是通过国际协议确定的，所以通常也称为协议地球坐标系（Conventional Terrestrial System，CTS）。目前 GPS 测量中所使用的协议地球坐标系统称为 WGS 84 世界大地坐标系（World Geodetic System）。

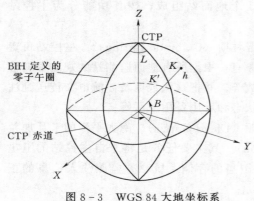

图 8－3　WGS 84 大地坐标系

WGS 84 世界大地坐标系的几何定义是：原点是地球质心，Z 轴指向国际时间局（BIH）1984.0 定义的协议地球极（CTP）方向，X 轴指向国际时间局 1984.0 的零子午面和 CTP 赤道的交点，Y 轴与 Z 轴、X 轴构成右手坐标系，如图 8－3 所示。

WGS 84 椭球及有关常数采用国际大地测量（IAG）和地球物理联合会（IUGG）第 17 届大会大地测量常数的推荐值，4 个基本常数为：

（1）长半轴 $a＝6378137±2m$。

（2）地心引力常数（含大气层）$G_M＝$（3986005 ±0.6）$×10^8$（$m^3・s^{-2}$）。

（3）正常化二阶带谐系数 $\overline{C}_{2.0}＝－484.16685×10^{-6}±1.30 ×10^{-9}$（不用 J_2，而用 $\overline{C}_{2.0}＝J_2/\sqrt{5}$ 是为了保持与 WGS 84 的地球重力场模型系数相一致）。

（4）地球自转角速度 $\omega＝7292115×10^{-11}±0.1500 ×10^{-11}$（$rads^{-1}$）。

利用以上 4 个基本常数，可以计算出其他的椭球常数，如第一、第二偏心率 e^2、e'^2 和扁率 α 分别为

$$e^2 ＝0.00669437999013$$
$$e'^2 ＝0.00673949674227$$
$$\alpha＝1/298.257223563$$

WGS 84 大地水准面高 N 等于由 GPS 定位测定的点的大地高 H 减该点的正高 $H_正$。N 值可以利用球谐函数展开式和一套 $n＝m＝180$ 阶项的 WGS－84 地球重力场模型系数计算得出；也可以用特殊的数学方法精确计算局部大地水准面高 N。一旦大地水准面高 N

确定之后，便可利用 $H_正 = H - N$ 计算各 GPS 点的正高 $H_正$。

二、GPS 定位原理

利用 GPS 进行定位的基本原理是空间后方交会，即以 GPS 卫星和用户接收机天线之间的距离（或距离差）的观测量为基础，并根据已知的卫星瞬时坐标来确定用户接收机所对应的点位，即待定点的三维坐标 (X, Y, Z)。根据测距原理的不同，GPS 定位方式可以分为伪距测量、载波相位测量和 GPS 差分测量。根据待定点位的运动状态可以分为静态定位和动态定位。

（一）伪距测量

伪距法定位是由 GPS 接收机在某一时刻测出的到四颗以上 GPS 卫星的伪距以及已知的卫星位置，采用距离交会的方法求定接收机天线所在点的三维坐标。所测伪距就是由卫星发射的测距码信号到达 GPS 接收机的传播时间乘以光速所得到的距离。由于卫星钟、接收机钟的误差以及无线电信号经过电离层和对流层中的延迟，实际测出的距离与卫星到接收机的几何距离有一定的差值，因此一般称量测出的距离为伪距。

在待测点上安置 GPS 接收机天线，通过测定某颗卫星发送信号的时刻到接收机天线接收到该信号的时刻差 Δt，就可以求得卫星到接收机无线的伪距 $\tilde{\rho}$。

$$\tilde{\rho} = \Delta t c \tag{8-1}$$

式中　c——电磁波在大气中的传播速度。

若用 δ_t、δ_T 表示卫星钟和接收机钟相对于 GPS 时间的误差改正数，用 δ_I 表示信号在大气中传播的延迟改正数，则接收机至卫星的几何距离 ρ 为：

$$\rho = \tilde{\rho} + c(\delta_t + \delta_T) + \delta_I \tag{8-2}$$

其中，卫星钟误差改正数 δ_t 可由卫星发出的导航电文给出，δ_I 可通过数学模型计算出来，δ_T 为未知数。

设 $r = (X_s, Y_s, Z_s)$ 为卫星在 WGS 84 大地坐标系中的位置矢量，可由卫星发出的导航电文求得，$R = (X, Y, Z)$ 为待测点（接收机天线）在 WGS 84 大地坐标系中的位置矢量，是待求的未知量，上式中的 ρ 可表示为

$$\rho = \sqrt{(X_s - X)^2 + (Y_s - Y)^2 + (Z_s - Z)^2} \tag{8-3}$$

结合式（8-2）和式（8-3）可知，每一个伪距观测方程中含有 X、Y、Z 和 δ_T 共 4 个未知数。如果在待测点上同时对 4 颗卫星进行观测，取得 4 个伪距观测值，即可解算出这 4 个未知数，从而求出待测点的坐标 (X, Y, Z)。当同时观测的卫星多于 4 颗时，可用最小二乘法进行平差处理。

（二）载波相位测量

利用测距码进行伪距测量是全球定位系统的基本测距方法。然而由于测距码的码元长度较大，对于一些高精度应用来讲其测距精度还显得过低而无法满足要求。

载波相位测量是利用 GPS 卫星发射的载波为测距信号。由于载波的波长比测距码波长要短得多，因此对载波进行相位测量，就可得到较高的测量定位精度。载波相位测量定位解算比较复杂，由于实际工作中并不需要用户列方程计算，故本节仅简单介绍其基本原理。

若不顾及卫星和接收机的时钟误差、电离层和对流层对信号传播的影响，在任一时刻

t 可以测定卫星载波信号在卫星处某时刻的相位 φ_s 与该信号到达待测点天线时刻的相位 φ_r 间的相位差 φ：

$$\varphi = \varphi_r - \varphi_s = N \times 2\pi + \delta_\varphi \tag{8-4}$$

式中　N——信号的整周期数；

　　　δ_φ——不足整周期的相位差。

由于相位和时间之间有一定的换算公式，所以卫星与待测点天线间的距离可由相位差表示为

$$\rho = \frac{c}{f}\frac{\varphi}{2}\pi = \frac{c}{f}\left(N + \frac{\delta\varphi}{2\pi}\right) \tag{8-5}$$

考虑到卫星和接收机的时钟误差、电离层和对流层对信号传播的影响，上式应改写为

$$\rho = \frac{c}{f}\left(N + \frac{\delta\varphi}{2\pi}\right) + c(\delta_t + \delta_T) + \delta_I \tag{8-6}$$

或写为

$$\Delta\varphi = \frac{f}{c}(\rho - \delta_I) - f(\delta_t + \delta_T) - N \tag{8-7}$$

式中　$\Delta\varphi = \delta_\varphi / 2\pi$，为相位差不足一周的部分。

由于相位测量只能测定不足一个整周期的相位差 δ_φ，无法直接测得整周期数 N（N 又称整周模糊度）。N 的确定是载波相位测量中特有的问题，也是进一步提高 GPS 定位精度，提高作业速度的关键所在。

载波相位测量是利用 GPS 卫星载波波长为单位进行量度的，GPS 卫星载波 L_1 和 L_2 波长分别为 $\lambda_1 = 19.03\text{cm}$、$\lambda_2 = 24.42\text{cm}$，如果测相位的精度达到 1%，则测量的分辨率可分别达到 0.19cm 和 0.24cm，测距中误差分别为 3～5mm 和 3～7mm，从而保证了测量定位的高精度。

（三）实时差分定位

实时差分定位（real time differential positioning）就是在已知坐标的点上安置一台 GPS 接收机（称为基准站），利用已知坐标和卫星星历计算出观测值的校正值，并通过无线电通信设备（称数据链）将校正值发送给运动中的 GPS 接收机（称为流动站），流动站利用接收到的校正值对自己的 GPS 观测值进行改正，以消除卫星钟差、接收机钟差、大气电离层和对流层折射误差的影响。

实时差分定位必须使用带实时差分功能的 GPS 接收机才能够进行。图 8-4 为双频 GPS 接收机基准站，它由接收天线、主机、数据发射天线和电源组成。

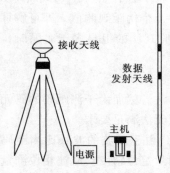

图 8-4　双频 GPS 接收机基准站

下面简单介绍常用的三种实时差分方法。

1. 位置差分

将基准站的已知坐标与 GPS 伪距单点定位获得的坐标值进行差分，通过数据链向流动站传送坐标改正值，流动站用接收到的坐标改正值修正其测得的坐标。

设基准站的已知坐标为 (x_B^0, y_B^0, z_B^0)，使用 GPS 伪距单点定位测得的基准站的坐标为 (x_B, y_B, z_B)，通过差分求得基准站的坐标改正值为

$$\left.\begin{aligned}
\Delta x_B &= x_B^0 - x_B \\
\Delta y_B &= y_B^0 - y_B \\
\Delta z_B &= z_B^0 - z_B
\end{aligned}\right\} \tag{8-8}$$

设流动站使用 GPS 伪距单点定位测得的坐标为 (x_i, y_i, z_i)，则使用基准站坐标改正值修正后的流动站坐标为

$$\left.\begin{aligned}
x_i^0 &= x_i + \Delta x_B \\
y_i^0 &= y_i + \Delta y_B \\
z_i^0 &= z_i + \Delta z_B
\end{aligned}\right\} \tag{8-9}$$

位置差分要求基准站与流动站同步接收相同的工作卫星信号。

2. 伪距差分

利用基准站的已知坐标和卫星星历计算卫星到基准站间的几何距离 R_{B0}^i，并与使用伪距单点定位测得的基准站伪距值 $\tilde{\rho}_B^i$ 进行差分，得到距离改正数：

$$\Delta \tilde{\rho}_B^i = R_{B0}^i - \tilde{\rho}_B^i \tag{8-10}$$

通过数据链向流动站传送 $\Delta \tilde{\rho}_B^i$，流动站用接收的 $\Delta \tilde{\rho}_B^i$ 修正其测得的伪距值。基准站只要观测 4 颗以上的卫星并用 $\Delta \tilde{\rho}_B^i$ 修正其至各卫星的伪距值就可以进行定位，它不要求基准站与流动站接收的卫星完全一致。

3. 载波相位实时差分（RTK）

前面两种差分法都是使用伪距定位原理进行观测，而载波相位实时差分是使用载波相位定位原理进行观测。载波相位实时差分的原理与伪距差分类似，因为是使用载波相位信号测距，所以其观测值的精度高于伪距定位法观测的伪距值。由于要解算整周模糊度，所以要求基准站与流动站同步接收相同的卫星信号，且两者相距要小于 30km，其定位精度可以达到 1~2cm。后续将详细介绍。

三、GPS 定位误差

在利用 GPS 进行定位时，会受到各种因素的影响。影响 GPS 定位误差的因素包括以下几种。

1. 卫星星历误差

在进行 GPS 定位时，需要知道某个时刻 GPS 卫星所在的位置，即星历。星历分为广播星历和实测星历。但不管利用哪种类型的星历，所计算出来的卫星位置都会与实际位置有所差异，这就是所谓的星历误差。它对单点点位精度影响较大。对于相对定位，采用差

分组合可以显著削弱其影响。

2. 卫星钟差

卫星钟差是指 GPS 卫星上所安装的原子钟的钟面时与 GPS 标准时之间的误差。包括由钟差、频偏、频漂等产生的误差和钟的随机误差。卫星钟差可以由地面控制系统监测得到，并通过导航电文提供给用户。卫星钟差的残余误差需采用在接收机间求一次差等方法来进一步消除。

3. 卫星信号发射天线相位中心偏差

卫星信号发射天线相位中心偏差是 GPS 卫星上信号发射天线的标称相位中心与实际相位中心之间的差异。

4. 电离层延迟

电离层是指地球上空距离地面 $50\sim1000\mathrm{km}$ 之间的大气层，信号通过电离层时发生的延迟误差，称为电离层延迟误差。采用双频接收机可以很好地消除其影响。对于单频接收机，一般采用导航电文提供的电离层模型进行改正。

5. 对流层延迟

对流层是高度为 $40\mathrm{km}$ 以下的大气底层，信号通过对流层发生的延迟误差，称为对流层延迟误差。其折射误差可以通过模型改正。

6. 多路径效应

由于接收机周围环境的影响，使得接收机所接受的卫星信号还包含了附近反射面反射的卫星信号，其与直接来自卫星的信号产生干涉，从而使观测值偏离真值产生所谓的多路径效应。

7. 接收机钟差

接收机钟差是指 GPS 接收机上所安装的原子钟的钟面时与 GPS 标准时之间的误差。可以将接收机钟差作为未知数进行求解。

8. 接收机天线相位中心偏差

接收机相位中心偏差是 GPS 接收机天线的标称相位中心与实际相位中心之间的差异。这种偏差的影响可达数毫米至数厘米。如何减少相位中心的偏差是天线设计中的一个重要问题。

第四节 北斗卫星导航系统

北斗卫星导航系统（BeiDou navigation satellite system，BDS）是中国着眼于国家安全和经济社会发展的需要，自主建设、独立运行的卫星导航定位系统，是为全球用户提供全天候、全天时、高精度的定位、导航和授时服务的国家重要空间基础设施。可对有更高要求的授权用户提供进一步服务，军用与民用目的兼具。

20 世纪后期，中国开始进行探索适合我国国情的卫星导航系统发展道路，逐步形成了三步走的发展战略：2000 年年底，建成北斗一号系统，向中国提供服务；2012 年年底，建成北斗二号系统，向亚太地区提供服务；计划在 2020 年前后，建成北斗全球系统，向全球提供服务。

1994 年，我国正式开始北斗卫星导航试验系统（北斗一号）的研制，于 2000 年 10 月 31 日 0 时 2 分发射了我国自行研制的第一颗北斗导航定位卫星；2000 年 12 月 21 日 0 时 20 分，第二颗北斗导航试验卫星在西昌卫星发射中心成功发射。这两颗静止轨道卫星的成功入轨，标志着我国区域性的导航功能得以实现。2003 年发射第三颗地球静止轨道卫星，进一步增强了系统性能。北斗卫星导航试验系统定位精度为 100m，使用地面参照站校准后可以达到 20m，与当时的全球卫星定位系统 GPS 的民用码相当。用户不仅能实现自身的定位，也能向外界报告自身位置和发送消息，授时精度 20ns，定位响应时间为 1s。由于是采用少量卫星进行的有源定位，该系统成本较低，但是在定位精度、用户容量、定位的频率次数、隐蔽性等方面均受到限制。另外该系统无测速功能，不能用于精确制导武器。

2004 年，我国启动了具有全球导航功能的北斗卫星导航系统（北斗二号）建设。2007 年 4 月 14 日，我国成功发射了第一颗北斗导航卫星，并进行了大量的试验。在此基础上，2009 年 4 月 15 日，我国在西昌卫星发射中心成功发射第二颗北斗导航卫星，于 2011 年开始对中国和周边地区提供测试服务。2012 年北斗导航卫星完成了对亚太大部分地区的覆盖并正式提供导航服务，这标志着我国已经拥有自主研制的卫星导航定位系统。2020 年前后，完成 35 颗卫星发射组网，为全球用户提供服务。

北斗卫星导航定位系统由 3 部分组成：空间段、地面段和用户段。

1. 空间段

北斗卫星导航系统空间段将由 35 颗卫星组成，包括 5 颗是地球静止轨道卫星，27 颗中圆地球轨道卫星、3 颗倾斜地球同步轨道卫星。5 颗静止轨道卫星位置分别为 58.75°E、80°E、110.5°E、140°E、160°E；中圆地球轨道卫星运行在 3 个轨道面上，轨道面之间相隔 120°，均匀分布。北斗卫星导航系统的空间星座如图 8-5 所示。

2. 地面段

北斗卫星导航系统的地面段包括主控站、时间同步/注入站和监测站等若干地面站。

主控站用于系统运行管理与控制等。主控站的主要任务是接收和处理数据，生成卫星导航电文和差分完好性信息，并传输至注入站。

注入站用于向卫星发送信号，对卫星进行控制管理，在接受主控站的调度后，将卫星导航电文和差分完好性信息发送至卫星。

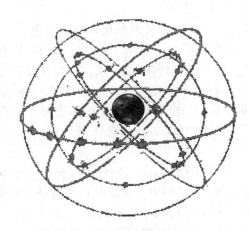

图 8-5　北斗卫星星座

监测站用于接收卫星的信号，并将信号发送至主控站，实现对卫星的连续监测，确定卫星轨道，并为时间同步提供观测资料。

3. 用户段

用户段即用户的终端，包括北斗兼容其他卫星导航系统的芯片、模块、天线等基础产品，以及终端产品、应用系统与应用服务。用户端需要捕获并跟踪卫星的信号，根据捕获的信息按一定的方式进行定位计算，最终获取用户的经纬度、高度、速度、时间等信息。

4. 北斗卫星导航系统的定位原理

北斗卫星导航系统的定位分为有源定位和无源定位两种。无源定位的原理与美国全球定位系统（GPS）类似。

当卫星导航系统使用有源定位时，用户终端通过导航卫星向地面控制中心发出一个申请定位的信号请求，地面控制中心收到请求后发出测距信号，根据信号传输的时间得到用户与两颗卫星的距离。除了这些信息外，地面控制中心还有一个数据库，为地球表面各点至地球球心的距离。根据这 3 个距离，控制中心可以计算出用户的位置，并将信息发送到用户的终端。北斗导航系统的试验系统完全基于这项技术，而之后的北斗卫星导航系统除了使用新的技术外，也保留了这项技术。

5. 坐标系统和时间系统

北斗卫星导航系统的坐标系统采用了 2000 国家大地坐标系统（CGCS2000）。

北斗卫星导航系统的系统时间称为北斗时，属于原子时，溯源到协调世界时，起算时间是协调世界时 2006 年 1 月 1 日 0 时 0 分 0 秒。北斗卫星导航试验系统的卫星原子钟是由瑞士进口的，北斗二号的卫星原子钟逐步开始使用中国航天科工二院 203 所的国产原子钟。2012 年以后的北斗卫星导航系统已经全部使用国产原子钟，其性能与进口产品相当。

第五节　GNSS 控 制 测 量

GNSS 控制测量的实施过程与常规控制测量的一样，包括方案设计、外业测量和内业数据处理三部分。

一、GNSS 控制网精度标准的确定

GNSS 网的技术设计是进行 GNSS 定位的基本性工作，它是依据国家有关规范（规程）及 GNSS 网的用途、用户的需求等对测量工作的网形、精度及基准等进行具体设计。其内容包括测区范围、测量精度、提交成果方式、完成时间等。设计的技术依据是国家质量监督检验检疫总局和国家标准化管理委员会颁发的 GB/T 18314—2009《全球定位系统（GPS）测量规范》及住房和城乡建设部颁发的 CJJT 73—2010《卫星定位城市测量技术规范》。

不同用途的 GNSS 网的精度是不一样的，GNSS 控制网分为 A、B、C、D、E 五个等级，A 级 GPS 网由卫星定位连续运行基站构成，其精度应不低于表 8-1 的要求；B、C、D 和 E 级的精度应不低于表 8-2 的要求。

具体工作中精度标准的确定要根据工作的实际需要，以及具备的仪器设备条件，恰当地确定 GNSS 网的精度等级。布网可以分级布设，或布设同级全面网。用于建立国家二等大地控制网和三、四等大地控制网的 GNSS 测量，在满足表 8-2 规定的 B、C 和 D 级精度要求基础上，其相对精度应分别不低于 1×10^{-7}、1×10^{-6} 和 1×10^{-5}。

表 8-1   GNSS A 级网的精度指标

级别	坐标年变化率中误差		相对精度	地心坐标各分量年平均中误差/mm
	水平分量/(mm/a)	垂直分量/(mm/a)		
A	2	3	1×10^{-8}	0.5

表 8-2   GNSS B、C、D 和 E 级网的精度指标

级别	相邻点基线分量中误差		相邻点间平均距离/km
	水平分量/mm	垂直分量/mm	
B	5	10	50
C	10	20	20
D	20	40	5
E	20	40	3

二、网形设计

常规测量中对控制网的图形设计是一项非常重要的工作。而在 GNSS 图形设计时，因 GNSS 同步观测不要求通视，所以其图形设计具有较大的灵活性。GNSS 网的图形设计主要取决于用户的要求、经费、时间、人力以及所投入接收机的类型、数量和后勤保障条件等。

根据不同的用途，GNSS 网的图形布设通常有点连式、边连式、网连式及边点混合连接四种基本方式。也有布设成星形连接、附合导线连接、三角锁形连接等。选择什么样的组网，取决于工程所要求的精度、野外条件以及 GNSS 接收机台数等因素。

1. 点连式

点连式（图 8-6）是指相邻同步图形之间仅有一个公共点的连接。以这种方式布点所构成的图形几何强度很弱，没有或极少有非同步图形闭合条件，一般不单独使用。

2. 边连式

边连式（图 8-7）是指同步图形之间由一条公共基线连接。这种布网方案，网的几何强度较高，有较多的复测边和非同步图形闭合条件。在相同的仪器台数条件下，观测时段数将比点连式大大增加。但几何强度和可靠性均优于点连式。

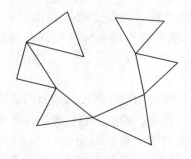

图 8-6　点连式图形

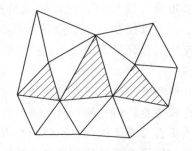

图 8-7　边连式图形

3. 网连式

网连式（图8-8）是指相邻同步图形之间有两个以上的公共点相连接，这种方法需要4台以上的接收机。显然，这种密集的布图方法，它的几何强度和可靠性指标是相当高的，但花费的经费和时间较多，一般仅适于较高精度的控制测量。

4. 边点混合连接式

边点混合连接式是指把点连式与边连式有机地结合起来，组成GNSS网，既能保证网的几何强度，提高网的可靠指标，又能减少外业工作量，降低成本，是一种较为理想的布网方法。

图8-9是在点连式（图8-6）基础上加测四个时段，把边连式与点连式结合起来，就可得到几何强度改善的布网设计方案。

5. 三角锁（或多边形）连接

用点连式或边连式组成连续发展的三角锁同步图形（图8-10），此连接形式适用于狭长地区的GNSS布网，如铁路、公路及管线工程勘测。

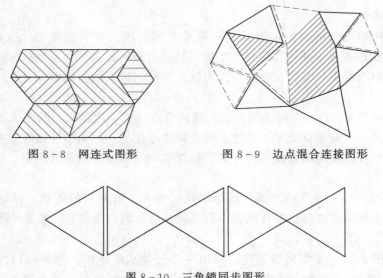

图8-8 网连式图形　　　　图8-9 边点混合连接图形

图8-10 三角锁同步图形

6. 导线网形连接（环形图）

将同步图形布设为直伸状，形如导线结构式的GNSS网，各独立边应组成封闭状，形成非同步图形，用以检核GNSS点的可靠性。适用于精度较低的GNSS布网。该布网方法也可与点连式结合起来布设（图8-11）。

7. 星形布设

星形图的几何图形简单，其直接观测边间不构成任何闭合图形，所以其检查与发现粗差的能力比点连式更差，但这种布网只需两台仪器就可以作业。若有三台仪器，一个可作为中心站，其他两台可流动作业，不受同步条件限制。测定的点位坐标为WGS-84坐标系，每点坐标还需使用坐标转换参数进行转换。由于方法简便，作业速度快，星形布网广泛地应用于精度较低的工程测量、地质、地球物理测点、边界测量、地籍测量和碎部测量等。星形网的几何图形，如图 8-12 所示。

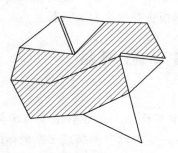
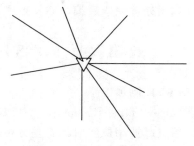

图 8-11　导线网形连接图形　　　　　图 8-12　星形布设图形

在实际布网设计时还要注意以下几个原则：

（1）GNSS 网的点与点间尽管不要求通视，但考虑到利用常规测量加密时的需要，每点最好有一个及以上通视方向。

（2）为了顾及原有城市测绘成果资料以及各种大比例尺地形图的沿用，应采用原有城市坐标系统。对凡符合 GNSS 网点要求的旧点，应充分利用其标石。

（3）GNSS 网必须由非同步独立观测边构成若干个闭合环或附合路线。各级 GNSS 网中每个闭合环或附合路线中的边数应符合有关规定。

三、选点、建标志

由于 GNSS 测量测站间不要求相互通视，所以选点工作简单。选点时除了应远离产生磁场源的地方和保证观测站在视场内周围障碍物的高度角应小于 10°～15° 外，其他要求及建立标志同常规控制测量。

四、GNSS 测量的观测工作

1. 外业观测计划设计

外业观测计划设计包括：编制 GNSS 卫星可见性预报图，利用卫星预报软件，输入测区中心点概略坐标、作业时间、卫星截止高度角不小于 15° 等，利用不超过 20 天的星历文件即可编制卫星预报图；编制作业调度表，应根据仪器数量、交通工具状况、测区交通环境及卫星预报状况制定作业调度表。

2. 野外观测

野外观测应严格按照技术设计要求进行。

天线安置是 GNSS 精密测量的重要保证。要仔细对中、整平，量取仪器高。仪器高要用钢尺在互为 120° 方向量三次，互差小于 3mm，取平均值后输入 GNSS 接收机手簿。

按规定时间打开 GNSS 接收机和手簿，输入测站名、卫星截止高度角、卫星信号采样间隔等。详细可见仪器操作手册。

3. 观测数据下载及数据预处理

观测成果的外业检核是确保外业观测质量和实现定位精度的重要环节。所以外业观测数据在测区时就要及时进行严格检查，对外业预处理成果，按规范要求严格检查、分析，根据情况进行必要的重测和补测。确保外业成果无误后方可离开测区。

4. 内业数据处理

内业数据处理一般采用软件处理，主要工作内容有基线解算、观测成果检核及 GNSS 网平差，内业数据处理完毕后编写 GNSS 测量技术报告并提交有关资料。

第六节　GNSS 实时动态测量

一、GNSS RTK 测量

实时动态（Real Time Kinematic，RTK）技术是全球卫星导航定位技术与数据通信技术相结合，通过载波相位实时动态差分定位技术，实时确定测站点三维坐标的技术。

RTK 是以载波相位为观测值进行实时动态差分的 GNSS 测量技术，是全球卫星导航定位系统应用于测绘科学的一个重大里程碑。在进行 RTK 作业时，基准站（或参考站）的 GNSS 接收机通过数据通信链路实时地将载波相位观测值以及已知的基准站坐标等信息，用 RTCM 等协议规定的格式播发给在附近工作的流动站。这些流动站根据基准站及本机所采集的载波相位观测值，利用 RTK 数据处理软件进行实时相对定位，最后根据基准站的坐标求得观测点的三维坐标。RTK 技术当前的测量精度（RMS）为：平面 10mm ＋1ppm·D，高程 20mm＋1ppm·D（D 为基准站和流动站间的距离）。

RTK 作业方式下系统组成如图 8-13 所示。进行 RTK 测量时，至少需要配备两台 GNSS 接收机。一台接收机位于基准站上，观测视场中的所有可见卫星；其他接收机在基准站附近进行 RTK 观测。RTK 设备应包括双频接收机、天线和天线电缆、数据链套件（调制解调器、电台或移动通信设备）、数据采集器等。基准站接收设备应具有发送标准差分数据的功能。流动站接收设备应具有接收并处理标准差分数据的功能。同时设备应操作方便、性能稳定、故障率低、可靠性高。

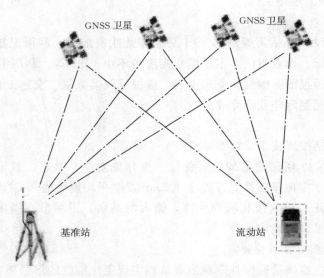

图 8-13　GNSS RTK 测量

如图 8-14 所示为基准站设备实物图，包括基准站 GNSS 接收机、外置天线和天线电缆、电台、蓄电池、连接线（或蓝牙等其他连接方式）、手簿（可与流动站共用）等。图8-15为流动站实物图，包括流动站GNSS接收机、对中杆、手簿、连接线（或蓝牙等其他连接方式）等。

图 8-14 RTK 基准站实物图   图 8-15 RTK 流动站实物图

　　RTK可以实时测量地面点坐标和高程，且不受通视条件的影响，广泛应用于工程测量、小地区大中比例尺测图和修测、施工放样、地籍测量等领域。

二、网络 RTK 测量

　　在RTK定位系统中，受到数据通信链的限制，作业距离一般不超过10km。如果进行大面积的作业，则需要进行搬站作业，工作效率会大大降低。

　　网络RTK（Network RTK）指在一定区域内建立多个参考站，对该地区构成网状覆盖，同时进行连续跟踪观测，通过这些参考站站点组成卫星定位观测值的网络解算，获取覆盖该地区和该时间段的RTK改正参数，用于该区域内网络RTK用户进行实时RTK改正。网络RTK是一种集GNSS技术、网络通信与管理技术、计算机编程等技术为一体的地理空间数据实时服务综合系统。网络RTK定位技术通过多个CORS参考站（Continuously Operating Reference Stations，连续运行参考站）的跟踪数据建立所控制区域内的电离层、对流层和卫星轨道误差模型，通过内插来改正流动站的观测数据，使CORS参考站覆盖区域内的任何流动站都能进行厘米级的高精度定位。

　　网络RTK定位系统主要由四部分构成：CORS参考站、系统控制中心、数据通信链路和流动站用户。CORS参考站的数量是由覆盖区域的大小、定位精度要求及所在区域的环境等因素来决定的，至少应有3个或以上CORS站。参考站应该配备全波长的双频

GNSS 接收机、数据传输设备、UPS 连续供电和气象传感器等设备。参考站的坐标通过联测 IGS 站精确求得，参考站应建立在良好的观测环境区域。系统控制中心按 NTRIP 协议（Networked Transport of RTCM via Internet Protocol，通过互联网进行 RTCM 数据网络传输协议）分为数据处理中心（NTRIP 服务器）和数据播发中心（NTRIP 播发器）。数据处理中心的主要任务是对来自各 CORS 站传来的观测资料进行预处理和质量分析，并统一解算，实时估计出网内各种系统误差的残余误差，建立相应的误差模型；数据播发中心是真正意义上的 HTTP 服务器，负责管理和接收来自 NTRIP 服务器上的数据并响应 NTRIP 客户端的请求并发送 GNSS 信息。网络 RTK 中的数据通信链路主要分为两部分：一部分是 CORS 参考站、系统控制中心等固定台站间的数据通信，这类通信可通过 DDN 专线、ADSL 光纤等有线方式或无线电调制解调器来实现；另一部分是数据播发中心与流动站用户之间的移动通信，可采用 GPRS 或 CDMA 等方式来实现。流动站用户需配备 GNSS 接收机、可上网的数据通信设备和相应的数据处理软件（如流动站手簿上的测量软件）。

网络 RTK 系统是一个综合的多功能定位服务系统，根据参考站的分布，其作用区域可以覆盖一个城市或一个行政区划、甚至一个国家和地区。流动站用户采用网络 RTK 进行实时定位势必成为今后 GNSS 动态相对定位的主要工作方式。

第七节　GNSS 的应用

由于 GNSS 是一种全天候、高精度的连续定位系统，并且具有定位速度快、费用低、方法灵活多样和操作简便等特点，所以它不仅在测绘科学，而且在导航及其相关学科领域，获得了极其广泛的应用。

GNSS 定位技术在测绘科学中的应用范围如下：

（1）地面控制测量方面的应用。它可用于建立新的高精度的地面控制网，检核和提高已有地面控制网的精度以及对已有的地面控制实施加密，满足城市测量、规划、建设和管理等各方面的要求。

（2）航空摄影测量方面的应用。用 GNSS 动态相对定位的方法可代替常规的建立地面控制网的方法，可实时获取三维位置信息，从而节省大量的经费，而且精度高、速度快。

（3）海洋测量方面的应用。主要应用于海洋测量控制网建立、海洋资源勘探测量、海洋工程建设测量等。

（4）精密工程测量方面的应用。主要应用于桥梁工程控制网的建立、隧道贯通控制测量、海峡贯通与联接测量以及精密设备安装测量等。

（5）工程与地壳变形监测方面的应用。主要应用于地震监测、大坝的变形监测、陆地建筑物的变形和沉陷监测、海上建筑物的沉陷监测、资源开采区（如油田）的地面沉降观测等。

（6）地籍测量方面的应用。可用其快速静态定位或 RTK 技术来测定土地界址点的精确位置，以满足城区 5cm、郊区 10cm 的精度要求，既减轻了工作量又保证了精度。

　　在导航方面，由于 GNSS 能以较高精度瞬时定出接收机所在位置的三维坐标，实现实时导航，因而 GNSS 可用于海船、舰艇、飞机、导弹、出租车等各种交通工具及运动载体的导航。目前，它不仅已广泛地用于海上、空中和陆地运动目标的导航，而且在运动目标的监控与管理，以及运动目标的报警与救援等方面，也已获得了成功的应用。如在智能交通系统中，利用 GNSS 技术可实现对汽车的监测和调度，对运钞车的监控以及各专业运输公司对车辆的监控等。

　　另外，利用 GNSS 可进行高精度的授时，GNSS 将成为最为方便、最为精确的授时方法之一。它可用于电力和通信系统中的时间控制。已有著名的手表厂商制造出了 GNSS 手表，可提供定位、导航、计时等多种功能。

　　除此以外，GNSS 定位技术在运动载体的姿态测量、弹道导弹的制导、近地卫星的定轨，以及气象学和大气物理学的研究等领域，也显示了广阔的应用前景。

第九章　地　形　图　的　测　绘

我国基本地形图分为 1：5000、1：10000、1：25000、1：50000、1：100000、1：250000、1：500000、1：1000000 八种比例尺。1：5000～1：50000 地形图一般采用航空摄影测量方法成图。而 1：100000～1：1000000 比例尺地形图根据较大比例尺地形图及各种测绘资料编绘而成。

本章主要介绍小区域大比例尺（1：500、1：1000、1：2000）地形图测绘方法，大面积大比例尺地形图测绘目前基本上也是采用航空摄影测量方法成图。

第一节　地形图的基本知识

一、平面图和地形图

地物是指地表面上天然或人工的固定物体，如房屋、道路、桥梁、河流等。地貌是指地势的起伏状态。将地面上的地物和地貌按正射投影的方法（沿铅垂线方向投影到水平面上），以一定的比例尺按规定的符号缩绘到图纸上，这种图称为地形图。如图上只有地物，不表示地面起伏的图称为平面图。

二、地形图比例尺

图上长度与实地长度之比，称为地形图的比例尺。例如，实地测出的水平距离为 50m，画到图上的长度为 0.1m，那么这张图的比例尺为 1：500。图的比例尺大小，按比值决定。

人们用肉眼能分辨图上的最小距离，通常为 0.1mm，因此一般在图上度量或者测图描绘时，就只能达到图上 0.1mm 的准确性，所以把相当于图上 0.1mm 的实地水平距离称为比例尺精度。比例尺大小不同，比例尺精度数值也不同，见表 9-1。

表 9-1　　　　　　　　　　　　比 例 尺 精 度

比　例　尺	1：500	1：1000	1：2000	1：5000	1：10000
比例尺精度/m	0.05	0.1	0.2	0.5	1.0

比例尺精度的概念，对测绘和用图有重要意义。例如，在测 1：2000 图时，实地只需取到 0.2m。又如在设计用图时，要求在图上能反映地面上 0.05m 的精度，则所选图的比例尺不能小于 1：500。图的比例尺越大，图上的地物地貌越详细，但测绘工作量也将成倍增加，所以应根据规划、设计、施工的实际需要选择测图的比例尺。

三、地物的表示方法

地物在图上按其特性和大小分别用比例符号、非比例符号、线性符号及注记符号表示。

（一）比例符号

根据地物实际的大小，按比例尺缩绘于图上，如较大的房屋、地块及水塘等。

（二）非比例符号

尺寸太小的地物，不能用比例符号表示，而用规定的形象符号表示，如测量控制点、独立树、里程碑、水井等，仅表示其位置。

（三）线性符号

一些带状延伸的地物，长度可以依比例缩绘，而其宽度不能按比例显示，此时可用一条与实际走向一致的线状符号表示，如围墙、管道、较窄的沟渠、小路等。

（四）注记符号

有些地物除用一定的符号表示外，还需要说明和注记，如房屋的类别、村、镇，工厂的名称、河流的水位等。

常见的 1：500 及 1：1000、1：2000 地形图图式示例见表 9-2。

表 9-2   常 用 图 式 符 号

编号	符号名称	1：500	1：1000	1：2000
1	一般房屋 混—房屋结构 3—房屋层数	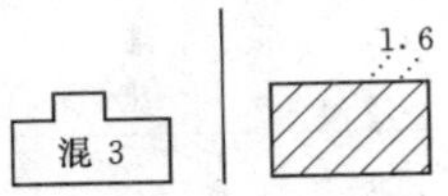	混 3	1.6
2	简单房屋	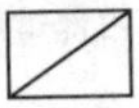		
3	建筑中的房屋		建	
4	破坏房屋		破	
5	棚房	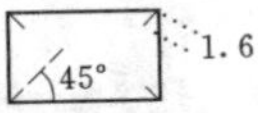	45° 1.6	
6	架空房屋	 混凝土4	混凝土 混凝土4	1.0
7	廊房	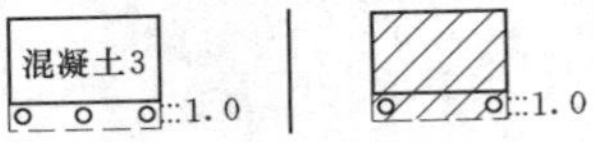	混凝土3 1.0	1.0
8	台阶	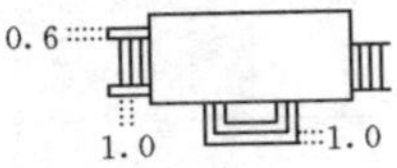	0.6 1.0 1.0	
9	无看台的 露天体育场	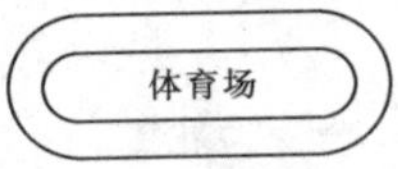	体育场	
10	游泳池		泳	

续表

编号	符号名称	1：500	1：1000	1：2000
11	过街天桥			
12	高速公路 a—收费站 0—技术等级代码			
13	等级公路 2—技术等级代码 （G301）—国标路线编号			
14	乡村路 a—依比例尺的 b—不依比例尺的			
15	小路			
16	内部道路			
17	阶梯路			
18	打谷场、球场			
19	旱地			
20	花圃			

编号	符号名称	1:500	1:1000	1:2000
21	有林地			
22	人工草地			
23	稻田			
24	常年湖			
25	池塘			
26	常年河 a—水涯线 b—高水界 c—流向 d—潮流向 ←⊥⊥⊥ 涨潮 ——→ 落潮			
27	喷水池			

编号	符号名称	1：500	1：1000	1：2000
28	GPS 控制点 B14—级别、点号 495.267—高程		△ $\frac{B14}{495.267}$ 3.0	
29	三角点 凤凰山—点名 394.468—高程		△ $\frac{凤凰山}{394.468}$ 3.0	
30	导线点 I16—等级，点号 84.46—高程		2.0 ⊡ $\frac{I16}{84.46}$	
31	埋石图根点 16—点号 84.46—高程		1.6 ⊙ $\frac{16}{84.46}$ 2.6	
32	不埋石图根点 25—点号 62.74—高程		1.6 ⊙ $\frac{25}{62.74}$	
33	水准点 Ⅱ京石5—等级、点名、点号 32.804—高程		2.0 ⊗ $\frac{Ⅱ京石5}{32.804}$	
34	加油站		1.6 ┆ 3.6 1.0	
35	路灯		2.0 1.6 ↓ 4.0 1.0	
36	独立树 a—阔叶 b—针叶 c—果树 d—棕榈、椰子、槟榔		a 1.6 2.0 ⌀ 3.0 1.0 b 1.6 3.0 1.0 c 1.6 ○ 3.0 1.0 d 2.0 3.0 1.0	

编号	符号名称	1∶500	1∶1000	1∶2000
37	独立树 棕榈、椰子、槟榔		2.0 ╤ 3.0 1.0	
38	上水检修井		⊖∷2.0	
39	下水（污水）、 雨水检修井		⊕∷2.0	
40	下水暗井		⊿∷2.0	
41	煤气、天然气 检修井		⊖∷2.0	
42	热力检修井		⊕∷2.0	
43	电信检修井 a—电信人孔 b—电信手孔		a ⊗∷2.0 2.0 b ▯∷2.0	
44	电力检修井		◎∷2.0	
45	地面下的管道		— — —污— 4.0 1.0	
46	围墙 a—依比例尺的 b—不依比例尺的		a ━━━ 10.0 b ━■━ 10.0 ■━━ 0.3 0.6	
47	挡土墙		1.0 ▽ ▽ ▽ ▽ 0.3 6.0	
48	栅栏、栏杆		10.0 1.0 —○—┼—○—	
49	篱笆		10.0 1.0 —┼—┼—┼—	
50	活树篱笆		6.0 1.0 •○•○•○•○•○• 0.6	
51	铁丝网		10.0 1.0 —×—×—×—	
52	通信线 地面上的		4.0 •○•○•	

147

编号	符号名称	1∶500	1∶1000	1∶2000
53	电线架			
54	配电线 地面上的		4.0	
55	陡坎 a—加固的 b—未加固的		2.0 a b	
56	散树、行树 a—散树 b—行树	a b	○⋯1.6 10.0	1.0
57	一般高程点及注记 a——一般高程点 b—独立性地物的高程	a 0.5⋯•163.2	b 75.4	
58	名称说明标记	**友谊路** 中等线体4.0(18K) **团结路** 中等线体3.5(15K) **胜利路** 中等线体2.75(12K)		
59	等高线 a—首曲线 b—计曲线 c—间曲线	a b c	0.15 0.3 1.0　6.0　0.15	
60	等高线注记	25		
61	示坡线	0.8		
62	梯田坎	58.4　1.2		

四、地貌的表示方法

（一）等高线

地面上高程相等的相邻点间连成的闭合曲线称为等高线。如图9－1所示，设想当某一水面高程为70m时与山头相交得一条水涯线，线上各点高程均为70m。若水面向上涨10m，又与山头相交得一条高程为80m的水涯线。将这些水涯线垂直投影到水平面H上，得一组闭合的曲线，这些曲线即为等高线，按一定的比例缩绘在图纸上并注上高程，就可在图上显示出山头的形状。

两条相邻等高线的高差称为等高距。常用的等高距有1m、2m、5m、10m等几种，根据地形图的比例尺和地面起伏的情况确定。在一张地形图上一般只用一种等高距，如图9－1的等高距h为10m。

在图上两相邻等高线之间水平距离称为等高线平距，简称平距。

地形图上按规定的等高距勾绘的等高线，称为首曲线或基本等高线。为便于看图，每隔4条首曲线描绘1条加粗的等高线，称为计曲线。例如等高距为1m的等高线，则高程为5m、10m、15m、…。5m倍数的等高

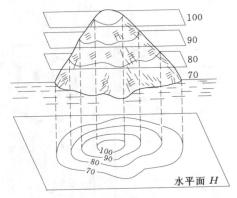

图9－1 等高线基本概念

线为计曲线。一般只在计曲线上注记高程。在地势平坦地区，为更清楚地反映地面起伏，可在相邻两首曲线间加绘等高距一半的等高线，称为间曲线。

（二）几种典型地貌等高线的特征

如图9－2（a）和（b）所示为山丘和盆地的等高线，是由若干圈闭合的曲线组成，根据注记的高程才能把两者加以区别。自外圈向里圈逐步升高的是山丘，自外圈向里圈逐步降低的是盆地。图中垂直于等高线顺山坡向下画出的短线，称为示坡线，指出降低的方向。

如图9－2（c）所示为山脊与山谷的等高线，均与抛物线形状相似。山脊的等高线是凸向低处的曲线，各凸出处拐点的连线称为山脊线或分水线。山谷的等高线是凸向高处的曲线，各凸出处拐点的连线称为山谷线或集水线。

鞍部介于两个山头之间，呈马鞍形，其等高线的形状近似于两组双曲线簇，如图9－2（d）所示。梯田及峭壁的等高线及其表示方法，如图9－2（e）、（f）所示。

在特殊情况下悬崖的等高线出现相交的情况，覆盖部分为虚线，如图9－2（g）所示。

在坡地上，由于雨水冲刷而形成的狭窄而深陷的沟叫冲沟，如图9－2（h）所示。

上述每一种典型的地貌形态，可以近似地看成由不同方向和不同斜面所组成的曲面，相邻斜面相交的棱线，在特别明显的地方，如山脊线、山谷线、山脚线等，称为地性线。由这些地性线构成了地貌的骨骼，地性线的端点或其坡度变化处，如山顶点、盆底点、鞍部最低点、坡度变换点，称为地貌特征点，地性线和地貌特征点是测绘地貌的重要依据。

图9－3是各种典型地貌的综合及相应的等高线。

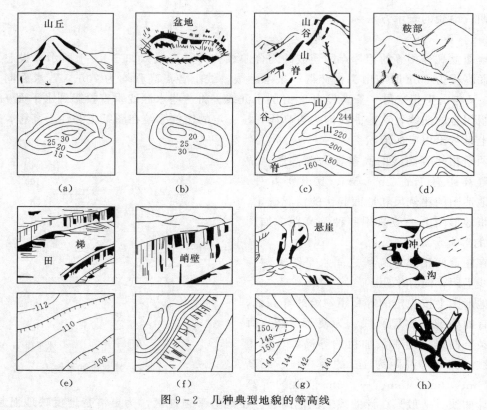

图 9-2 几种典型地貌的等高线

（a）山丘；（b）盆地；（c）山脊山谷；（d）鞍部；（e）梯田；（f）峭壁；（g）悬崖；（h）冲沟

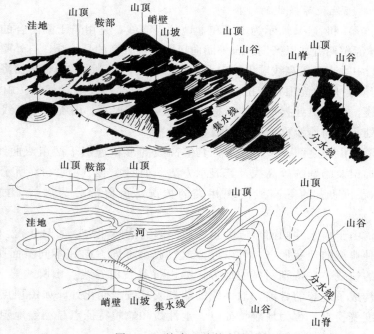

图 9-3 综合地貌等高线图

（三）等高线的特性

从上面的叙述中，可概括出等高线具有以下几个特性：

（1）在同一等高线上，各点的高程相等。

（2）等高线应是自行闭合的连续曲线，不在图内闭合就在图外闭合。

（3）除在悬崖处外，等高线不能相交。

（4）地面坡度是等高距 h 及平距 d 之比，用 i 表示，即 $i=h/d$。

在等高距 h 不变的情况下，平距 d 越小，即等高线越密，则坡度越陡。反之，如果平距 d 越大，等高线越疏，则坡度越缓。当几条等高线的平距相等时，表示坡度均匀。

（5）等高线通过山脊线及山谷线处，必须改变方向，而且与山脊线、山谷线垂直相交。

第二节 地形图的传统测绘方法

地形图测绘是以测区控制点为基础点，根据已知控制点的平面位置和高程来测定地物、地貌特征点的平面位置和高程，并按照测图比例尺和规定的图示符号绘制地形图的工作。地形图测绘的传统作业模式是测量人员使用测量仪器测量角度、距离、高差等数据，经计算处理后，由绘图人员利用绘图工具手工模拟测量数据，按规定的图式符号展绘到白纸（绘图纸或聚酯薄膜）上，这种测图法的实质是图解法测图，其测图成果为各种比例尺的纸质地形图。本节主要介绍小区域大比例尺（1∶500、1∶1000、1∶2000）传统地形图测绘的各项工作。

一、测图前的准备工作

（一）收集资料

测图前必须具备测图规范及图式，抄录测区内。所有控制点（平面和高程）的成果。

（二）图纸的准备

地形图的图幅一般有 40cm×40cm、40cm×50cm 及 50cm×50cm 3 种，目前一般采用聚酯薄膜作为测图图纸。

图 9-4 为一 50cm×50cm 的图幅，图中的格网间隔为 10cm×10cm，可用手工或机助的方法绘制而成，为保证格网绘制精度，应对方格各边及对角线的长度进行检查，其误差均不得超过图上 0.2mm。

格网画好后，应将格网线坐标值标注在图廓外相应的位置，如图 9-4 所示。根据测图比例尺和控制点的坐标值，将控制点点位在图纸上标出，例如展绘导线点 B，其坐标值为 $x_B=685.43$m，$y_B=835.25$m，如测图比例尺为 1∶1000，先确定 B 点在方格 1、2、3、4 内，从 1 点向上按比例截取 85.43/

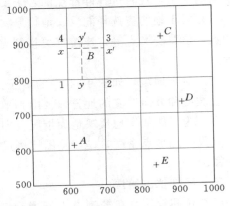

图 9-4 方格网及控制点展绘

1000m，得 x 点，同样从 2 点向上等距截取，得 x' 点；然后分别从 1 点和 4 点按比例向右截取 35.25/1000m，得 y 和 y' 点，xx' 和 yy' 两连线的交点即为导线点 B 的位置。用同样的方法展绘本图幅内的各级控制点，为保证控制点展绘精度，在图上量取控制点间的距离与实测长度作比较，以资校核，其误差不应超过图上 0.3mm。

（三）测站点的加密

当测区内控制点的密度不能满足测图的需要时。可以在测图前或进行碎部测量过程中加密若干控制点（称为测站点），以弥补不足。加密测站点的方法除第六章中介绍的交会法外，也可采用支导线法。由于支导线缺少校核条件，一般规定不多于两点，以防误差积累过大。

二、测量碎部点平面位置的基本方法

（一）测定碎部点平面位置的方法

设 A、B 为两个已知控制点，欲求碎部点 P 的点位，有表 9-3 所列的方法。实际工作中以极坐标法为主，视现场情况配合其他几种方法进行测绘。

表 9-3　　　　　　　　　测定碎部点平面位置的基本方法

极坐标法	交会定点法		直角坐标法
一个角度 β，一个距离 d 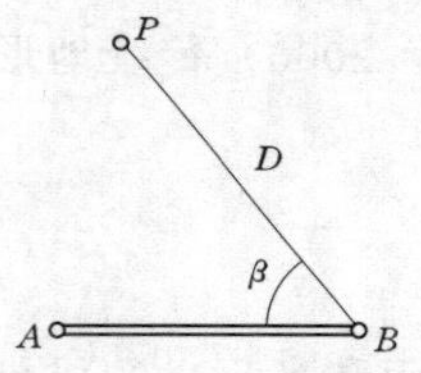	两个距离 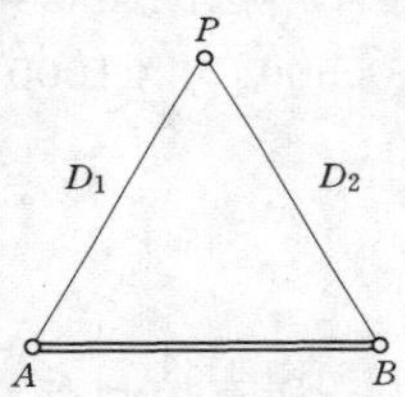	两个角度 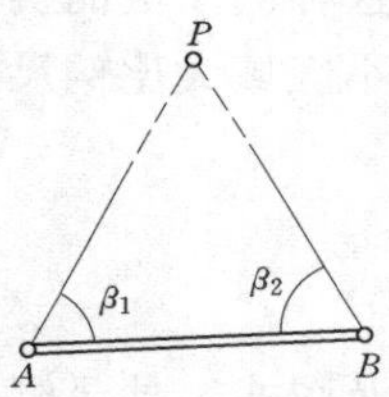	两个互相垂直的距离 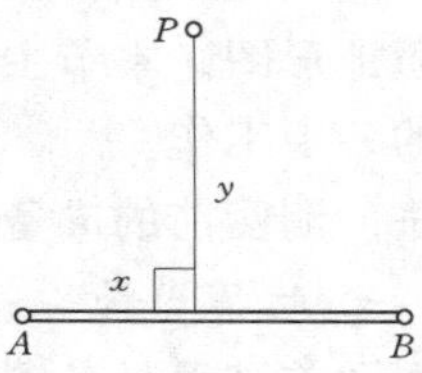

（二）碎部点的选择

地形图是根据测绘在图纸上的碎部点来勾绘的，因此碎部点选择恰当与否，直接影响地形图的质量，现将选择碎部点的若干要点介绍如下。

（1）对于地物应选择能反映地物形状的特征点，例如房屋的房角、河流、道路的方向转变点，道路交叉点等，连接有关特征点，便能绘出与实地相似的地物形状，如图 9-5 所示。

（2）对于地貌，如图 9-5 中的山丘，应选择在山顶和鞍部、地性线（山脊线和山谷线）上坡度和方向改变的地方以及山脚地形变换点等处能控制地貌形状的特征点上立尺。

（3）为了能如实地反映地面情况，即使在地面坡度变化不大的地方，每相隔一定距离也应立尺。地形点密度，是随测图比例尺的大小和地形变化情况来决定的，其间隔一般控制在图上 1～3cm。

三、经纬仪测绘法

经纬仪测绘法是在控制点上安置经纬仪或红外测距经纬仪，测量碎部点位置的数据（水平角、距离、高程），用绘图工具展绘到图纸上，绘制成地形图的一种方法。

152

图 9-5 碎部点的选择

（一）施测方法

（1）将经纬仪或红外测距经纬仪安置在测站 A 点（控制点）上，测图板安置在旁边（图 9-6）；测定竖盘指标差 x（一天开始时测一次）。量出仪器高 i；选定控制点 B 为起始零方向（即以 AB 方向的度盘读数为 $0°00'$），一并记入手簿（表 9-4）。

（2）依次照准所选碎部点上的立尺，读取下、上、中三丝读数（用红外测距时照准装有单棱镜的标杆测距），而后读取竖盘读数和水平角，记入表 9-4 所示手簿的相应栏内。

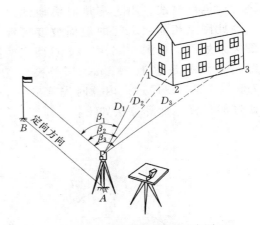

图 9-6 经纬仪测绘法示意图

（3）计算水平距离及高差，并算出碎部点的高程（距离算至分米，高差、高程算至厘米）。

（4）用半圆量角器（直径有 18cm、22cm 等几种）和比例尺，将碎部点缩绘到图纸上，并注上高程（有以点位兼作高程数字的小数点，也有在点位右侧注上高程的），边测边绘。

测绘若干碎部点后，参照现场实际情况，按地形图图式勾绘地物轮廓线与等高线。在施测过程中，每测 20～30 点，应检查起始方向是否正确。仪器搬站后，应检查上一站的若干碎部点，检查无误后，才能在新的测站上开始测量。碎部测量开始前，观测员与跑尺员应先在测站上研究需要立尺的位置和跑尺方案，跑尺员在跑尺过程中应注意观测地形，必要时可描绘草图，供勾绘地物和等高线时参考。

表9-4 视距法碎部测量手簿

测区江宁区

2006 年6 月20 日 观测者张山 记录者李四

仪器高i＝1.42 天气晴 测站A 零方向B 测站高程46.54

乘常数100 加常数0 指标差x＝0

测点	水平角 /(° ′)	尺上读数/m		视距间距 /m	竖直角 α		高差 /m	水平距离 /m	测点高程 /m	备注
		中丝	下丝 上丝		竖盘读数 /(° ′)	竖直角 /(° ′)				
1	44 34	1.42	1.520 1.300	0.220	88 06	+1 54	+0.73	22.0	47.27	
2	56 43	2.00	2.871 1.128	1.743	92 32	−2 32	−8.28	174.0	38.26	
3	75 11	1.42	2.000 0.840	1.160	72 19	+17 41	+33.57	105.3	80.11	

（二）等高线的勾绘

当图纸上测得一定数量的地形点后，即可勾绘等高线。先用铅笔轻轻地将有关地形特征点连接勾出地性线，如图 9－7（b）中的虚线所示；然后在两相邻点之间，按其高程内插等高线。由于测量时沿地性线在坡度变化和方向变化处立尺测得的碎部点，因此图上相邻点之间的地面坡度可视为均匀的，在内插时可按平距与高差成正比的关系处理。如图 9－7 中 A、C 两点的高程分别为 207.4m 及 202.8m，两点间水平距离由图上量得为 23mm，当等高距为 1m 时就有 203m、204m、205m、206m、207m 五条等高线通过。内插时先算出一个等高距在图上的平距，然后计算其余等高线通过的位置。计算方法如下：

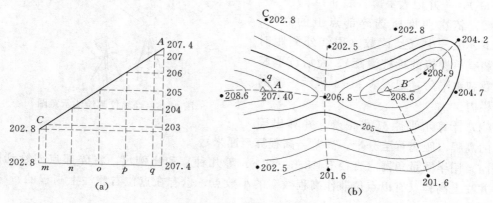

图 9－7 等高线勾绘

等高距1m 的平距 d 为

$$d = \frac{23}{4.6} = 5 \ (\text{mm}) \tag{9-1}$$

而后计算207m 等高线至 A 的平距为 0.4×5＝2（mm）及 203m 等高线至 C 点的平距为 0.2×5＝1mm 定出 q 及 m 两点，再将 mq 4 等分，等分点即为 204m、205m、206m

各等高线通过的位置。同法可定出其他各相邻碎部点间等高线的位置。将高程相同的点连成平滑曲线，即为等高线，如图 9-7（b）所示。

在实际工作中，根据内插原理一般采用目估法确定 q 及 m 两点，然后等分确定另外几条等高线通过的位置，如发现比例关系不协调时，可进行适当的调整。

四、地形图的拼接、整饰与检查

地形测量完毕后，应按测量规范要求进行拼接和整饰，还要根据质量的检查制度进行检查，合格后，所测的图才能使用。

（一）地形图的拼接

当测区较大，采用分块、分幅测图时，所测的若干幅图就需要进行拼接。为了拼接方便，测图时每幅图的西南两边应测出图框以外 2cm 左右。

拼接方法是，将相邻两幅图衔接边处的地形蒙绘于一张透明纸条上，就可以看出相应地物与等高线衔接的情况（图 9-8）。若地物位置相差不到 2mm，等高线相差不大于相邻等高线的平距时，则可在透明纸上作合理的修正（一般取平均位置作修正），使图形和线条衔接，然后按透明纸上衔接好的图形转绘到相邻的图纸上去。如发现漏测或有错误，必须补测或重测。

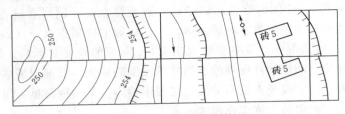

图 9-8 地形图拼接

（二）地形图的整饰

每幅图拼接好以后，应擦去图上不需要的线条与注记，修饰地物轮廓线与等高线，使其清晰、明了，最后还应进行整饰，其次序是先图框内、后图框外，先注记、后符号，先地物，后地貌。同时，在图框外应注记图名、图号、比例尺、坐标系统与高程系统、测图单位、测图时间、接图表等。

（三）地形图的检查

地形图除了在测绘过程中作局部质量检查外，在拼接和整饰时还须作全面检查。一般分室内和室外检查两部分。

室内检查主要是检查图上的地貌、地物是否清楚合理，注记符号是否正确，拼图误差是否合乎规定，等高线的形状是否合理，高程是否正确。

室外检查时，携带图板到实地进行对照，检查主要地物点精度是否符合要求，地物有无遗漏，等高线形状是否符合实地情况，必要时还需要进行实测检查。

第三节 地面数字测图方法

一、数字测图概述

传统的地形图测绘方法，其测图成果为各种比例尺的纸质地形图，测量数据的精度由于展点、绘图、图纸伸缩变形等因素的影响大大降低，纸质地形图承载信息量小，不便更新、传输，已难以适应当今经济建设的需要。

随着科学技术的不断发展，电子全站仪、GPS－RTK 技术等先进测量仪器、技术的广泛应用，计算机软硬件技术的发展，促进了地形测绘的自动化，地形测量由白纸测图变革为数字测图。地图，这个地面信息古老的载体转换为以计算机磁盘为载体的数据集合，提供可供传输、处理、共享的数字地形信息，通过绘图仪可打印输出地形图，并且为地理信息系统提供了前端数据。为更广泛地应用测量成果提供了基础保证，当然 CAD 数据格式的数字地形图更方便于水利工作者进行水利工程的规划与设计。

数字测图其实质是一种全解析机助测图方法，野外测量自动记录，自动解算，借助计算机成图，具有效率高，劳动强度小，图形精确，规范等优点。数字测图包括地面数字测图、地形图数字化、数字摄影测量等方法，本节仅介绍地面数字测图。

二、地面数字测图的作业模式

（一）测记法模式

测记法的作业流程是野外测记、室内成图。用全站仪或 RTK 测定碎部点的三维坐标，并利用全站仪或 RTK 的内存自动记录碎部点观测数据，同时在现场绘制工作草图，内容包括：绘制地物的相关位置、地貌地形线，同时标上碎部点点号（必须与全站仪记录的点号一一对应），转到内业，下载全站仪或 RTK 内存的外业数据后，通过数字测图软件将碎部点自动展绘，利用软件提供的编辑功能及编码系统，根据现场草图编辑成图。利用这种测图模式测图时，现场人员不需要记忆图形编码，是一种简单实用且方便的测图方法，为当前地面数字测图的主流作业模式。

（二）电子平板模式

电子平板法是将全站仪与安装有相关测图软件的笔记本电脑或掌上电脑通过通讯电缆进行连接，全站仪测定的碎部点实时展绘，作业员利用笔记本电脑或掌上电脑作为电子平板进行连线编辑（图 9－9）。在现场即测即绘、所测所得，其特点是直观性强，可及时发现错误，现场修改。这种测图方法由于电脑在野外作业环境，电脑使用寿命短，测绘成本提高等因素的影响，所以目前一般应用于数字地形图的修测补测工作。但是随着笔记本电脑整体性能的提升和其价格的降低，该测绘模式在地面数字测图野外数据采集时将会应用得越来越广泛。

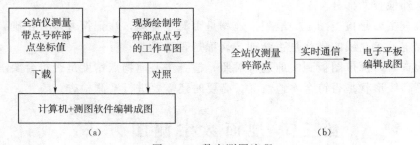

（a）　　　　　　　　　　　　　　　　　　（b）

图 9－9　数字测图流程

三、全站仪数字测图

在进行野外数据采集时，可根据测区具体情况选择全站仪或 RTK 进行数据采集。

由于全站仪具有测量精度高、操作灵活、成本低等特点，在小区域大比例尺（特别是1：500）测图中应用广泛，本书主要介绍利用带内存的全站仪进行数据采集的数字测图方法。

（一）野外数据采集

按照草图法数字测记模式，全站仪在一个测站采集碎部点的步骤如下。

（1）安置仪器。将全站仪安置在测站点上，进行对中、整平，并量取仪器高。仪器对中偏差应小于 5mm，仪器高应精确至 1mm。

（2）设置仪器参数。仪器参数是控制仪器测量状态、显示状态数据改正等功能的变量，在全站仪中可根据测量要求通过键盘进行改变。在数字测图时，一般不需要进行仪器参数设置。依照仪器使用说明书中方法开启全站仪电源，并采用厂家内部设置即可。

（3）设置测站点。按下菜单键，进入数据采集功能，在测量第一个碎部点前应输入测站信息。通常可根据菜单提示，由键盘输入测站信息，如测站点号、测站点坐标、仪器高等。测站点坐标的可以直接输入，也可以将图根点预先存入一个文件夹内，再从文件夹中调用。

（4）后视定向。取与测站相邻且相距较远的一个已知图根点作为定向点，按菜单提示输入后视点点号和后视点坐标，全站仪可根据坐标反算公式计算出定向方向的坐标方位角。将全站仪照准定向点目标，依照此方位角设定全站仪的水平度盘起始读数。

（5）检核。将与测站相邻的另一个图根点作为检核点，用全站仪测量检核点的三维坐标，并与该点的已知坐标进行比较。要求检核点的平面位置较差不应大于图上 0.2mm，高程较差不应大于基本等高距的 1/5。

（6）测量碎部点。在碎部点放置棱镜，量取棱镜高，精确至 mm。用全站仪瞄准待测碎部点上的反光镜，按菜单提示输入碎部点的点号、棱镜高，按测量键，全站仪将自动测算出碎部点的三维坐标值，并在屏幕上显示。检查无误后可将碎部点坐标自动保存到全站仪内存中。

（7）绘制工作草图。如果测区有相近比例尺的地形图，可以旧图或影像图作为工作草图。在没有合适的地形图作为工作草图的情况下，应在数据采集时绘制工作草图。草图上要绘制碎部点的点号、地物的相关位置、地貌的地性线、地理名称和注记等。草图上标注的测站点号应与数据采集时测站点编号严格一致，地形要素之间的相关位置必须准确。

（8）结束测站工作。重复（6）、（7）两步直到完成一个测站上所有碎部点的测量，可结束该测站工作，进行搬站。在作业应注意定向检查，检查结果不应超过定向时的限差要求。

（二）地形图的绘制

在完成了野外数据采集以后，应将到室内将数据直接传输到计算机中，生成符合数字化成图软件格式的数据文件，然后可采用人机交互模式，利用数字测图软件进行地形图的绘制和编辑，生成数字地形图。地形图的绘制主要包括地物绘制、地貌绘制以及地形图整饰等过程。地物绘制首先将碎部点呈现在屏幕上，然后通过屏幕菜单选择相应的图示符号，根据野外作业草图将所有地物绘制出来；地貌绘制首先将碎部点的点位和高程展绘在屏幕上，然后可以根据前面所述的等高线绘制原理，通过等高线内插生成等高线，也可以在建立数字地面模型的基础上由计算机自动绘制等高线；完成地物、地貌绘制后还要进行地形图整饰，完成整饰后可通过打印机出图，或将之存储在计算机中。

四、EPSW 软件测记法成图案例

数字测图的实施除了需要有自动化程度较高的电子全站仪进行数据采集外，数字测图软件也是成图的关键，目前比较成熟的数字测图软件系统主要有：北京清华山维公司开发的 EPSW 数字测图软件、广州南方测绘仪器公司开发的 CASS 数字测图软件、武汉瑞得软件产业公司开发的 RDMS 数字测图软件等。不同软件的操作方法有一定的共性，但是各测图软件的图形数据及地形编码一般互不兼容，所以同一个地区一般不会选择多种测图软件。本书仅介绍利用 EPSW 数字测图软件测记法成图的主要操作流程。

外业作业流程：用全站仪在野外完成采集碎部点的三维坐标，完成对应草图绘制，具体操作如上一节所述。作业过程中应注意定向检查，搬站后应进行重复点检测，绘制草图者应与全站仪操作员经常对照碎部点点号。

内业工作流程：建立新工程（或打开工程）、引入全站仪内存数据、编辑处理、数字地模及等高线生成、控制点展绘、图幅整饰与打印出图。

1. 建立新工程（或打开工程）

（1）建立新工程：每次启动系统后，从系统的模板库中选定相应的模板（文件名为 *.mdt）新建工程，1：500、1：1000、1：2000 等比例尺测图，选择 GB500.mdt，输入新建工程名及其存储路径后完成新建工程工作，进入软件的主界面（图 9-10）。

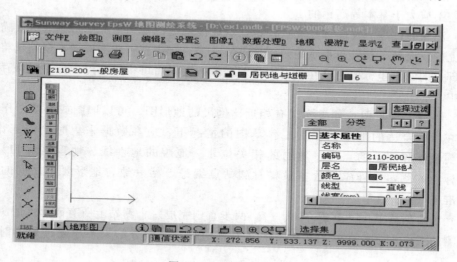

图 9-10　系统主界面

注：模板是作业规范的聚合，包括分层方案、编码方案、符号库、属性结构，系统初始化参数（比例尺、背景色等）。新建工程时，必须选择合适的模板库，以便生成符合作业规范要求的成果。模板放置的位置在 EPS 安装目录下的 templates 下。

（2）打开工程。过程略，进入软件主界面。

2. 调入全站仪内存数据

下载全站仪内存数据后，可用系统提供的数据格式转换程序将不同的全站仪外业数据转换成系统可识别的文本文件，格式如下：

X，Y，H，点名

……

……

启动 菜单 绘图 → 坐标文件 引入需要的文本文件，可在图形区得到带点号的碎部点图，用编辑菜单的各项编辑功能、常用工具条及编码系统，参照外业草图连线编辑、标注注记。

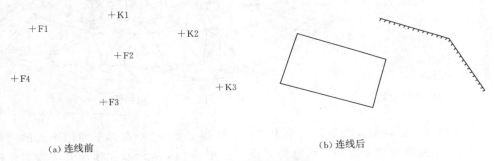

(a) 连线前   (b) 连线后

图 9 - 11 编辑前后效果

EPSW2003 的编码以 GB/14804 为标准，主要分为测量控制点、居民地、工矿建筑物及附属设施、交通及附属设施、管线及垣栅、水系及附属设施、境界、地貌和土质、植被等九大类，有四位十进制数字码组成，图形编辑时必须正确使用相应的编码。

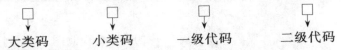

大类码   小类码   一级代码   二级代码

使用时可用编码查询菜单查询，如图 9 - 12 所示。

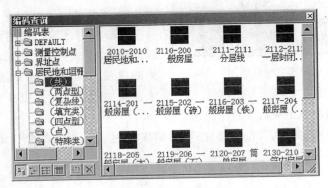

图 9 - 12 编码查询窗口

3. 数字地模及等高线生成

(1) 生成三角网（DTM）。三角网的建立在地模菜单中选择"生成三角网（DTM）"，弹出对话框，如图 9 - 13 所示。

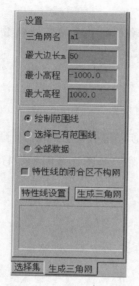

图 9-13　生成三角网对话框

首先为三角网取名，如"a1"。设置最大三角网边长时，一般设大一点。然后选择构网范围，如选择"绘制范围线"，用鼠标在构网范围区域画一个多边形范围，单击鼠标右键闭合。或者选择其他的构网范围方式，并按草图设置特性线。

点击按钮生成三角网，把指定区域内的全部参加建模的高程点自动生成三角网。如图 9-14 所示。

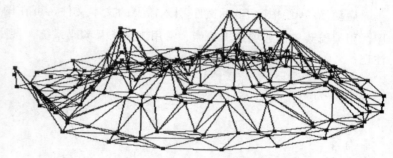

图 9-14　三角网图

（2）地模的三维显示。在地模菜单中选择"地模显示…"，选择三角网下面的"填充颜色"，在三角网的位置上出现三维渲染图像。如图 9-15 所示。此项功能可查看建模有无错误。

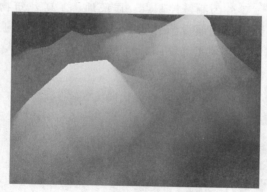

图 9-15　地模三维渲染图

（3）自动生成等高线。等高线的生成在地模菜单中选择"自动生成等高线"，将在三角网上自动生成等高线。

4. 控制点展绘

启动菜单 测图 → 控制点管理 可将控制点展绘到图形区。

5. 图幅整饰与打印出图

选择输出区域，定制图廓样式（或选用标准图廓样式），编辑图廓注记，如图名、测图单位、结合图表、测图时间、坐标系统、高程系统、图式版本等。编辑完成后即可打印输出，或输出 AutoCAD 数据（dxf）。

以上介绍的是用 EPSW2003 测记法测图的实现过程，内业部分详细的操作方法可参照随机帮助和使用手册。

第四节　水下地形的测绘

在水利与航运工程建设中，除测绘陆上地形外，还需测绘河道、海洋与湖泊的水下地形。水下地形有两种表示方法，一是用航运基准面为基准的等深线表示的航道图，以显示河道的深浅与暗礁、浅滩、深潭、深槽等水下地形情况。二是用与陆上高程一致的等高线表示的水下地形图。本节主要介绍用等高线表示水下地形的测绘方法。

测量水面以下的河底地形，是根据陆地上布设的控制点，利用船艇航行在水面上，测定河底地形点（也称水下地形点或简称测深点）的水深（获得高程）和平面位置来实现的。其主要测量工作包括水位观测、测深及定位等。

一、水位观测

水下地形点的高程是以测深时的水面高程（称为水位）减去水深求得的，因此，在测深的同时，必须进行水位观测。观测水位采用设置水尺，定时读取水面在水尺上截取读数的方法。水尺一般用搪瓷制成，长 1m，尺面刻划与水准尺相同。设置水尺时，先在岸边水中打入木桩，然后在桩侧钉上水尺，再根据已知水准点接测水尺零点的高程（图 9-16）。观测水位应按时读取水面截在水尺上的读数，即可算得

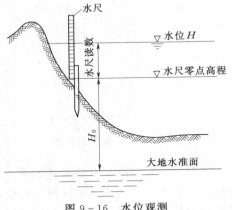

图 9-16 水位观测

水位＝水尺零点高程＋水尺读数

二、测深设备

(一) 测深杆与测深锤

测深杆用松木或纵木制成，直径为 4～5cm，杆长为 4～6m。杆的表面以分米为间隔，涂以红白或黑白漆，并注有数字。杆底装有铁垫，重 0.5～1.0kg 可避免测深时杆底陷入泥沙中影响测量精度。一般适用于水深小于 5m 且流速不大的河道。

测深锤由铅铊和铊绳组成。它的重量视流速而定。铊绳最长 10m 左右，以 dm 为间隔，系有不同标志，适用于水深 2～10m 左右，流速小于 1m/s 的河道。

(二) 回声测深仪

测深仪是船载电子测深设备，回声测深仪的基本原理是，利用装在离船首约 1/3 船长处的发射换能器 S 将超声波发射到河底，再由河底反射到接收换能器 E，由所经过的时间 t 及声波在水中的传播速度 v 来计算水深。从图 9-17 中可以看出 $h=h_0+h'$。

用回声测深仪测量水深时测得的水深能直接在指示器或记录器上自动显示或记录下来。图 9-18 为圆弧式记录器的示意图，图中的零线为发射换能器的水深线，它与标尺上零刻划线间的间隔就是发射换能器到水面的距离 h'（图 9-11），其值是固定的，施测时可预先在记录器上调整好。图中弯曲的痕迹为河底线。测深定位时，按下定位钮，纸上立即出现一条测深定位线，通过标尺可在定位线处直接读出水深 h。除上述模拟方式记录外，现有许多测深仪是用直接数字方式记录的。

回声测深仪适用范围较广，最小测深为 0.5m，最大可测深 500m，在流速达 7m/s 时，还能应用。它具有精度高、速度快的优点。

(三) 多波束测深系统

多波束测深技术也称为条带测深技术，它集成了计算机技术、水声技术、导航定位技术、数字化传感器技术等高新技术，是一种高精度全覆盖式的测深方法。多波束测深系统

是一种可以同时获得多个相邻窄波束的回声测深系统。

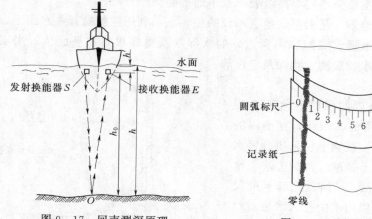

图 9-17　回声测深原理

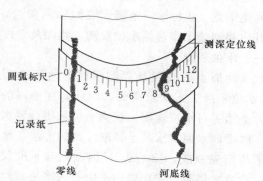

图 9-18　圆弧式记录器示意图

　　典型的多波束测深系统通常包括 3 个子系统：①多波束声学子系统，主要由多波束信号控制处理电子柜和多波束发射接收换能器阵组成；②波束空间位置传感器子系统，由提供测量船横摇、纵摇、艏向、升沉等姿态数据的运动传感器，提供大地坐标的定位系统和提供测区声速剖面信息的声速剖面仪组成；③数据采集、处理子系统，也称为后处理系统，由多后处理计算机、存储设备和绘图仪组成。

　　多波束测深系统的工作原理如图 9-19 所示，声音信号的发射和接收由两个方向互相垂直的发射阵和接收阵完成。换能器发射阵向母船的正下方发射扇形脉冲声波，该扇形沿母船航行方向角度为 θ，垂直于航向的角度为 $\alpha/2$。换能器接受阵列以多个接收扇区接收来自水底的回波，因此，该系统一次探测就能给出与航向垂直的垂面内几十甚至上百个海底被测点的水深值，或者一条一定宽度的全覆盖水深条带。

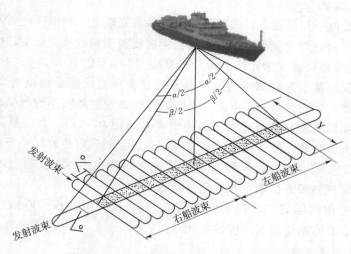

图 9-19　多波束测深系统工作原理示意图

　　如果忽略波束射线弯曲等因素影响，测点的深度为水中声速、声波双行程时间和入射角的函数。如图 9-20 所示为多波束测深剖面图，若以 C 表示水体中的平均声速，t 表示声波从发射到接收的时间，θ 表示接收波束与垂线夹角，同时也是入射角，则各波束测深点的换能器下水深 D_t 可按式（9-2）进行计算：

$$D_t = \frac{1}{2} Ct \cos\theta \qquad (9-2)$$

与单波束回声测深仪相比，多波束测深系统具有测量范围大、速度快、精度高、记录数字化和实时自动绘图等优点，该系统把测深技术从原先的点、线扩展到面。目前，主要的多波束测深系统有 SeaBeam 多波束测深系统、Simrad 多波束测深系统、ATLAS Fansweep 多波束测深系统、SeaBat 多波束测深系统等，其最大工作深度为 200~12000m，横向覆盖宽度可达深度的 3 倍以上。

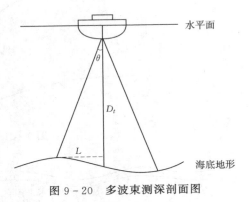

图 9-20 多波束测深剖面图

三、水下地形点的布设

因为水下地形是看不见的，不能用选择地形特征点的方法进行测量，而是利用船艇在水面上探测的方法，因此必须按一定的形式布设适当数量的地形点。布设的方法有断面法与散点法。

（一）断面法

在河道横向上每隔一定距离（一般规定为所测水下地形图图上 1~2cm）布设断面，在每一断面上，船艇由河岸的一端沿断面方向向对岸行驶，隔一定距离（图上 0.6~0.8cm）施测一点。

布设的断面一般应与河道流向垂直（图 9-13 中的 AB 河段）。河道弯曲处，一般布设成辐射线的形式（图 9-13 中的 CD 河段）辐射线的交角 α 按下式计算：

$$\alpha = 57.3°S/m$$

式中　S——辐射线的最大间距；

　　　m——扇形中心点至河岸的距离，可用比例尺在图上量得。

对流速大的险滩或可能有礁石、沙洲的河段、测深断面可布设成与流向成 45°的方向（图 9-21 中的 EF 河段）。

（二）散点法

当在河面窄、流速大、险滩礁石多、水位变化悬殊的河流中测深时，要求船艇在流向垂直的方向上行驶是极为困难的，这时船艇可斜航。如图 9-22 所示，测船由 1 点向对岸 2 点斜航时，隔一定间距进行测深，由 2 点又侧向左岸 9 点后，再沿左岸行驶至 3 点，又转向 4 点斜航测深。如此连续进行，形成散点。

水下地形点越密，越能真实地显示出水下地形的变化情况，测量时应按测图的要求、比例尺的大小及河道水下地形情况考虑布设：一般河道纵向可稍稀，横向宜密；岸边宜稍密，中间可稍稀，在水下地形变化复杂或有水工建筑物地区，点距应适当缩短。

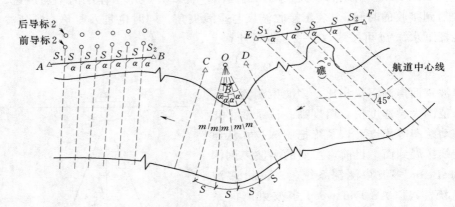

图 9-21 测深断面法布设

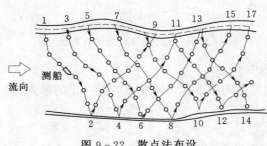

图 9-22 散点法布设

四、施测方法

（一）断面索法

图 9-23 为断面索法测深定位的示意图。通过岸上控制点 A，沿某一方向（与河道流向垂直的方向）架设断面索，测定它与控制边 AB 的夹角 α，量出水边线到 A 点的距离，并测得水边的高程求得水位；而后从水边开始，小船沿断面索行驶，按一定间距用测深杆或水铊逐点测定水深，这样可在图纸上根据控制边 AB 和断面索的夹角以及测深点的间距标定各点的位置和高程（测深点的高程＝水位－水深）。

此法用于小河道的测深定位简单方便，缺点是施测时会阻碍其他船只正常航行。

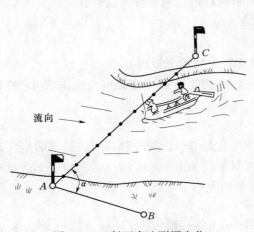

图 9-23 断面索法测深定位

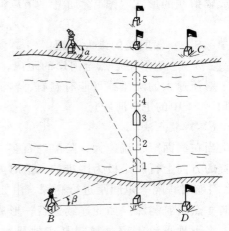

图 9-24 经纬仪交会测深定位

（二）经纬仪前方交会测深定位法

经纬仪前方交会测深定位法是用角度交会法定出测船在某位置测深时测深点的平面位

置。施测时，测船沿断面导标所指方向航行（图9-24），可在A、B两控制点上各安置一架经纬仪，分别以C、D两点定零方向后，各用望远镜瞄准船上旗标，随船转动，待船到1点，当船上发出测量的口令或信号时，立即正确瞄准旗标，分别读出α、β角，同时在船上测深。测船继续沿断面航行，同法，测量2、3等点。测完一断面后另换一断面继续施测。

每天施测完毕后，应将当天测角、测深及水位观测记录汇总。根据观测水位与水深逐点计算测深点的高程，并用半圆分度器在相应控制点上交会出各测深点的位置，注上各点的高程，然后勾绘水下部分的等高线。

（三）GPS测深定位

GPS主要完成水上的定位和导航，现有的差分型GPS接收机，如采用伪距差分方式，一般情况定位精度为1～5m，考虑船体姿态等因素的影响，定位精度在7～10m范围内，可满足1∶10000水下地形测量要求，如采用载波相位差分方式，定位精度优于1m，一般情况可满足1∶2000水下地形测绘，对于比例尺大于1∶2000的水下地形测绘，须采用双频接收机采用差分后处理技术，使定位精度达到10～20cm。

大面积水域的水下地形测绘，目前均采用GPS作业方式进行，船载GPS＋测深仪＋测图软件的组合，使水下地形测绘快速方便，实现自动化成图。

作业时采用"1＋1"（1台基准站，1台流动站），应用GPS和导航软件对测深船进行定位，并指导测深船在指定测量断面上航行，导航软件和测深系统每隔一个时间段自动记录观测数据，并进行验证潮位输出，测量获得的地形数据点经处理后通过测图软件得到相应比例尺的水下地形图。

第十章 地形图的应用

第一节 概　　述

在水利工程的规划与设计阶段，需要应用各种不同比例尺的地形图。用图时，应认真阅读，充分了解地物分布和地貌变化情况，才能根据地形与有关资料，作出合理而经济的规划与设计。应用时对下列各项应了解清楚，方能正确使用地形图。

1. 比例尺

规划设计时常用的有 1：50000、1：25000、1：10000、1：5000、1：2000、1：1000及 1：500 等几种比例尺的地形图。应适当选用不同比例尺的地形图，以满足规划设计的需要。

2. 地形图图式

除应熟悉国家制定相应比例尺的图式外，还应了解有的单位习惯常用的一些图式。对显示地貌的等高线应能判别出山头与盆地、山脊和山谷等地貌。

3. 坐标系统与高程系统

我国大比例尺地形图一般采用全国统一规定的高斯平面直角坐标系统，某些工程建设也有采用假定的独立坐标系统。高程系统国家于 1987 年 5 月启用"1985 年国家高程基准"，凡仍用旧系统（1956 年黄海高程系统）的高程资料，使用时应归算到新的高程系统。

4. 图的分幅与编号

测区较大，图幅多，必须根据拼接示意图了解每幅图上、下、左、右相邻图幅的编号，便于拼接使用。

第二节　高斯平面直角坐标

在大区域测图时，不能将地球的球面当做平面看待，如果将球面直接展成平面，必然产生破裂与变形。要解决这个矛盾，必须研究地图投影的问题。投影的方法很多，我国的国家基本地形图采用高斯分带投影的方法。

一、高斯投影概念

设想用一椭圆柱体横套在参考椭球面外，使椭圆柱与参考椭球面某一条子午线（称为中央子午线）相切，如图 10-1（a）所示。将该子午线两侧的椭球面上的图形按一定的数学关系投影到椭圆柱面上，然后将柱面沿通过南北极的母线切开，展成平面就得到投影到平面上的相应图形。这种投影具有下列性质：

（1）中央子午线的投影为一条直线，且投影后长度无变形，其余经线的投影为凹向中

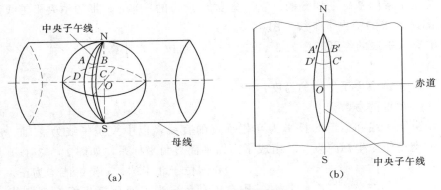

图 10-1 高斯投影原理

央子午线的对称曲线,如图 10-1(b)所示。

(2)赤道的投影也为一直线,其余纬线的投影为凸向赤道的对称曲线,如图 10-1(b)所示。

(3)中央子午线和赤道投影后为互相垂直的直线,成为其他经纬线投影的对称轴。而其他经纬线投影后仍保持互相垂直的关系,即投影前后角度无变形,故称为正形投影。

二、高斯平面直角坐标

高斯投影的角度无变形,其长度除中央子午线无变形外,离中央子午线越远其变形就越大,为此采用分带投影来限制其影响。

如图 10-2 所示,从格林尼治子午线(首子午线)起,依次每隔经度 6°分为一带。整个地球分为 60 带,用数字 1~60 顺序编号,每带中央子午线的经度顺序为 3°、9°、15°、…,可按下式计算

$$\lambda_0 = 6N - 3 \tag{10-1}$$

式中 λ_0——投影带中央子午线的经度;

N——投影带的号数。

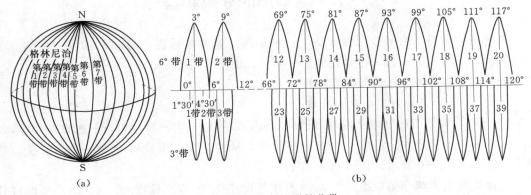

图 10-2 高斯投影的分带

用 6°分带投影其长度变形能满足 1:25000 或更小比例尺测图的精度要求。而用 1:10000 以上的大比例尺测图,采用 6°分带不能满足测图精度的要求,应采用 3°分带法。

3°带是在 6°带的基础上划分的。它的宽度为 6°带的一半，6°带的中央子午线及其两边缘子午线都是 3°带的中央子午线（图 10-2）。

3°带中央子午线的经度顺序为 3°、6°、9°、…可按下式计算

$$\lambda_0' = 3N' \qquad\qquad (10-2)$$

式中 λ_0'——3°带中央子午线的经度；

N'——3°带的号数。

由于中央子午线和赤道的投影为互相垂直的直线，以中央子午线为 x 轴，赤轴为 y 轴。两轴的交点作为坐标原点，就组成了高斯平面直角坐标系，如图 10-3（a）所示。

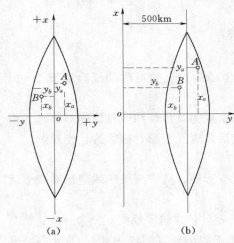

图 10-3 高斯平面直角坐标系示意图

我国位于北半球，x 坐标值均为正，y 坐标值则有正有负。为了避免横坐标出现负值，所以将每带的坐标原点向西移动 500km，如图 10-3（b）中的 o 点。这样每一带中所有各点的横坐标值均能得到正值。在图 10-3（a）中，设 y_a = 37680.1m，y_b = -34240.5m，移动原点后则 y_a = 500000 + 37680.1 = 537680.1（m），y_b = 500000 - 34240.5 = 465759.5（m），如图 10-3（b）所示。为了表明一个点位于哪一带内，所以在横坐标前面加上带号，例如 A 点位于中央子午线 117° 的 20 带内，y_a = 20537680.1m。

为了避免横坐标出现负值，3°带的坐标原点同 6°带一样向西移动 500km，但 y 值前面的带号不同。上例中央子午线 117° 时的 3° 带带号 $N' = \dfrac{117°}{3} = 39$。因此，$y$ 坐标值前面要加 "39"。

第三节 地形图的分幅和编号

地形图的分幅与编号有两种方法：一种是国家基本地形图的分幅与编号，比例尺为 1:100 万～1:5000；另一种是正方形分幅法，比例尺为 1:2000～1:500。

一、国家基本地形图的分幅与编号

（一）1:100 万地形图的分幅及编号

1:100 万地形图的分幅从地球赤道向两极，以纬差 4°为一行，每行依次以拉丁字母。A、B、C、…、V 表示，经度由 180°子午线起，从西向东，以经差 6°为一列，依次以数字 1、2、3、…、60 表示，如图 10-4 所示。

我国地处东半球赤道以北，图幅范围在经度 72°～138°、纬度 0°～56°内，包括行号 A、B、C、…、N 的 14 行，列号 43、44、…、53 的 11 列。如图 10-5 所示，每幅 1:100 万的地形图图号，由该图的行号与列号组成，如北京所在的 1:100 万地形图的编号为 J50。

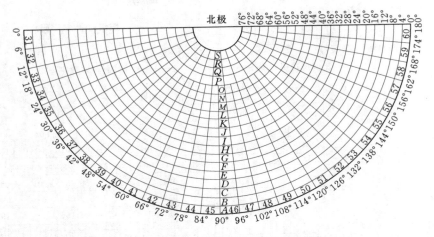

图 10 - 4 1：100 万地形图的分幅与编号

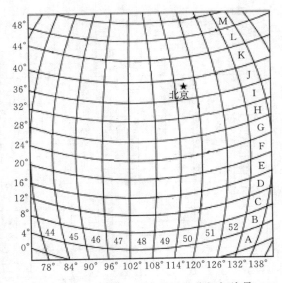

图 10 - 5 1：100 万地形图的分幅与编号

由于南北半球的经度相同而纬度对称，为了区别南北半球对应图幅的编号，规定在南半球的图号前加一个 S。如 SL50 表示南半球的图幅。

（二）1：50 万～1：5 000 地形图的编号

1：50 万～1：5000 地形图的编号均以 1：100 万地形图编号为基础，采用行列编号方法（图 10-6）。将 1：100 万地形图所含各比例尺地形图的经差和纬差划分成若干行和列，横行从上到下、纵列从左到右按顺序分别用三位阿拉伯数字表示，不足三位前面补零，取行号在前、列号在后的排列形式标记，各比例尺地形图分别采用不同的字符作为其比例尺代码（表 10 - 1），1：50 万～1：5000 地形图的图号由其所在 1：100 万地形图图号、比例尺代码和行列号共十位码组成。

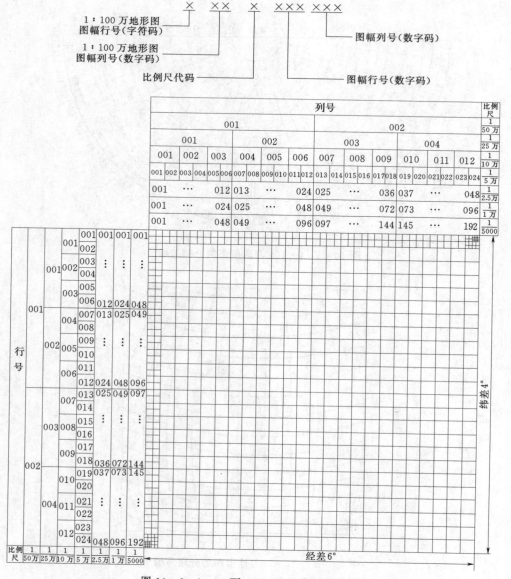

图 10-6　1：50 万～1：5000 分幅及编号

表 10-1　　　　　　　　　　　　　　　1：50 万～1：5000 比例尺代码表

比例尺	1：50 万	1：25 万	1：10 万	1：5 万	1：2.5 万	1：1 万	1：5000
代码	B	C	D	E	F	G	H

【例 10-1】　1：50 万地形图的编号（图 10-7）。

每幅 1：100 万地形图划分为 2 行 2 列，共 4 幅 1：50 万地形图，其经差 3°、纬差 2°，晕线所示图号为 J50B001002。

【例 10-2】　1：25 万地形图的编号（图 10-8）。

每幅 1：100 万地形图划分为 4 行 4 列，共 16 幅 1：25 万地形图，其经差 1°30′、纬差 1°，晕线所示图号为 J50C003003。

【例 10 - 3】 1 : 10 万地形图的编号（图 10 - 9）。

每幅 1 : 100 万地形图划分为 12 行 12 列，共 144 幅 1 : 10 万地形图，其经差 30′、纬差 20′，单斜晕线所示图号为 J50D010010。

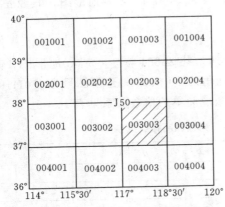

图 10 - 7　1 : 50 万地形图分幅

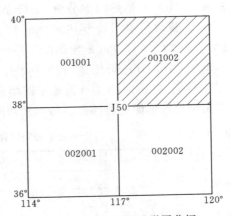

图 10 - 8　1 : 2 万地形图分幅

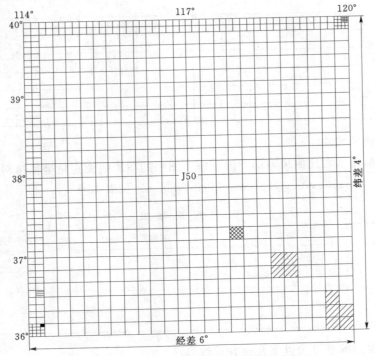

图 10 - 9　1 : 10 万～1 : 5000 地形图分幅

【例 10 - 4】 1 : 5 万地形图的编号（图 10 - 9）。

每幅 1 : 100 万地形图划分为 24 行 24 列，共 576 幅 1 : 5 万地形图，其经差 15′、纬差 10′，双晕线所示图号为 J50E017016。

【例 10-5】 1：2.5 万地形图的编号（图 10-9）。

每幅 1：100 万地形图划分为 48 行 48 列，共 2304 幅 1：2.5 万地形图，其经差 7′30″、纬差 5′，平行晕线所示图号为 J50F042002。

【例 10-6】 1：1 万地形图的编号（图 10-9）。

每幅 1：100 万地形图划分为 96 行 96 列，共 9216 幅 1：1 万地形图，其经差 3′45″、纬差 2′30″，黑块所示图号为 J50G093004。

【例 10-7】 1：5000 地形图的编号（图 10-9）。

每幅 1：100 万地形图划分为 192 行 192 列，共 36864 幅 1：5000 地形图，其经差 1′52.5″、纬差 1′15″，1：100 万地形图幅最东南角的 1：5000 地形图图号为 J50H192192。

各比例尺地形图的经纬差、行列数和图幅数成简单的倍数关系见表 10-2。

表 10-2　　　　　　　　各比例尺地形图经纬差、行列数和图幅数关系

比例尺		1：100 万	1：50 万	1：25 万	1：10 万	1：5 万	1：2.5 万	1：1 万	1：5000
图幅范围	经差	6°	3°	1°30′	30′	15′	7′30″	3′45″	1′52.5″
	纬差	4°	2°	1°	20′	10′	5′	2′30″	1′15″
行列数量关系	行数	1	2	4	12	24	48	96	192
	列数	1	2	4	12	24	48	96	192
图幅数量关系		1	4	16	144	576	2304	9216	36864
			1	4	36	144	576	2304	9216
				1	9	36	144	576	2304
					1	4	16	64	256
						1	4	16	64
							1	4	16
								1	4

二、正方形分幅法

正方形分幅用于大比例尺地形图的分幅，图幅的图廓线为直角坐标格网线，图幅的大小可分成 40cm×40cm、40cm×50cm、50cm×50cm。见表 10-3。

表 10-3　　　　　　　　　　正 方 形 图 幅 表

比例尺	图幅大小/cm²	实地面积/km²	1：5000 图幅内分幅数
1：5000	40×40	4	1
1：2000	50×50	1	4
1：1000	50×50	0.25	16
1：500	40×40	0.0625	64

正方形分幅的编号可按以下几种方式编号：

（1）按图廓西南角坐标公里数编号：x 坐标在前，y 坐标在后，中间用短线连接。1：5000 取至千米数；1：2000、1：1000 取至 0.1km；1：500 取至 0.01km。例某幅 1：1000 比例尺地形图西南角图廓点的坐标 $x=83000$m，$y=15500$m，该图幅号为 83.0 -15.5。

（2）按流水编号：测区内从左到右、从上到下，用阿拉伯数字编号。图 10 - 10（a）中晕线所示图号为 15。

（3）按行列编号：测区内按行列排序编号。图 10 - 10（b）中晕线所示图号为 A - 4。

（4）以 1：5000 比例尺地形图为基础编号：图 10 - 10（c）中 1：5000 比例尺地形图编号为 32 - 35，各种较大比例尺地形图的分幅及编号如图 10 - 10（c）和（d）所示，晕线所示图号为 32 - 56 - Ⅳ - Ⅲ - Ⅱ。

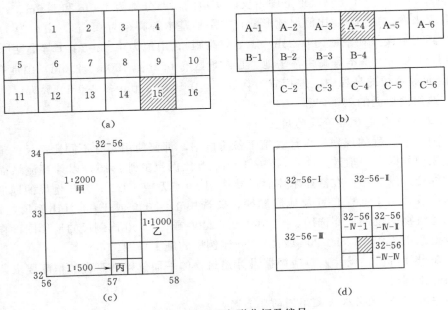

图 10 - 10　正方形分幅及编号

第四节　地形图的选用

　　地形图是经济建设和国防建设的基础资料。在水利水电工程建设中，需要在地形图上进行工程建筑物的规划设计，为了保证工程设计的质量，所使用的地形图都具有一定的精度。因此，对设计人员来讲，只有在了解地形图精度的基础上，才有可能正确地选用合乎要求的地形图。同时，设计人员还应根据规划设计的具体工程对象，按工程规划设计的不同阶段，对图纸上平面位置和高程的精度要求，向测绘人员提出适当的要求，从而确定测图的比例尺。

一、地形图的精度

　　地形图的精度通常是指它的数学精度，即地形图上各点的平面位置和高程的精度。在测绘地形图时，是由图根点向周围测绘碎部点的。所以，地形图上地物点平面位置的精度是指地物点对于邻近图根点的点位中误差而言，而高程精度是指等高线所能表示的高程精度。

　　根据 SL 197—2013《水利水电工程测量规范》规定：地物点平面位置中误差，在平原、丘陵地区一般不大于图上 0.75mm，山区不大于图上 1.00mm。等高线的高程中误差，在平原、丘陵地区一般不大于 1/2 基本等高距，山区不大于 1 个基本等高距。由此可知，地形图所能表示地面上的实际精度，主要与地形图比例尺的大小和等高线等高距的大小有关。

从平面位置来看，平原、丘陵地区在 1∶1000 比例尺地形图上，图上 0.75mm 就相当于实地的 0.75m，而在 1∶5000 比例尺地形图上反映实地的误差为 3.75m。在山区 1∶1000 比例尺和 1∶5000 比例尺地形图上反映实地的误差分别为 1.0m 和 5.0m。

从高程来看，1∶1000 比例尺地形图，在平地基本等高距为 0.5m，山地为 1.0m，则等高线的高程中误差在平地为 0.25m（1/2 等高距），山地为 1.0m（1 个等高距），而 1∶500 比例尺地形图上基本等高距在平地，丘陵地区有 0.5m、1.0m、2.0m，山地有 2.0m、5.0m，因而等高线的高程中误差相应为 0.25m、0.5m、1.0m 和 2.0m、5.0m。

二、选用地形图的若干问题

（一）水利工程建设各阶段的用图

在水利水电工程的规划、设计、施工各阶段中，都要使用各种不同比例尺的地形图。

作流域规划时，一般选用 1∶5 万或 1∶10 万比例尺的地形图，以计算流域面积，研究流域的综合开发利用；在修建水库时，要选用 1∶1 万或 1∶2.5 万比例尺的地形图，以计算水库库容；用于工程布置及地质勘探，要选用 1∶5000 或 1∶1 万比例尺的地形图；对于水工建筑物的设计，要选用 1∶1000、1∶2000 或 1∶500 比例尺的地形图；在施工阶段。一般要选用 1∶100、1∶200 或 1∶500 比例尺的施工详图。

特别在设计阶段，设计人员应根据设计建筑物的平面位置和高程的精度要求，确定使用地形图的比例尺。

（二）按点位精度要求决定用图的比例尺

地物点平面位置的精度与地形图比例尺的大小有关。设计对象的位置有一定的精度要求，如果选用地形图比例尺的大小不当，就会影响设计质量。所以，设计人员应根据实际需要的平面位置精度来选用适当比例尺的地形图，例如，在进行渠道布置时，若要求渠道中心桩的测设中误差不大于 2.0m，那么应选用多大比例尺的地形图？设计时，从图上一地物点量至渠道某点，量取两点距离的中误差 $m_量$ 一般为 0.2mm，地物点图上平面位置的中误差 $m_点 = 0.75mm$（在平坦地区），这样图上布置渠道的点位中误差为

$$m_设 = \sqrt{m_量^2 + m_点^2} = \sqrt{0.2^2 + 0.75^2} = 0.78 \text{（mm）}$$

若施工测设点位中误差为 0.5m，则

（1）如选用 1∶2000 比例尺的地形图时，实地的点位中误差为

$$m_实 = \sqrt{0.5^2 + (0.00078 \times 2000)^2} = 1.64 \text{（m）} < 2.0m$$

（2）如选用 1∶5000 比例尺的地形图，则实地的点位中误差为

$$m_实 = \sqrt{0.5^2 + (0.00078 \times 5000)^2} = 3.93 \text{（m）} > 2.0m$$

由此可知，需要满足上述精度的要求，应选用 1∶2000 比例尺的地形图，而不能用 1∶5000 比例尺的地形图。

（三）根据点的高程精度要求确定等高距

在规划设计时，由地形图上确定一点的高程，是根据相邻两条等高线按比例内插求得

的。因而点的高程误差主要受两项误差的影响：一是等高线高程中误差；二是图解点的平面位置时产生的误差所引起的高程误差。

例如，在某一设计中，要求设计对象的高程中误差不超过 1.0m，需要选用多大等高距的地形图。

设 $m_{等}$ 为等高线的高程中误差。在平原、丘陵地区为等高距的一半。由于一点的高程从两条等高线量取，故其中误差为 $\sqrt{2}m_{等}$。图解点平面位置的中误差一般为图上的0.2mm。因此该点在实地的点位中误差 $m_{位}=0.2M$（mm）（M 为比例尺分母），由它引起的高程中误差为 $0.2M\tan\theta$（mm）（θ 为地面坡度角），则在图上设计时所求某点的高程中误差为

$$m_h = \sqrt{(\sqrt{2}m_{等})^2 + \left(\frac{0.2M}{1000}\right)^2 \tan^2\theta}$$

若选用 1：2000 比例尺地形图时：

(1) 选等高距为 1m，则 $m_{等}=0.5$m，若地面坡度为 $6°$，其高程中误差为

$$m_h = \sqrt{(\sqrt{2}\times 0.5)^2 + (0.4\tan 6°)^2} = 0.71 \text{（m）} < 1.0\text{m}$$

(2) 选用等高距为 2m 时，$m_{等}=1.0$m，地面坡度相同时，其高程中误差为 $m_h = \sqrt{2\times 1.0^2 + (0.4\tan 6°)^2} = 1.41$（m）$> 1.0$m。

由此可以看出，为了满足高程中误差不超过 1.0m 的要求，应选用等高距为 1.0m 的地形图，而不能用等高距为 2m 的地形图。至于选用多大比例尺较为适宜，还要结合平面位置的精度要求全面地加以考虑。

（四）按点位和高程的精度要求选用地形图

某些工程在选用地形图时，既要从平面位置的点位精度来考虑地形图的比例尺，又要从高程精度来考虑等高线的等高距。

例如，某工程在丘陵地区。要求点位中误差不超过 1.0m，高程中误差不超过 0.5m，所选用的地形图必须满足上述两项要求。若选用 1：1000 比例尺地形图。在丘陵地区实地点位中误差为 0.75m，小于 1.0m，能满足点位精度的要求。考虑高程精度，若丘陵地区地面坡度为 $6°$时，则

(1) 当选用等高距为 1m 时，$m_{等}=0.5$m，图解点位中误差在实地为 0.2m，则内插点的高程中误差为

$$m_h = \sqrt{2m_{等}^2 + \left(\frac{0.2M}{1000}\right)^2 \tan^2 6°} = \sqrt{2\times 0.5^2 + 0.2^2 \tan^2 6°} = 0.71 \text{（m）} > 0.5\text{m}$$

(2) 改选用等高距为 0.5m，$m_{等}=0.25$m，则内插点的高程中误差为

$$m_h = \sqrt{2\times 0.25^2 + (0.2\tan 6°)^2} = 0.34 \text{（m）} < 0.5\text{m}$$

因此，选用 1：1000 比例尺的地形图，其等高线的等高距应为 0.5m，方能同时满足上述两项要求。

上述按精度要求选用的地形图，是按地形原图进行分析的，但在实际工作中是使用复制的蓝图，由于复制会使用纸产生变形，而引起误差，所以在选用时还必须顾及图纸变形的影响。

对地形图的选用，除从精度要求考虑外，有时还要考虑设计工作的方便，以便能在图纸上将所有设计的建筑物清晰地绘出，则要求较大的比例尺图面，而精度要求可低于图面比例尺，

这时可采用实测放大图，也可按小一级比例尺的精度要求，施测大一级比例尺的地形图。

第五节　地形图应用的基本内容

一、在地形图上确定一点的平面位置

图上一点的位置，通常采用量取坐标的方法来确定，图框边线上所注的数字就是坐标格网的坐标值，它们是量取坐标的依据。

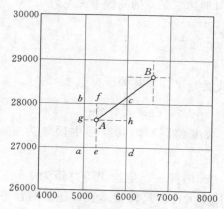

图 10-11　图上确定一点的平面位置

欲求图 10-11 中 AB 线两端 A 和 B 的坐标，可过 A 点分别作平行于 x 轴和 y 轴的两根直线 ef 和 gh。然后用比例尺分别量出 $ag=739$m，$ae=300$m，则

$$x_A = x_a + ag = 27000 + 739 = 27739 \text{（m）}$$
$$y_A = y_a + ae = 5000 + 300 = 5300 \text{（m）}$$

还应量出 gb 和 ed 的距离，作为校核。用同样方法求得 B 点的坐标。

由于图纸的伸缩，在图纸上实际量出的方格长度往往不等于 10cm，这时就需要考虑图纸伸缩的影响。设在图纸上量得 ab 的实际长度 $\overline{ab}$，量得 ad 的实际长度 $\overline{ad}$，则 A 点的坐标按下式计算。

$$x_A = x_a + \frac{10}{ab} ag , y_A = y_a + \frac{10}{ad} ae$$

二、在地形图上确定直线的长度和方向

在图上量得直线端点 A 和 B 坐标 x_A、y_A 和 x_B、y_B，反算直线长度 D_{AB} 和方位角 α_{AB}。算式如下：

$$D_{AB} = \sqrt{(x_B - x_A)^2 + (y_B - y_A)^2} \tag{10-3}$$

$$\tan\alpha_{AB} = \frac{y_B - y_A}{x_B - X_A} \tag{10-4}$$

A、B 两点在同一幅图内，有时可用比例尺和量角器直接量得，不同一幅图内，只有用上两式计算。

三、在地形图上确定点的高程

地形图上一点的高程，可利用图上的等高线来确定。

（1）如果一点的位置恰好在某一等高线上，则该点的高程就等于这条等高的注记高程，如图 10-12 中 a 点的高程为 50m。

（2）如果一点的位置在两条等高线之间，则可用比例关系求得这点的高程。图 10-12 中 c 点位于 50m 和 51m 两等高线之间，通过 c 点作一条垂直于相邻两等高

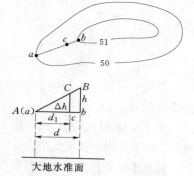

图 10-12　地形图上确定点的高程

线的线段 ab，设 $ab=d$ 及 $ac=d_1$，已知等高距 $h=1\mathrm{m}$，则 c 点对 a 点的高差 Δh 为

$$\Delta h = \frac{d_1}{d}h \tag{10-5}$$

设量得 $ab=d=8.0\mathrm{mm}$，$ac=d_1=5.5\mathrm{mm}$，则 $\Delta h=\dfrac{5.5}{8.0}\times1=0.69\mathrm{m}$，则 c 点的高程

为 $50+0.69=50.69$（m）。

四、在地形图上确定一直线的坡度

设斜坡上两点之间的水平距离为 d，高差为 h，则两点连线的坡度为

$$i = \tan\alpha = \frac{h}{d} \tag{10-6}$$

式中　α——直线的倾斜角；

i——以百分数或千分数表示的坡度。

第六节　地形图在水利规划设计工作中的应用

一、在地形图上绘制某方向的断面图

如图 10-13（a）所示，欲沿直线 AB 方向绘制断面图。先将直线 AB 与图上等高线
的交点标出，如 b、c、…点。绘制断面图
时，以横坐标 AQ 代表水平距离，纵坐
标轴 AH 代表高程，如图 10-13（b）所示。
然后在地形图上，沿 AB 方向量取 b、c、
…、p、B 各点至 A 点的水平距离；将这
些距离按比例展绘在横坐标轴 AQ 上，通
过这些点作 AQ 的垂线，在垂线上，按高
程比例尺（一般大于距离比例尺）分别截
取 A、b、c、…、p、B 等点的高程。将各
垂线上的高程点连接起来，就得到直线 AB
方向上的断面图，如图 10-13（b）所示。

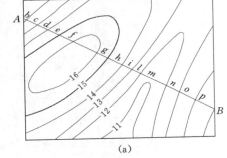

（a）

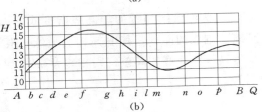

（b）

图 10-13　绘制断面图

二、在地形图上确定汇水面积

为了防洪、发电、灌溉等目的，需要
在河道上适当的地方修筑拦河坝。在坝的
上游形成水库，以便蓄水。坝址上游分水
线所围成的面积，称为汇水面积。汇集的雨水，都流入坝址以上的河道或水库中，图 10-
14 中虚线所包围的部分就是汇水面积。

确定汇水面积时，应懂得勾绘分水线（山脊线）的方法，勾绘的要点是：

（1）分水线应通过山顶、鞍部及凸向低处等高线的拐点，在地形图上应先找出这些特
征的地貌，然后进行勾绘。

（2）分水线与等高线正交。

（3）边界线由坝的一端开始，最后回到坝的另一端点，形成一闭合环线。

闭合环线所围的面积（km²），就是流经某坝址的汇水面积。

三、库容计算

进行水库设计时，如坝的溢洪道高程已定，就可以确定水库的淹没面积，如图 10 - 14 中的阴影部分，淹没面积以下的蓄水量（体积）即为水库的库容。

计算库容一般用等高线法。先求出图 10 - 14 中阴影部分各条等高线所围成的面积，然后计算各相邻两等高线之间的体积，其总和即为库容。

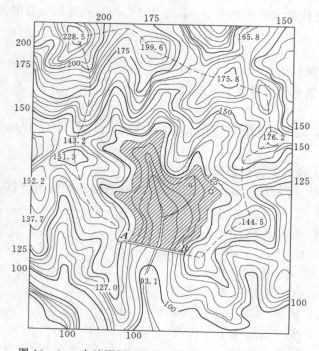

图 10 - 14 在地形图上确定汇水面积及水库库容示例

设 S_1 为淹没线高程的等高线所围成的面积，S_2、S_3、…、S_n、S_{n+1} 为淹没线以下各等高线所围成的面积，其中 S_{n+1} 为最低一根等高线所围成的面积，h 为等高距，h' 为最低一根等高线与库底的高差，则相邻等高线之间的体积及最低一根等高线与库底之间的体积分别为

$$V_1 = \frac{1}{2}(S_1 + S_2)h$$

$$V_2 = \frac{1}{2}(S_2 + S_3)h$$

$$\vdots$$

$$V_n = \frac{1}{2}(S_n + S_{n+1})h$$

$$V'_n = \frac{1}{3}S_{n+1}h' \text{（库底体积）}$$

因此，水库的库容为

$$V = V_1 + V_2 + \cdots + V_n + V'_n$$
$$= \left(\frac{S_1}{2} + S_2 + S_3 + \cdots + \frac{S_{n+1}}{2}\right)h + \frac{1}{3}S_{n+1}h' \qquad (10-7)$$

如溢洪道高程不等于地形图上某一条等高线的高程时，就要根据溢洪道高程用内插法求出水库淹没线，然后计算库容。这时水库淹没线与下一条等高线间的高差不等于等高距，上面的计算公式要作相应的改动。

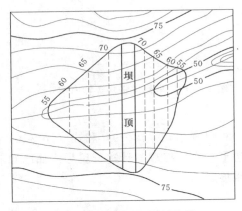

图 10-15　确定土坝坡脚线

四、在地形图上确定土坝坡脚线

土坝坡脚线是指土坝坡面与地面的交线。如图 10-15 所示，设坝顶高程 73m，坝顶宽度为 4m，迎水面坡度及背水面坡度分别为 1：3 及 1：2。先将坝轴线画在地形图上，再按坝顶宽度画出坝顶位置。然后根据坝顶高程，迎水面与背水面坡度，画出与地面等高线相应的坝面等高线（图 10-15 中与坝顶线平行的一组虚线），相同高程的等高线与坡面等高线相交，连接所有交点而得的曲线，就是土坝的坡脚线。

第七节　图上面积量算

在水利工程规划设计时，常需要测定地形图上某一区域的图形面积。例如，作流域规划时需要流域面积；修建水库时需要求出水库的汇水面积和库容；在河道或渠道施工前需要求出各横断面的面积。面积量算有透明格网法、坐标解析法等。

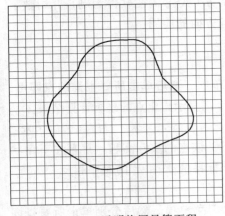

图 10-16　透明格网量算面积

一、透明格网法

使用绘有方格网的透明纸，将其覆盖于地形图上所要量测区域，数出区域边界线内的整方格数 n_1 和边界线通过的方格数 n_2，如图 10-16 所示。则图上面积 S 可按下式计算

$$S = (n_1 + n_2/2)l^2 \qquad (10-8)$$

式中　l——格网边长。

格网边长越短则量测精度越高，透明方格网法量算面积简单易行，对小块面积量算而言，不失为一种实用的方法。

二、坐标解析法

坐标解析法是根据边界线轮廓点的坐标计算面积，如图 10-17 所示，设顶点 1，2，3，…，n 的坐标分别为 $(x_1，y_1)$，$(x_2，y_2)$，$(x_3，y_3)$，…，$(x_n，y_n)$，则其面积计算公式为

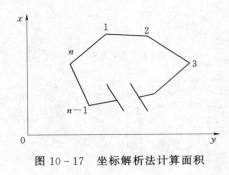

图 10-17 坐标解析法计算面积

$$S = \frac{1}{2}\left[(x_1 y_2 + x_2 y_3 + \cdots + x_n y_1) - (x_1 y_n + x_2 y_1 + \cdots + x_n y_{n-1})\right]$$

$$(10-9)$$

式（10-9）是将各顶点投影于 x 轴计算得到的，若将各顶点投影于 y 轴，同样可以推出：

$$S = \frac{1}{2}\left[(y_1 x_n + y_2 x_1 + \cdots + y_n x_{n-1}) - (y_1 x_2 + y_2 x_3 + \cdots + y_n x_1)\right]$$

$$(10-10)$$

可以利用式（10-9）和式（10-10）进行相互校核。采用该公式计算多边形面积时，多边形顶点应按顺时针进行编号。如已知准确的区域边界点坐标，则坐标解析法求得的面积精度较高。

第八节　数字地形图的应用

随着数字测图技术的发展，数字地形图已广泛应用于国民经济建设、国防建设和科学研究的各个方面。与传统纸质地形图相比，数字地形图具有便于传输和处理、易于成果更新和深加工利用，便于建立地图数据库和地理信息系统等优势。在数字化成图软件环境下，可以很容易从数字地形图中获取各种地形信息。例如可以量测点位坐标，量测两点间距离，量测封闭区域的面积，编制简单的程序可以量测直线方位角、点的高程、两点间的坡度等。利用野外采集的地面点，可以建立数字地面模型（DTM），在此基础上可以绘制地形断面图、确定汇水面积、计算水库库容；确定场地平整的填挖边界和土方计算等。工程设计人员可以直接用数字地形图进行工程规划设计和评估。

数字地形图的应用需要相应软件的支持，本节以南方 CASS 测图软件为例，介绍数字地形图在基本几何要素查询、土方计算、断面图绘制等方面的应用。

一、基本几何要素查询

（一）查询指定点坐标

单击"工程应用"菜单下的"查询指定点坐标"菜单项，然后单击所要查询的点即可。也可以先进入点号定位方式，再输入要查询的点号。命令区显示指定点的坐标计算结果：

测量坐标：$X = \times\times\times\times . \times\times\times$米　$Y = \times\times\times\times . \times\times\times$米　$H = 0.000$ 米

由于高程不能用此方法查询，因此显示的高程并不是该点的实际高程。屏幕左下角状态栏显示的坐标是迪卡尔坐标系中的坐标，它与测量坐标系的 X 和 Y 的顺序相反。

（二）查询两点距离及方位

单击"工程应用"菜单下的"查询两点距离及方位"菜单项，然后分别单击所要查询的两点即可。也可以先进入点号定位方式，再输入两点的点号。命令区显示两个指定点之间的实际水平距离和坐标方位角计算结果：

两点间距离 $= \times\times\times\times . \times\times\times\times$米　方位角 $= \times\times\times$度$\times\times$分$\times\times . \times\times$秒

（三）查询线长

用鼠标单击"工程应用"菜单下的"查询线长"菜单项，然后用鼠标单击图上曲线即可。系统会出现"该线长度为××××.×××米"的信息框，按"确认"可结束显示。

（四）查询实体面积

用鼠标单击"工程应用"菜单下的"查询实体面积"菜单项，然后用鼠标单击待查询的实体的边界线即可。命令区显示指定实体的面积计算结果：

实体面积为××××.×××平方米

待查询实体应该是闭合的，如果实体不闭合，在查询前应用复合线将实体封闭起来。

二、土方计算

南方 CASS 测图软件提供了 5 种土方量计算方法：DTM 法、断面法、等高线法、方格网法以及区域土方量平衡法。本节仅介绍 DTM 法和区域土方量平衡法。

（一）DTM 法

由 DTM 模型来计算土方量是根据实地测定的地面点坐标（X，Y，Z）和设计高程，通过生成三角网来计算每一个三棱锥的填挖方量，最后累计得到指定范围内填方和挖方的土方量，并绘出填挖方分界线。DTM 法土方计算共有三种方法：①由坐标数据文件计算；②依照图上高程点进行计算；③依照图上的三角网进行计算。前两种算法包含重新建立三角网的过程，第三种方法直接采用图上已有的三角形，不再重建三角网。下面以第一种方法为例介绍 DTM 法土方计算的操作过程，其余方法可查阅软件操作手册。

（1）将数据文件中的高程点三维坐标展绘到当前图形中并显示在屏幕上，单击"工具＼画复合线"菜单项，用复合线画出所要计算土方的区域，一定要闭合，但是尽量不要拟合。

（2）用鼠标单击"工程应用＼DTM 法土方计算＼根据坐标文件"菜单项，点取所画的闭合复合线。系统弹出土方计算参数设置对话框。对话框中将显示区域面积、平场标高、边界采样间隔、边坡设置等。

（3）根据工程需要设置计算参数后，屏幕上即可显示填挖方的提示框，命令行显示：挖方量＝××××立方米，填方量＝××××立方米，同时图上绘出所分析的三角网、填挖方的分界线。

（4）关闭对话框后，图上适当位置点击鼠标左键，在该处将绘出一个土方计算结果表格，如图 10-18 所示，包含平场面积、最大高程、最小高程、平场标高、填方量、挖方量和图形。

（二）区域土方量平衡法

区域土方量平衡法常在场地平整时使用。当一个场地的土方平衡时，挖掉的土石方刚好等于填方量。以填挖方边界线为界，从较高处挖得的土石方直接填到区域内较低的地方，就可完成场地平整，这样可以大幅度减少运输费用。该方法的具体步骤如下：

（1）将数据文件中的高程点三维坐标展绘到当前图形中并显示在屏幕上，用复合线绘出需要进行土方平衡计算的边界。

（2）用鼠标单击"工程应用＼区域土方平衡＼根据坐标数据文件（根据图上高程点）"菜单项，如果要分析整个坐标数据文件，可直接回车，如果没有坐标数据文件，而只有图上的高程点，则选根据图上高程点。

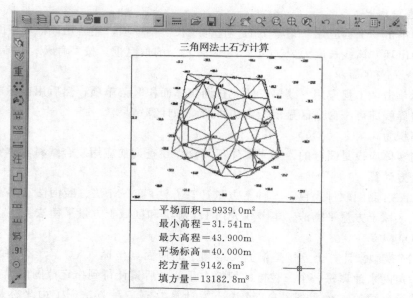

三角网法土石方计算

平场面积＝9939.0m²
最小高程＝31.541m
最大高程＝43.900m
平场标高＝40.000m
挖方量＝9142.6m³
填方量＝13182.8m³

图 10-18 填挖方量计算结果

（3）此时，命令行提示：选择边界线。用鼠标单击第（1）步画好的闭合复合线。

（4）输入边界插值间隔（m），默认值为20m。这个值将决定计算时边界上的取样密度，如果密度太大，超过了高程点的密度，实际意义并不大，因此一般用默认值即可。按回车键后，屏幕将弹出如图10-19所示的信息框。同时命令行出现提示：

平场面积＝××××平方米，土方平衡高度＝×××米，挖方量＝×××立方米，填方量＝×××立方米。

（5）单击信息框的确定按钮，在图上空白区域点击鼠标左键，在图上绘出与图10-18类似的计算结果表格。

图 10-19 土方量平衡信息

三、断面图绘制

南方CASS测图软件提供了4种绘制断面图的方法：根据已知坐标生成，根据里程文件绘制，根据等高线绘制，根据三角网绘制。本节仅介绍根据已知坐标文件绘制断面图的过程。具体步骤如下：

（1）用复合线生成断面线，然后用鼠标点击"工程应用＼绘断面图＼根据已知坐标"菜单。

（2）此时，命令行提示：选择断面线。单击第（1）步所绘的断面线。屏幕上将弹出"断面线上取值"的对话框，如图10-20所示。如果选择"由数据文件生成"，则在"坐标数据文件名"栏中选择高程点数据文件；如果选择"由图面高程点生成"，则要在图上选取高程点。

（3）输入采样点间距和起始里程，系统的默认值分别为20m和0m。

（4）单击对话框的确定按钮，则屏幕弹出"绘制纵断面图"对话框，如图10-21

所示。

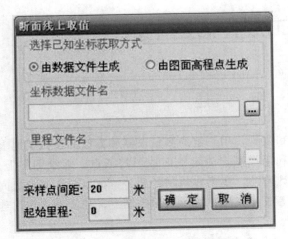
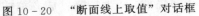

图 10-20　"断面线上取值"对话框　　　　图 10-21　"绘制纵断面图"对话框

（5）在"绘制纵断面图"对话框中相关参数，包括断面图比例、断面图位置、平面图、标尺、标注、文字大小等。

（6）设置后相关参数后单击确定按钮，则在屏幕上显示所选断面线的断面图。

第十一章 施工放样的基本工作

第一节 概　　述

　　把设计图纸上工程建筑物的平面位置和高程，用一定的测量仪器和方法测设到实地上去的测量工作称为施工放样。测图工作是利用控制点测定地面地形特征点，缩绘到图上。施工放样则与此相反，是根据建筑物的设计尺寸，找出建筑物各部分特征点与控制点之间位置的几何关系，算得距离、角度、高程等放样数据，然后利用控制点，在实地上定出建筑物的特征点，据以施工。

　　水工建筑物放样的程序，也必须遵守"由整体到局部""先控制、后碎部"的原则，一般先由施工控制网测设建筑物的主轴线，用它来控制建筑物的整个位置。对中小型工程，测设主轴线如有误差，仅使整个建筑物偏移一微小位置；但当主轴线确定后，根据它来测设建筑物细部，必须保证各部分设计的相互位置，因此，测设细部的精度往往比测设主轴线的精度高。例如，测设水闸中心线（即主轴线）的误差不应超过1cm，而闸门对闸中心线的误差不应该超过3mm。但对大型水利枢纽，各主要工程主轴线间的相对位置精度要求较高，亦应精确测设。

　　施工放样的精度与建筑物的大小、结构形式、建筑材料等因素有关。例如，水利工程施工中，要求钢筋混凝土工程较土石方工程的放样精度高，而金属结构物安装放样的精度要求则更高，因此根据不同施工对象，选用不同精度的仪器和测量方法，既保证工程质量又不致浪费人力物力。

　　施工放样与很多工种有密切的联系，例如测量人员弹出模线位置后，木工才能立模；模板上定出浇筑混凝土的高程，混凝土工才能开始浇筑；石工要求测量人员放出块石护坡的拉线桩；起重工要求测量人员放出吊装预制块件位置等等。因此，测量工作必须按施工进程及时测放建筑物各部分的位置，还要在施工过程中和施工后进行检测。

　　在进行各样建筑物放样时，所利用的各控制点必须是同一坐标系统，这样才能保证各建筑物之间的正确关系，符合设计要求。

第二节　施工控制网的布设

　　施工控制网分平面控制网和高程控制网两种。

一、平面控制网的建立

　　如果在建筑区域内保存有原来的测图控制网，且能满足施工放样精度的要求，则可用作施工控制网，否则应重新布设施工控制网。

　　平面控制网一般布设成两级，一级为基本网，它起着控制水利枢纽各建筑物主轴线的作用，组成基本网的控制点，称基本控制点；另一级定线网（或称为放样网），它直接控制建筑物的辅助线及细部位置。

目前，常用的平面施工控制网的形式有：三角网（包括测角三角网、测边三角网和边角网）、导线网和 GNSS 网。根据不同的工程要求和具体的地形条件可选择不同的布网形式，对于大型水利工程，施工范围比较大，基本网一般采用 GNSS 控制网，控制网选点时应该保证点位附近天空开阔。另外，由于施工测量普遍使用全站仪进行，应至少保证两点之间通视、对于放样重要的控制点，应保证两个以上的通视控制点。定线网是以基本网为基准，可以采用三角网或导线网进行加密。对于施工范围比较小的水利工程，基本网一般采用三角网的形式，定线网是以基本网为基准，用交会定点方法加密，也可以用基本控制点测设一条基准线，用它来布设矩形网。

图 11-1 中由实线连成四边形为基本网，以坝轴线为基准由虚线连成的四边形为定线网。图 11-2 中由实线连成的两个四边形为基本网，并用交会法加密成虚线连成的定线网。图 11-3 是由中心多边形组成的基本网，用以测设坝轴线 AB 与隧洞中心线上的 01、02、…点的位置，再以坝轴线为基准布置矩形网，作为坝体的定线网。

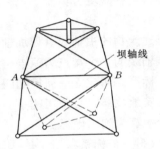

图 11-1 由四边形基本网
加密的四边形定线网

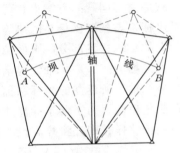

图 11-2 由四边形基本网
加密的交会定线网

施工控制点必须根据工区的范围和地形条件，建筑物的位置和大小，施工的方法和程序等因素进行选择。基本网一般布设在施工区域以外，以便长期保存，定线网应尽可能靠近建筑物，便于放样。

二、平面控制网的精度

施工控制网是建筑物的特征点、线放样到实地的依据，建筑物放样的精度要求是根据建筑物竣工时对于设计尺寸的容许偏差（即建筑限差）来确定的，建筑物竣工时实际误差包括施工误差（构件制造误差、施工安装误差）、测量放样误差

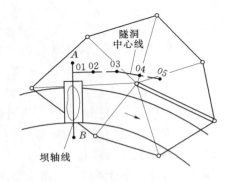

图 11-3 由中心多边形基本网
加密的矩形定线网

以及外界条件（如温度）所引起的误差。测量误差只是其中一部分，但它是建筑物施工的先行，位置定得不正确，将造成较大损失。

测量误差是放样后细部点平面点位的总误差，它包括控制点误差对细部点的影响及施工放样过程中产生的误差。在建立施工控制网时应该使控制点误差引起细部点的误差，相对于施工放样的误差来说，小到可以忽略不计，具体地说，如施工控制点误差的影响，在数值上小于点位总误差的 45%～50% 时，它对细部点的影响仅及总误差的 10%，可以忽略不计。水利水电施工规范规定水工建筑物轮廓点放样中误差为 20mm，施工控制点的点位中误差应小于 9～10mm，因此施工控制网的精度要求较高。

要获得高精度的控制网，可通过以下 3 个途径来实现。

（1）提高观测精度。就要用精密测量仪器，测角要用相应的精密光学经纬仪，测距需要用相应精度的测距仪；现多使用高精度的全站仪或 GPS。测量方法及测角的测回数规范中都有相应的规定。

（2）建立良好的网形结构。测角网有利于控制横向误差（方位误差），测边网有利于控制纵向误差。如将两种网形结构合成边角网的形式，则可以达到网型结构实现优化的目的。

（3）增加控制网中的观测数，即增加多余观测。究竟增加多少和增加哪些观测值，可用控制网优化软件对不同观测方案进行优化，以获得最佳观测方案。

三、测量坐标系与施工坐标系的换算

设计图纸上的建筑物各部分的平面位置，是以建筑物的主轴线（如坝轴线、厂房轴线等）作为定位的依据的。以一主轴线为坐标轴及该轴线的一个端点为原点，或以相互垂直的两主轴线为坐标轴，所建立的坐标系称为施工坐标系。而建立平面控制网时所布设的控制点的坐标是测量坐标，为了便于计算放样数据和实地放样，必须用统一的坐标。如果采用施工坐标系进行放样，则应将控制点的测量坐标换算为施工坐标。

如图 11-4 所示，设 $X-O-Y$ 为测量坐标系（第一坐标系），$x-o'-y$ 为施工坐标系（第二坐标系）。如果知道了施工坐标系原点 o' 的测量坐标（$X_{o'}$、$Y_{o'}$）及方位角 α（纵轴的转角）。则 P 点由施工坐标（x_p，y_p）换算成测量坐标（X_P，Y_P）的公式为

$$\left.\begin{array}{l} X_P = X_{o'} + x_p\cos\alpha - y_p\sin\alpha \\ Y_P = Y_{o'} + x_p\sin\alpha + y_p\cos\alpha \end{array}\right\} \tag{11-1}$$

而由测量坐标换算为施工坐标的公式为

$$\left.\begin{array}{l} x_p = (X_P - X_{o'})\cos\alpha + (X_P - Y_{o'})\sin\alpha \\ y_p = -(X_P - X_{o'})\sin\alpha + (Y_P - Y_{o'})\cos\alpha \end{array}\right\} \tag{11-2}$$

以上各式中施工坐标系原点 o' 的测量坐标（$X_{o'}$，$Y_{o'}$）与方位角 α，可在设计资料中查得，或在地形图上用图解法求得。

四、高程控制网的建立

高程控制网一般分两级，一级水准网与施工区域附近的国家水准点联测，布设成闭合（或附合）形式，称为基本网，基本网的水准点应布设在施工爆破区外，作为整个施工期间高程测量的依据。另一级是由基本水准点引测的临时性作业水准点，它应尽可能靠近建筑物，以便做到安置一次和两次仪器。就能进行高程放样。图 11-5 中，BM_1、1、2、3、…、7、BM_1 是一个闭合形式的基本网，P_1、P_2、P_3、P_4 为作业水准点。

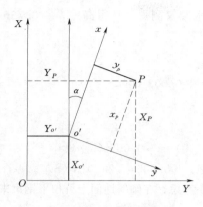 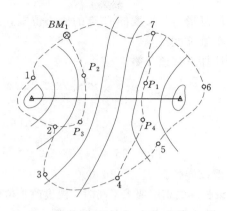

图 11-4　测量坐标系与施工
坐标系的关系

图 11-5　高程控制网
布设示意图

对于实施水准测量困难的山区水利工程或需要进行跨河高程传递，可以采用 GNSS 水准的进行高程测量，通过高程拟合方法求得 GNSS 测点的水准高程。对于已进行了大地水准面精化的地区，可以利用精化大地水准面模型直接将 GNSS 测量得到的大地高结果转化为水准高程。

第三节　距离、水平角和高程的放样

一、直线长度的放样

根据一已知点，在要求的方向上，测设另一点，使两点的距离为设计长度，就是长度的放样，或称长度的测设。

（一）用钢尺进行长度的测设

设 D 为欲测设的设计长度（水平距离），在实地丈量的距离 D'（称为放样数据）必需加尺长、倾斜、温度等改正后，才等于设计长度，即

$$D = D' + \Delta_l + \Delta_t + \Delta_h$$

式中　Δ_l ——尺长改正数；

　　　Δ_t ——温度改正数；

　　　Δ_h ——倾斜改正数。

因此，放样数据 D'

$$D' = D - \Delta_l - \Delta_t - \Delta_h \qquad (11-3)$$

上述各项改正数的计算见第四章第一节。

【例 11-1】　如图 11-6 所示，自 A 点沿 AC 方向的倾斜地面上测设一点 B，使水平距离为 26m。设所用的 30m 钢尺在温度 $t_0 = 20℃$ 时，鉴定的实际长度为 30.003m，钢尺的膨胀系数 $\alpha = 1.25 \times 10^{-5}$，测设时的温度 $t = 4℃$。

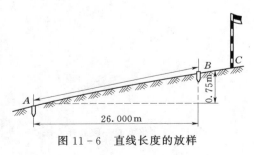

图 11-6　直线长度的放样

预先用钢尺概量 AB 长度的 B 点的概略位置，用水准仪测得 AB 得高差 $h=0.75$m。试求测设时得实量长度。

首先计算下列改正数：

$$\Delta_l = 26 \times \frac{30.003 - 30.000}{30.000} = +0.003\ (\text{m})$$

$$\Delta_h = -\frac{0.75^2}{2 \times 26} = -0.011\ (\text{m})$$

$$\Delta_t = 26 \times 1.25 \times 10^{-5} \times (4 - 20) = -0.005\ (\text{m})$$

由此得放样数据 $D' = 26.000 - 0.003 + 0.011 + 0.005 = 26.013$（m）。

当测设长度的精度要求不高时，温度改正可以不考虑，在倾斜地面上可拉平钢尺来丈量。

（二）用测距仪或全站仪测设长度

用测距仪或全站仪进行直线长度放样时，可先在 AB 方向线上，目估安装反射棱镜，用测距仪测出的水平距离设为 D'。若 D' 与欲测设距离 D 相差 ΔD，则可前后移动反射棱镜，直到测出的水平距离为 D 为止。

二、水平角的放样

在地面上测量水平角时，角度的两个方向已经固定在地面上，而在测设一水平角时，只知道角度的一个方向，另一方向线需要在地面上定出来。

（一）一般方法

如图 11-7 所示，设在地面上已有一方向线 OA，欲在 O 点测设第二方向线 OB，使 $\angle AOB = \beta$。可将经纬仪安装在 O 点上，在盘左位置，用望远镜瞄准 A 点，使度盘读数为零度，然后转动照准部，使度盘读数为 β，在视线方向上定出 B' 点。再用盘右位置，重复上述步骤，在地面上定出 B''。B' 与 B'' 往往不相重合，取 B' 与 B'' 点的中点 B，则 $\angle AOB$ 就是要测设的水平角。

（二）精确方法

如图 11-8 所示，在 O 点根据已知方向线 OA，精确的测设 $\angle AOB$，使它等于设计角 β。可先用经纬仪盘左位置放出 β 角的另一方向线 OB' 而后用测回法多次观测 $\angle AOB'$，得角值 β'，它与设计角 β 之差为 $\Delta\beta$。为了精确定出正确的方向 OB，必须改正小角 $\Delta\beta$，为此由 O 点沿 OB' 方向丈量一整数长度 l，得 b' 点，从 b' 作 OB' 的垂线，用下式求得垂线 $b'b$ 的长度

$$b'b = l\tan\Delta\beta \tag{11-4}$$

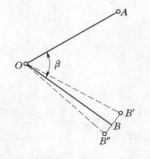

图 11-7　角度的一般放样方法

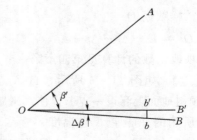

图 11-8　角度的精确放样

由于 $\triangle\beta$ 很小，上式可写为

$$b'b = l\,\frac{\triangle\beta''}{\rho''} \qquad\qquad (11-5)$$

其中，$\triangle\beta$ 以秒为单位；$\rho'' = 206265''$。

从 b' 沿垂线方向量 $b'b$ 长度得 b 点，连接 Ob，便得精确放出 β 角的另一方向 OB。

三、高程放样

将点的设计高程测设到实地上，是根据附近的水准点用水准测量的方法进行的。图 11-9 中，水准点 BM_{50} 的高程为 7.327m，今欲测设 A 点，使其等于设计高程 5.513m，可将水准仪安置在水准点 BM_{50} 与 A 点中间，后视 BM_{50}，得读数为 0.874m。则视线高程为

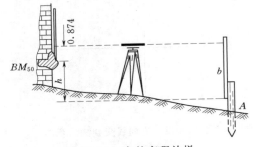

图 11-9　点的高程放样

$$H_I = H_{BM_{50}} + 0.874 = 7.327 + 0.874$$
$$= 8.201 \text{（m）}$$

要使 A 点得高程等于 5.513m，则 A 点水准尺上的前视读数必须为

$$b = H_I - H_A = 8.201 - 5.513 = 2.688 \text{（m）}$$

测设时，先在 A 点打一木桩，逐渐向下打，直至立在桩顶上水准尺的读数为 2.688m 时，此时桩顶的高程即为 A 点的设计高程。也可将水准尺沿木桩的侧面上下移动，直至尺上读数为 2.688m 时为止，这时沿水准尺的零线在桩的侧面绘一条红线或钉一个涂上红漆的小钉，其高程即为 A 点的设计高程。

第四节　测设放样点平面位置的基本方法

测设放样点平面位置的基本方法有：直角坐标法、方向线交会法、极坐标法、角度交会法、距离交会法、直接放样法等几种。

一、直角坐标法

当施工场地上已布置了矩形控制网时，可利用矩形网的坐标轴测放点位。

如图 11-10 所示，建筑物中 A 点的坐标已在设计图纸上确定。测设到实地上时，只要先求出 A 点与方格顶点 O 的坐标增量，即

$$AQ = \triangle x = x_A - x_O$$
$$AP = \triangle y = y_A - y_O$$

在实地上自 O 点沿 OM 方向量出 $\triangle y$ 得 Q 点，由 Q 点作垂线，在垂线上量出 $\triangle x$，即得 A 点。

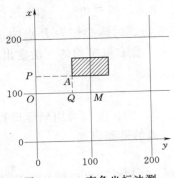

图 11-10　直角坐标法测设点位示意图

二、方向线交会法

方向线交会法是由两相交直线（尤其是相互垂直的直线）的端点，测设交点的方法。如图 11-11 所示，用两架经纬仪分别架设在两直线的一端点 A 和 B，照准另一端点 A' 和 B'，则两视线的交点 P 即为所测设的交点。

三、极坐标法

图 11-12 中，A、B、C 是控制点，碎部点 P（屋角）的位置可由控制点 A 到 P 点的距离 d 和 AB 与 AP 之间的夹角 β 来确定。d 与 β 为放样数据，放样之前必须算出 d 与 β 的值。

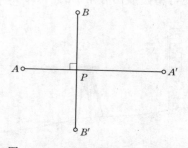

图 11-11　方向线交会法示意图

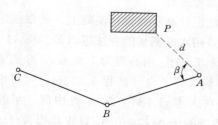

图 11-12　极坐标法测设点位示意图

计算 d 与 β，可用坐标反算公式。设 P 的设计坐标为 (x_P, y_P) 为已知，则

$$\left.\begin{aligned}
\tan\alpha_{AB} &= \frac{y_B - y_A}{x_B - x_A} \\
\tan\alpha_{AP} &= \frac{y_P - y_A}{x_P - x_A} \\
\beta &= \alpha_{AP} - \alpha_{AB} \\
d &= \frac{y_P - y_A}{\sin\alpha_{AP}} = \frac{x_P - x_A}{\cos\alpha_{AP}}
\end{aligned}\right\} \qquad (11-6)$$

测设 P 点时，可将经纬仪安置在控制点 A 上，用第三节中测设角度的方法标定 β 角，然后在这方向线上丈量距离 d，即得 P 点得平面位置。

四、角度交会法

图 11-13 中，A、B、C 为 3 个控制点，P 为码头上某一点，需要测设它的位置。首先根据 P 点的设计坐标和 3 个控制点的坐标，计算放样数据 α_1、β_1 及 α_2、β_2。测设时，在控制点 A、B、C 3 点上各安置一架经纬仪，分别以 α_1、β_1 及 α_2、β_2 交会出 P 点的概略位置，然后进行精密定位。由观测者指挥在码头面板上定出 AP、BP、CP 3 根方向线，由于放样有误差，3 根方向线不相交于一点，形成一个三角形，称为示误三角形，如果示误三角形内切圆半径不大于 1cm，最大边不大于 4cm 时，可取内切圆的圆心作为 P 点的正确位置。为了消除仪器误差，AP、BP、CP 3 根方向线用盘左、盘右取平均的方法定出，并在拟定放样方案时，应使交会角 γ_1 及 γ_2 不小于 $30°$ 或不大于 $120°$。

五、距离交会法

如图 11-14 所示，以控制点 A、B 为圆心，分别以 AP、BP 的长度（可用坐标反算公式求得）为半径在地面上作圆弧，两圆弧得的交点，即为 P 点的平面位置。

六、直接放样法

全站仪和 GPS RTK 都具有直接放样点的平面位置的功能，使用它们进行放样适合各种场合，当距离较远、地势复杂时尤为方便。

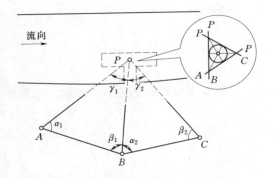

图 11-13　角度交会法测设点位示意图

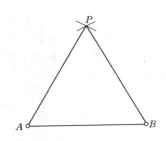

图 11-14　距离交会法测设点位示意图

（一）全站仪坐标法

将全站仪安置在已知控制点上，并选取另一已知控制点作为后视点，将全站仪置于放样模式，输入设站点、后视点的已知坐标及待放样点的设计坐标；瞄准后视点进行定向；持镜者将棱镜立于放样点附近，观测者瞄准棱镜，按坐标放样功能键，可显示出棱镜位置与放样点的坐标差，指挥持镜者移动棱镜，直至移动到放样点的位置。

（二）GPS RTK 坐标法

将 GPS RTK 的基准站安置在已知控制点上，并设置基准站；选取 2～3 个已知控制点，GPS RTK 流动站在选取的已知控制点进行数据采集，用来求解 WGS-84 到地方坐标系（或施工坐标系）的转换参数；将待放样点的设计平面坐标输入到流动站的电子手簿，移动流动站，按电子手簿上的图形指示，很方便地将放样点的位置找到。

第五节　圆曲线的测设

修建隧道、道路、隧洞等建筑物时，从一直线方向改变到另一直线方向，需用曲线连接，使路线沿曲线缓慢变换方向。常用的曲线是圆曲线。

图 11-15 中直线由 T_1 到 P 点后，转向 PT_2 方向（I 为转折角），用一半径为 R 的圆与该二直线连接（相切），切点 BC 由直线转向曲线，称为圆曲线的起点；切点 EC 由曲线转向直线，称为圆曲线的终点；MC 点为曲线的中点；这三点控制圆曲线的形状，称为圆曲线的主点。圆曲线测设为两部分，首先定出曲线上主点的位置；然后定出曲线上细部点的位置。

一、圆曲线主点的测设

图 11-15 中，BC 为曲线起点，EC 为曲线终点，MC 为曲线中点，要定出这三个主点的位置，必须知道下面 5 个元素。

（1）转折角 I（前一直线的延线与后一直线的夹角，在延长线左的为"偏左"，在右者为"偏右"）。

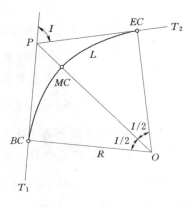

图 11-15　圆曲线主点放样示意图

（2）圆曲线半径 R 。

（3）切线长 $BCP = ECP = T$ 。

（4）曲线长 $BC - MC - EC = L$ 。

（5）外矢距 $PMC = E$ 。

上面几个元素中转折角 I 时用经纬仪实测的，半径 R 是设计时选定的。其他 3 个元素与 I 和 R 的关系是

$$\left.\begin{array}{l} T = R\tan\dfrac{I}{2} \\[2mm] L = RI\,\dfrac{\pi}{180} \\[2mm] E = R\sec\dfrac{I}{2} - R = R\left(\sec\dfrac{I}{2} - 1\right) \end{array}\right\} \tag{11-7}$$

路线上点号是用里程桩号表示的，起点的桩号为 $0+000$ ，"＋"号前为千米，"＋"号后为米数，以后各个点均以离起点的距离作为其桩号，例如某点的桩号为 $2+260$ ，表示该点离起点的距离为 2km 又 260m。圆曲线 3 个主点的里程，是根据 P 点的里程桩号计算的从图 11-15 可知

$$BC \text{ 点的里程} = P \text{ 点的里程} - T$$
$$EC \text{ 点的里程} = BC \text{ 点的里程} + L$$
$$MC \text{ 点的里程} = BC \text{ 点的里程} + \dfrac{L}{2}$$

【例 11-2】 路线转折点 P 的里程桩号为 $0+380.89$ ，$I = 23°20'$（偏右），选定 $R = 200\text{m}$ ，试求主点的里程。

由式（11-7）求得

$$T = 200\tan\dfrac{I}{2}(23°20') = 41.30 \ (\text{m})$$

$$L = 200 \times \dfrac{\pi}{180} \times 23.33 = 81.45 \ (\text{m})$$

$$E = 200 \times \left(\sec\dfrac{23°20'}{2} - 1\right) = 4.22 \ (\text{m})$$

$$BC \text{ 点的里程} = (0+380.89) - 41.30 = 0+339.59$$

$$EC \text{ 点的里程} = (0+339.95) + 1.45 = 0+421.04$$

$$MC \text{ 点的里程} = (0+339.59) + \dfrac{1}{2} \times 81.45 = 0+380.32$$

在实地测设曲线上各个主点时，从转折点 P 沿 PT_1 及 PT_2 各量一段距离 T ，就可以定出曲线起点 BC 和终点 EC 的位置。再在 P 点安置经纬仪，瞄准 EC 点为零方向，将照准部转动 $\dfrac{1}{2}(180° - I)$ 的角度，得出外矢距的方向，在方向上量取外矢距 E 的长度，就可以定出曲线中点 MC 的位置。

二、曲线细部的测设

曲线除主点外，还应在曲线上每隔一定距离（弧长）测设一些点，这项工作称为曲线

细部的测设。在隧道、道路等曲线上点的里程，一般都是 $10m$、$20m$ 或 $50m$ 的整数倍数，由于曲线上起、终点的里程都不是上述整数的倍数，因此，如图 $11-16$ 中曲线上第 1 点 P_1 和最末一点 P_5 到起、终点 BC、EC 的距离 l_1 和 l_2 都小于 $P_1 \sim P_5$ 间相邻点的距离 l。应按此分别计算各点的测设数据。

测设细部的方法很多，下面介绍几种常用的方法。

（一）直角坐标法（也称切线支距法）

以曲线起点 BC（或曲线终点 EC）为坐标原点，通过该点的切线为 X 轴，垂直与切线的半径为 X 轴，建立直角坐标系。如图 $11-17$ 所示，弧 l_1 及弧 l 所对的圆心角分别为 φ_1 及 φ，则

$$\varphi_1 = \frac{l}{R}\frac{180°}{\pi}; \qquad \varphi = \frac{l}{R}\frac{180°}{\pi}$$

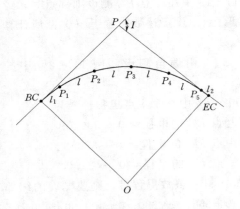

图 $11-16$　圆曲线细部点示意图

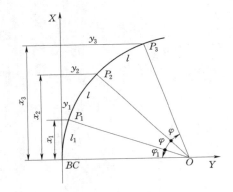

图 $11-17$　曲线细部测设——直角坐标法

由图可知细部点 P_1、P_2、P_3、…点的坐标为

$$\left.\begin{aligned}
&x_1 = R\sin\varphi_1; y_1 = R - R\cos\varphi_1 = 2R\sin^2\frac{\varphi_1}{2}\\[4pt]
&x_2 = R\sin(\varphi_1+\varphi); y_2 = R - R\cos(\varphi_1+\varphi) = 2R\sin^2\frac{1}{2}(\varphi_1+\varphi)\\[4pt]
&x_3 = R\sin(\varphi_1+2\varphi); y_3 = R - R\cos(\varphi_1+2\varphi) = 2R\sin^2\frac{1}{2}(\varphi_1+2\varphi)\\
&\qquad\qquad\qquad\qquad\vdots
\end{aligned}\right\} \quad (11-8)$$

在实地测设细部点时，根据算得的放样数据，用钢尺或皮尺由曲线起点沿切线方向量出 x_1、x_2、x_3、…，插上测钎作标记，然后分别作垂线并量出 y_1、y_2、y_3、…长度，就得曲线上细部点 P_1、P_2、P_3、…点。丈量各放出点间的距离（弦长），以资校核。

（二）偏角法

偏角法的原理与极坐标法相似，曲线上的点位，是由切线与弦线的夹角（称为偏角）和规定的弦长测定的。如图 $11-18$ 所示，在曲线起点 BC 测设细部（也可在终点 EO 测设），l 为整弧长，l_1 和 l_2 为曲线首尾段的弧长，它们所对的圆心角分别为 φ、φ_1 及 φ_2，所对的弦分别为 S、S_1 及 S_2。测设 P_1 时用偏角 $PBCP_1$（弦切角＝圆心角/2＝$\varphi_1/2$）及弦长 S_1

测定（极坐标法）。测设 P_2 时，则用偏角 $PBCP_2(\varphi_1/2+\varphi/2)$ 获得 BCP_2 方向，而后由 P_1 点以弦长 S 在 BCP_2 方向上相交得 P_2。以后各点用测设 P_2 点相同的方法测设。

计算放样数据所用的公式如下：

$$\left.\begin{aligned}\varphi=\frac{l}{R}\frac{180}{\pi},\varphi_1=\frac{l_1}{R}\frac{180}{\pi},\varphi_2=\frac{l_2}{R}\frac{180}{\pi}\\S=2R\sin\frac{\varphi}{2},S_1=2R\sin\frac{\varphi_1}{2},S_2=2R\sin\frac{\varphi_2}{2}\end{aligned}\right\}\quad(11-9)$$

计算偏角时需计算到主点 EC 的偏角，它应等于转折角 I 的一半，以资校核。

曲线测设到终点的闭合差，一般不应超过如下规定：

纵向（切线方向）$\pm L/1000$（L 为曲线长）；

横向（法线方向）$\pm 10\mathrm{cm}$。

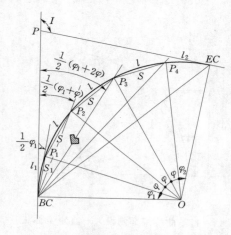

图 11-18　曲线细部测设——偏角法

如果图 11-18 中在终点 EC 测设细部点时，经纬仪瞄准各细部点，度盘读数应置于 $360°$ 减所计算的偏角。

【例 11-3】　用偏角测设〔例 11-2〕中的细部。

在〔例 11-2〕中三个主点里程桩号为

起点 BC 的里程 $=0+339.59$

中点 MC 的里程 $=0+380.32$

终点 EC 的里程 $=0+421.04$

以每隔 20m 钉一整数里程桩，则要测设的细部点有 $0+340$、$0+360$、$0+380$、$0+400$、$0+420$ 等 5 个里程桩。因此，$l_1=340-339.59=0.41$，$l_2=421.04-420=1.04$，$l=20$。按式（11-9）算得

$$\varphi_1/2=0°03'31'',S_1=0.41$$
$$\varphi/2=2°51'53'',S=19.99$$
$$\varphi_2/2=0°08'56'',S_2=1.04$$

放样数据列于表 11-1。

表 11-1　　　　　　　　　　　　　圆曲线放样数据表

曲线元素	桩　号	偏　　　角	度盘读数	弦　长	备　　注
转点桩号	起点 0+339.59	0° 00′ 00″	0° 00′ 00″	$S_1=0.41$m	
0+380.89	340	0　03　31	0　03　31		
转折角	360	2　55　24	2　55　24	$S=19.99$m	
$I=23°20'$ 右	380	5　47　17	5　47　17		
$R=200$m	中点 380.32				$I/2=11°40'00''$
$T=41.30$m	400	8　29　10	8　39　10		
$L=81.45$m	420	11　31　03	11　31　03	$S_2=1.04$m	
$E=4.22$m	终点 0+421.04	11　39　59	11　39　59		

注　偏角为顺时针方向时，度盘读数同计算的偏角值，如偏角为逆时针方向时，度盘读数应为 360° 减计算的偏角值。

　　如果遇有障碍阻挡视线，则如图 11 - 18 中测设 P_3 点时，视线被房屋挡住，则可将仪器搬至 P_2 点，度盘置 $0°00'$，照准 BC 点后，倒转望远镜，转动照准部使度盘读数为 P_3 点的偏角值，此时视线就处于 P_2P_3 方向线上，由 P_2 在此方向上量弦长 S 即得 P_3 点。运用已算得的偏角数据，继续测设以后各点。

第十二章　大坝施工测量

为了满足防洪要求，获得发电、灌溉、防洪等方面的效益，需要在河流的适宜河段修建不同类型的建筑物，用来控制和支配水流。这些建筑物统称为水工建筑物。水工建筑物种类繁多，按其作用可以分为挡水建筑物、泄水建筑物、输水建筑物、取（进）水建筑物、整治建筑物和专门为灌溉、发电、过坝需要而兴建的建筑物。由不同类型的水工建筑物组成的综合体称为水利枢纽。图 12-1 为一水利枢纽布置示意图，其主要组成部分有：心墙土石坝、溢洪道、泄洪洞、排沙洞、电站建筑物、过木道等组成。

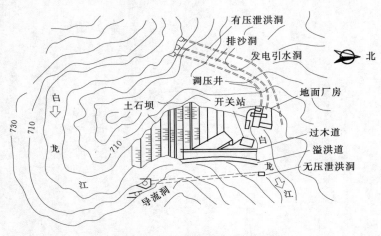

图 12-1　某水利枢纽布置示意图

大坝是水利枢纽的重要组成部分，按坝型可分为土坝、堆石坝、重力坝、拱坝和支墩坝等。修建大坝需按施工顺序进行下列测量工作：布设平面和高程基本控制网，控制整个工程的施工放样；确定坝轴线和布设控制坝体细部放样的定线控制网；清基开挖的放样；坝体细部放样等。对于不同筑坝材料及不同坝型施工放样的精度要求有所不同，内容也有此差异，但施工放样的基本方法大同小异。本章分别就土坝及混凝土重力坝施工放样的主要内容及其基本方法进行介绍。

第一节　土坝的控制测量

土坝是一种较为普遍的坝型。我国修建的数以万计的各类坝中，土坝约占 90% 以上。根据土料在坝体的分布及其结构的不同，其类型又有多种。图 12-2 是一种黏土心墙坝的示意图。

土坝的控制测量是首先根据基本网确定坝轴线，然后以坝轴线为依据布设坝身控制网以控制坝体细部的放样。现分述如下。

一、坝轴线的确定

对于中小型土坝的坝轴线，一般是由工程设计人员和勘测人员组成选线小组，深入现场进行实地踏勘，根据当地的地形、地质和建筑材料等条件，经过方案比较，直接在现场选定。对于大型土坝以及与混凝土坝衔接的土质副坝，一般经过现场踏勘，图上规划等多次调查研究和方案比较，确定建坝位置，并在坝址地形图上结合枢纽的整体布置，将坝轴线标于地形图上，

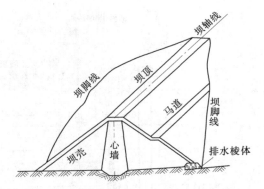

图 12-2　黏土心墙坝结构示意图

如图 12-3 中的 M_1、M_2 所示。如果采用全站仪放样，为了将图上设计好的坝轴线标定在实地上，一般可根据预先建立的施工控制网用角度交会法将 M_1 和 M_2 测设到地面上。放样时，先根据控制点 A、B、C 的坐标和坝轴线两端点 M_1、M_2 的设计坐标算出交会角 β_1、β_2、β_3 和 γ_1、γ_2、γ_3，然后安置全站仪于 A、B、C 点，测设交会角，用 3 个方向进行交会，在实地定出 M_1、M_2。如果采用全站仪极坐标法放样，先将测站点数据和放样点数据传输至全站仪，然后在某一控制点上安置全站仪，后视另一控制点，调用放样程序放样 M_1、M_2。坝轴线的两端点在现场标定后，应用永久性标志标明。为了防止施工时端点被破坏，应将坝轴线的端点延长到两面山坡上，如图 12-3 中的 M_1'、M_2' 所示。

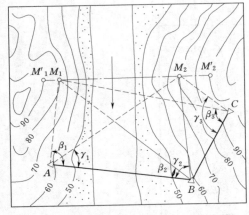

图 12-3　角度交会法测设坝轴线示意图

二、坝身控制线的测设

坝身控制线是与坝轴线平行和垂直的一些控制线。坝身控制线的测设，需将围堰的水排尽后，清理基础前进行。

（一）平行于坝轴线的控制线的测设

平行于坝轴线的控制线可布设在坝顶上下游线、上下游坡面变化处、下游马道中线，也可按一定间隔布设（如 10m、20m、30m 等），以便控制坝体的填筑和进行土石方计算。

测设平行于坝轴线的控制线时，分别在坝轴线的端点 M_1 和 M_2 安置全站仪，瞄准后视点，旋转 90°各作一条垂直于坝轴线的横向基准线（图 12-4），然后沿此基准线量取各平行控制线距坝轴线的距离，得各平行线的位置，用方向桩在实地标定。也可以用全站仪按确定坝轴线的方法放样。

（二）垂直于坝轴线的控制线的测设

垂直于坝轴线的控制线，一般按 50m、30m 或 20m 的间距以里程来测设，其步骤如下。

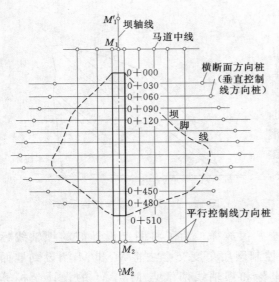

图 12-4 土坝坝身控制线示意图

(1) 沿坝轴线测设里程桩。在坝轴线一端（图 12-4 中的 M_1）附近，测设出在轴线上设计坝顶与地面的交点，作为零号桩，其桩号为 0+000。方法是：在 M_1 安置全站仪，瞄准另一端点 M_2 得坝轴线方向；用第十一章高程放样的方法，在坝轴线上找到一个地面高程等于坝顶高程的点，这个点及为零号桩点。然后由零号桩起，由全站仪定线，沿坝轴线方向接选定的间距（图 12-4 中为 30m）丈量距离，顺序打下 0+030、060、090、…里程桩，直至另一端坝顶与地面的交点为止。

(2) 测设垂直于坝轴线的控制线。将全站仪安置在里程桩上，瞄准 M_1 或 M_2 旋转照准部 90°即定出垂直于坝轴线的一系列平行线，并在上下游施工范围以外用方向桩标定在实地上，作为测量横断面和放样的依据，这些桩亦称横断面方向桩（图 12-4）。

三、高程控制网的建立

用于土坝施工放样的高程控制，可由若干永久性水准点组成基本网和临时作业水准点两级布设。基本网布设在施工范围以外，并应与国家水准点连测，组成闭合或附合水准路线（图 12-5），用三等或四等水准测量的方法施测。

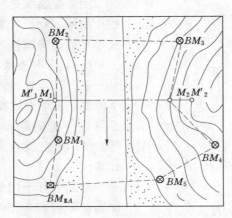

图 12-5 土坝高程基本网

临时水准点直接用于坝体的高程放样，布置在施工范围以内不同高度的地方，并尽可能做到安置一次或两次仪器就能放样高程。临时水准点应根据施工进程及时设置，附合到永久水准点上。一般按四等或五等水准测量的方法施测，并要根据永久水准点定期进行检测。

在精度要求不是很高时，也可以应用全站仪进行三角高程放样。

第二节　土坝清基开挖与坝体填筑的施工测量

一、清基开挖线的放样

为使坝体与岩基很好地结合，坝体填筑前，必须对基础进行清理。为此，应放出清基开挖线，即坝体与原地面的交线。

清基开挖线的放样精度要求不高，可用图解法求得放样数据在现场放样。为此，先沿坝轴线测量纵断面，即测定轴线上各里程桩的高程，绘出纵断面图，求出各里程桩的中心填土高度，再在每一里程桩进行横断面测量，绘出横断面图，最后根据里程桩的高程、中心填土高度与坝面坡度，在横断面图上套绘大坝的设计断面（图 $12-6$）。从图中可以看出 R_1、R_2 为坝壳上下游清基开挖点，n_1、n_2 为心墙上下游清基开挖点，它们与坝轴线的距离分别为 d_1、d_2、d_3、d_4，可从图上量得，用这些数据即可在实地放样。但清基有一定深度，开挖时要有一定坡度，故 d_1 和 d_2 应根据深度适当加宽进行放样，用石灰连接各断面的清基开挖点，即为大坝的清基开挖线。

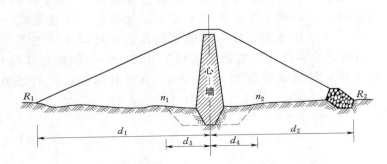

图 $12-6$　土坝清基放样数据

二、坡脚线的放样

清基以后应放出坡脚线，以便填筑坝体。坝底与清基后地面的交线即为坡脚线，下面介绍两种放样方法。

（一）横断面法

同样可以用图解法获得放样数据。由于清基时里程桩受到了破坏，所以应先恢复轴线上的所有里程桩，然后进行纵横断面测量，绘出清基后的横断面图，套绘土坝设计断面，获得类似图 $12-6$ 的坝体与清基后地面的交点 R_1 及 R_2（上下游坡脚点），d_1 及 d_2 即分别为该断面上、下游坡脚点的放样数据。在实地将出这些点标定出来，分别连接上下游坡脚点即得上下游坡脚线，如图 $12-4$ 虚线所示。

（二）平行线法

这种方法以不同高程坝坡面与地面的交点获得坡脚线。在第十章地形图的应用中，介绍的在地形图上确定土坝的坡脚线，是用已知高程的坝坡面（为一条平行于坝轴线的直线）求得它与坝轴线间的距离，获得坡脚点。平行线法测设坡脚线的原理与此相同，不同的是由距离（平行控制线与坝轴线的间距为已知）求高程（坝坡面的高程），而后在平行

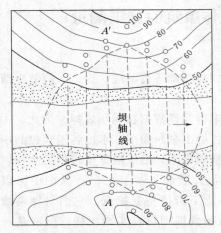

图 12-7 坡脚线的放样——平行线法

控制线方向上用高程放样的方法定出坡脚点。如图 12-7 所示，AA' 为坝身平行控制线，距坝顶边线 25m，若坝顶高程为 80m，边坡为 1：2.5，则 AA' 控制线与坝坡面相交的高程为 $80-25×\dfrac{1}{2.5}=70$（m）。放样时在 A 点安置全站仪，瞄准 A' 定出控制线方向，用水准仪或直接用全站仪在方向线上探测高程为 70m 的地面点，就是所求的坡脚点。连接各坡脚点即得坡脚线。

三、边坡放样

坝体坡脚放出后，就可填土筑坝，为了标明上料填土的界线，每当坝体升高 1m 左右，就要用桩（称为上料桩）将边坡的位置标定出来。标定上料桩的工作称为边坡放样。

放样前先要确定上料桩至坝轴线的水平距离（坝轴距）。由于坝面有一定坡度，随着坝体的升高坝轴距将逐渐减小，故预先要根据坝体的设计数据算出坡面上不同高程的坝轴距，为了使经过压实和修理后的坝坡面恰好是设计的坡面，一般应加宽 1～2m 填筑。上料桩就应标定在加宽的边坡线上（图 12-8 中的虚线处）。因此，各上料桩的坝轴距比按设计所算数值要大 1～2m，并将其编成放样数据表，供放样时使用。

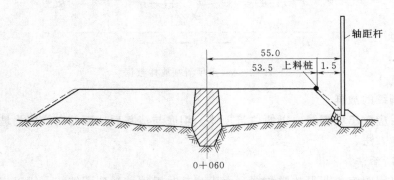

图 12-8 土坝边坡放样示意图

放样时，一般在填土处以外预先埋设轴距杆，如图 12-8 所示。轴距杆距坝轴线的距离主要考虑便于量距和放样，如图中为 55m。为了放出上料桩，则先用水准仪测出坡面边沿处的高程，根据此高程从放样数据表中查得坝轴距，设为 53.5m，此时，从坝轴杆向坝轴线方向量取 55.0－53.5＝1.5（m），即为上料桩的位置。当坝体逐渐升高，轴距杆的位置不便应用时，可将其向里移动，以方便放样。

四、坡面修整

大坝填筑至一定高度且坡面压实后，还要进行坡面的修整，使其符合设计要求。此时可用水准仪或全站仪按测设坡度线的方法求得修坡量（削坡或回填度）。如将全站仪安置在坡顶（假设站点的实测高程与设计高程相等），依据坝坡比（如 1：2.5）算出的边坡倾

角 α（即 $21°48'$）向下倾斜得到平行于设计边线的视线，然后沿斜坡竖立标尺，读取中丝读数 s，用仪器高 i 减 s 即得修坡量（图 $12-9$）。假设站点的实测高程 $H_{测}$ 与设计高程 $H_{设}$ 不等，则按下式计算修坡量 h，即

$$\Delta h = (i-s) + (H_{测} - H_{设}) \qquad (12-1)$$

为便于对坡面进行修整，一般沿斜坡观测 $3 \sim 4$ 个点，求得修坡量，以此作为修坡的依据。

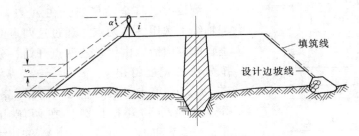

图 12-9　坡面修整放样

第三节　混凝土坝的施工控制测量

混凝土坝按其结构和建筑材料相对土坝来说较为复杂，其放样精度比土坝要求高。

一、基本平面控制网

平面控制网的精度指标及布设密度，应根据工程规模及建筑物对放样点位的精度要求确定。平面控制测量的等级依次划分为二、三、四、五等测角网、测边网、边角网或相应等级的光电测距导线网根据建筑物重要性的不同要求。平面控制网的布设梯级，可以根据地形条件及放样需要决定，以 $1 \sim 2$ 级为宜。但无论采用何种梯级布网，其最末平面控制点相对于同级起始点或相邻高一级控制点的点位中误差不应大于 $10mm$。图 $12-10$ 为平面控制网示意图。

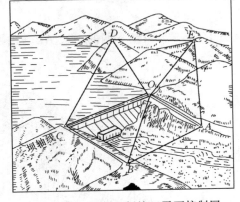

图 12-10　混凝土坝施工平面控制网

如果大型混凝土坝的基本网兼作变形观测监测网，要求更高，需按一、二等三角测量要求施测。为了减少安置仪器的对中误差，三角点一般建造混凝土观测墩，并在墩顶埋设强制对中设备，以便安置仪器和觇标（图 $12-11$）。

二、坝体控制网

混凝土坝采取分层施工，每一层中还分跨分仓（或分段分块）进行浇筑。坝体细部常用方向线交会法和前方交会法放样，为此，坝体放样的控制网——定线网，有矩形网和三角网两种，前者以坝轴线为基准，按施工分段分块尺寸建立矩形网，后者则由基本网加密

建立三角网作为定线网。

（一）矩形网

图 12-12（a）为直线型混凝土重力坝分层分块示意图，图 12-12（b）为以坝轴线 AB 为基准布设的矩形网，它是由若干条平行和垂直于坝轴线的控制线所组成，格网尺寸按施工分段分块的大小而定。

测设时，将全站仪安置在 A 点，照准 B 点，在坝轴线上选甲、乙两点，通过这两点测设与坝轴线相垂直的方向线，由甲、乙两点开始，分别沿垂直方向按分块的宽度钉出 e、f 和 g、h、m 以及 e′、f′ 和 g′、h′、m′ 等点。最后将 ee′、ff′、gg′、hh′ 及 mm′ 等连线延伸到开挖区外，在两侧山坡上设置 Ⅰ、Ⅱ、…、Ⅴ 和 Ⅰ′、Ⅱ′、…、Ⅴ′ 等放样控制点。然后在坝轴线方向上，按坝顶的高程，找出坝顶与地面相交的两点 Q 与 Q′，再沿坝轴线按分块的长度钉出坝基点 2、3、…、10，通过这些点各测设与坝轴线相垂直的方向线，并将方向线延长到上、下游围堰上或两侧山坡上，设置 1′、2′、…、11′ 和 1″、2″、…、11″ 等放样控制点。

在测设矩形网的过程中，测设直角时须用盘左盘右取平均，测量距离应细心校核，以免发生差错。

（二）三角网

图 12-13 为由基本网的一边 AB（拱坝轴线两端点）加密建立的定线网 ADCBFEA，

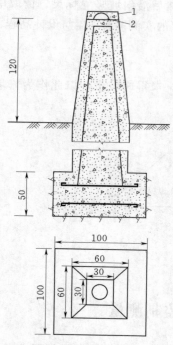

图 12-11 强制观测墩（单位：cm）

1—标盖；2—仪器基座

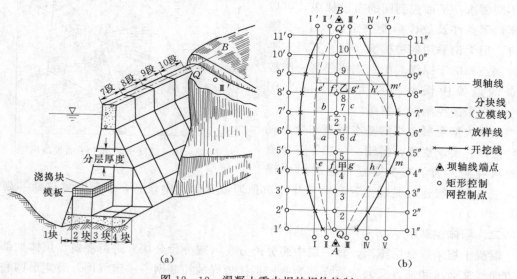

（a）　　　　　　　　　　（b）

图 12-12 混凝土重力坝的坝体控制

右图例：
—·— 坝轴线
——— 分块线（立模线）
----- 放样线
×—×— 开挖线
▲ 坝轴线端点
○ 矩形控制网控制点

各控制点的坐标（测量坐标）可测算求得。但坝体细部尺寸是以施工坐标系 xoy 为依据的，因此应进行坐标转换。坐标转换完成后，可以应用全站仪进行细部点位的放样。

三、高程控制

高程控制网的等级依次划分为二、三、四、五等。首级控制网的等级应根据工程规模、范围大小和放样精度确定。布设高程控制网时，首级控制网应布设成环形，加密时宜布设成附合路线或结点网。最末级高程控制点相对于首级高程控制点的高程中误差应不大于 10mm。作业水准点多布设在施工区内，应经常由基本水准点检测其高程，如有变化应及时改正。

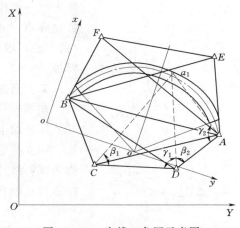

图 12－13　定线三角网示意图

第四节　混凝土坝清基开挖线的放样

清基开挖线是确定对大坝基础进行清除基岩表层松散物的范围，它的位置根据坝两侧坡脚线、开挖深度和坡度决定。标定开挖线一般采用图解法。和土坝一样先沿坝轴线进行纵横断面测量绘出纵横断面图，由各横断面图上定坡脚点，获得坡脚线及开挖线如图 12－12（b）所示。

实地放样时，可用与土坝开挖线放样相同的方法，在各横断面上由坝轴线向两侧量距得开挖点。在清基开挖过程中，还应控制开挖深度，每次爆破后及时在基坑内选择较低的岩面测定高程（精确到 cm 即可），并用红漆标明，以便施工人员和地质人员掌握开挖情况。

第五节　混凝土重力坝坝体的立模放样

一、坡脚线的放样

基础清理完毕，可以开始坝体的立模浇筑。立模前首先找出上下游坝地面与岩基的接触点，即分跨线上下游坡脚点。放样的方法很多，在此主要介绍逐步趋近法。

如图 12－14 中，欲放样上游坡脚点 a，可先从设计图上查得坡顶 B 的高程 H_B，坡顶距坝轴线的距离为 D，设计的上游坡度为 $1：m$，为了在基础面上标出 a 点，可先估计基础面的高程为 $H_{a'}$，则坡脚点距坝轴线的距离可按下式计算：

$$S_1 = D + (H_B - H_{a'})m \tag{12-2}$$

求得距离 S_1 后，可由坝轴线沿该断面量一段距离 S_1 得 a_1 点，用水准仪实测 a_1 点的高程 H_{a_1}，若 H_{a_1} 与原估计的 $H_{a'}$ 相等，则 a_1 点即为坡脚点 a。否则应根据实测的 a_1 点的高程，再求距离得：

$$S_2 = D + (H_B - H_{a_1})m$$

再从坝轴线起沿该断面量出 S_2 得 a_2 点，并实测 a_2 点的高程，按上述方法继续进行，逐次接近，直至由量得的坡脚点到坝轴线间的距离，与计算所得距离之差在 1cm 以内时为止（一般作三次趋近即可达到精度要求）。同法可放出其他各坡脚点，连接上游（或下游）各相邻坡脚点，即得上游（或下游）坡面的坡脚线，据此即可按 $1:m$ 的坡度竖立坡面模板。

二、直线型重力坝的立模放样

在坝体分块立模时，应将分块线投影到基础面上或已浇好的坝块面上，模板架立在分块线上，因此分块线也叫立模线，但立模后立模线被覆盖，还要在立模线内侧弹出平行线，称为放样线［图 12 - 12（b）中虚线所示］，用来立模放样和检查校正模板位置。放样线与立模线之间的距离一般为 0.2～0.5m。

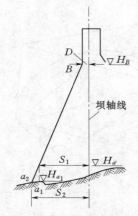

图 12 - 14　坝坡脚放样示意图

（一）方向线交会法

如图 12 - 12（b）所示的混凝土重力坝，已按分块要求布设了矩形坝体控制网，可用方向线交会法，先测设立模线。如要测设分块 2 的顶点 b 的位置，可在 $7'$ 安置全站仪，瞄准 $7''$ 点，同时在 Ⅱ 点安置全站仪，瞄准 Ⅱ′ 点，两架全站仪视线的交点即为 b 的位置。在相应的控制点上，用同样的方法可交会出这分块的其他 3 个顶点的位置，得出分块 2 的立模线。利用分块的边长及对角线校核标定的点位，无误后在立模线内侧标定放样线的四个角顶，如图 12 - 12 中分块 $abcd$ 内的虚线所示。

（二）前方交会（角度交会）法

如图 12 - 15 所示，由 A、B、C 三控制点用前方交会法先测设某坝块的 4 个角点 d、e、f、g，它们的坐标由设计图纸上查得，从而与三控制点的坐标可计算放样数据——交会角。如欲测设 g 点，可算出 β_1、β_2、β_3，便可在实地定出 g 点的位置。依次放出 d、e、f 各角点，也应用分块边长和对角线校核点位，无误后在立模线内侧标定放样线的 4 个角点。

方向线交会法简易方便，放样速度也较快，但往往受到地形限制，或因坝体浇筑逐步升高，挡住方向

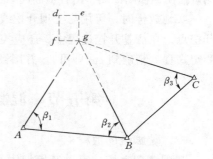

图 12 - 15　前方交会法

线的视线不便放样，因此实际工作中可根据条件把方向线交会法和角度交会法结合使用。

（三）全站仪放样法

只需将控制点数据和放样点数据上传至全站仪，然后将全站仪安置在一个较理想的观测点上，后视另一个观测点确定方位角，然后调用放样程序即可顺序放样，这种方法快捷、方便、精度高，目前被广泛采用。全站仪放样具体方法见第十一章。

三、拱坝的立模放样

拱坝坝体的立模放样，传统的方法一般多采用前方交会法。而目前工程上基本利用全站仪进行放样，即只需将控制点坐标和放样点坐标上传至全站仪，基于全站仪放样方法（第十一章）就可准确地放样出设计曲线。但是对于拱坝而言，很多工程上设计时使用了很复杂的曲线，因此在施工过程中需要现场准确、快速地确定复杂曲线上点的实际坐标，

下面以某拦河拱坝为例，介绍基于全站仪对拱坝放样前所需的数据准备工作，即首先计算放样点坐标，然后计算放样数据的方法。

图 12-16 为某水利枢纽工程的拦河拱坝，坝迎水面的半径为 243m，以 115° 夹角组成一圆弧，弧长为 487.732m，分为 27 跨，按弧长编成桩号，从 0+13.286～5+01.000（加号前为百米）。施工坐标 XOY，以圆心 O 与 12、13 坝段分跨线（桩号 2+40.000）为 X 轴，为避免坝体细部点的坐标出现负值，令圆心 O 的坐标为（500.000，500.000）。

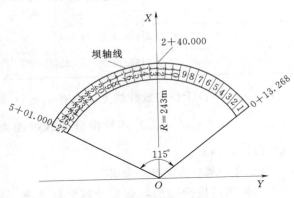

图 12-16　某水利枢纽工程的拦河拱坝

现以第 11 跨的立模放样为例介绍放样数据的计算，图 12-17 是第

11、12 坝段分块图，图中尺寸从设计图上获得，每坝段分三块浇筑，中间第二块在浇筑一、三块后浇筑，因此只要放出一、三块的放样线（图中虚线所示 $a_1a_2b_2c_2d_2d_1c_1b_1$ 及 $a_3a_4b_4c_4d_4d_3c_3b_3$）。放样数据计算时，应先算出各放样点的施工坐标，然后计算交会所需的放样数据。

（一）放样点施工坐标计算

由图 12-17 可知，放样点的坐标可按下列各式求得

$$\left.\begin{array}{l} x_{ai} = x_O + [R_i + (\mp 0.5)]\cos\varphi_a \\ y_{ai} = y_O + [R_i + (\mp 0.5)]\sin\varphi_a \end{array}\right\} \quad (i=1,2,3,4) \quad (12-3)$$

$$\left.\begin{array}{l} x_{bi} = x_O + [R_i + (\mp 0.5)]\cos\varphi_b \\ y_{bi} = y_O + [R_i + (\mp 0.5)]\sin\varphi_b \end{array}\right\} \quad (i=1,2,3,4) \quad (12-4)$$

$$\left.\begin{array}{l} x_{ci} = x_O + [R_i + (\mp 0.5)]\cos\varphi_c \\ y_{ci} = y_O + [R_i + (\mp 0.5)]\sin\varphi_c \end{array}\right\} \quad (i=1,2,3,4) \quad (12-5)$$

$$\left.\begin{array}{l} x_{di} = x_O + [R_i + (\mp 0.5)]\cos\varphi_d \\ y_{di} = y_O + [R_i + (\mp 0.5)]\sin\varphi_d \end{array}\right\} \quad (i=1,2,3,4) \quad (12-6)$$

式中：(x_O, y_O) 为圆心 O 点的坐标；0.5m 为放样线与圆弧立模线的间距；$i=1,3$ 取"—"，$i=2,4$ 取"+"。

$$\varphi_a = [l_{12} + l_{11} - 0.5] \times \frac{1}{R_1} \times \frac{180°}{\pi}$$

$$\varphi_b = [l_{12} + l_{11} - 0.5 - \frac{1}{3}(l_{11} - 1)] \times \frac{1}{R_1} \times \frac{180°}{\pi}$$

$$\varphi_c = [l_{12} + l_{11} - 0.5 - \frac{2}{3}(l_{11} - 1)] \times \frac{1}{R_1} \times \frac{180°}{\pi}$$

$$\varphi_d = [l_{12} + l_{11} - 0.5 - \frac{3}{3}(l_{11} - 1)] \times \frac{1}{R_1} \times \frac{180°}{\pi}$$

根据上述各式算得第三块放样点的坐标见表12-1。

表 12 - 1　　　　　　　　**第 三 块 放 样 点 坐 标**

	a_3	b_3	c_3	d_3	a_4	b_4	c_4	d_4	
x	695.277	696.499	697.508	698.303	671.626	672.700	673.587	674.286	$\varphi_a=11°40'17''$　　$\varphi_b=9°47'07''$
y	540.338	533.889	527.402	520.886	535.453	529.784	524.084	518.357	$\varphi_c=7°53'56''$　　$\varphi_d=6°00'45''$

由于 a_i、d_i 位于径向放样线上，只有 a_1 与 d_1 至径向立模线的距离为 0.5m，其余各点（a_2、a_3、a_4 及 d_2、d_3、d_4）到径向分块线的距离，可由 $\dfrac{0.5}{R_1}R_i$ 求得，分别为 0.458m、0.411m 及 0.360m。

（二）交会放样点的数据计算

如果采用角度交会法，则要计算放样数据。图 12-17 中，a_i、b_i、c_i、d_i 等放样点是用角度交会法放样到实地的。例如，图 12-18 中放样点 a_4，是由标2、标3、标4 三个控制点，用 β_1、β_2、β_3 三个交会角交会而得，标1 也是控制点，它的坐标也是已知

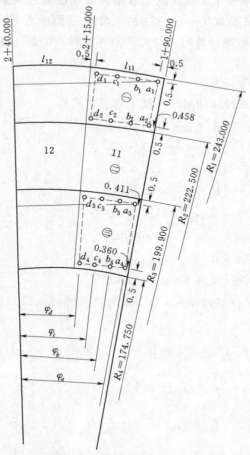

图 12-17　拱坝立模放样数据计算（长度单位：m）

的，如果是测量坐标，应转化算为施工坐标，便于计算放样数据。在这里控制点标 1 作为定向点，即仪器安置在标 2、标 3、标 4，以瞄准标 1 为交会角的起始方向。交会角 β_1、β_2、β_3 是根据放样点的坐标与控制点的坐标用反算求得，如图 12-18 所示，标 2、标 3、标 4 的坐标与标 1 的坐标计算定向方位角 α_{21}、α_{31}、α_{41}，与放样点 a_4 的坐标计算放样点的方位角 α_{2a4}、α_{3a4}、α_{4a4}，相应方位角相减，得 β_1、β_2、β_3 的角值。有时可不必算出交会角，利用算得的方位角直接交会。例如全站仪安置在标 2，瞄准定向点标 1，使度盘读数为 α_{21}，而后转动度盘使读数为 α_{2a4}，此时视线所指为标 $2-a_4$ 方向，同样全站仪分别安置在标 3 及标 4，得标 $3-a_4$ 及标 $4-a_4$ 两

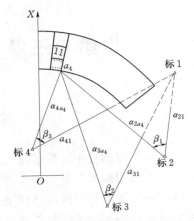

图 12-18 拱坝细部放样示意图

条视线，这三条视线相交，用角度交会法定出放样点 a_4。放样点测设完毕，应丈量放样点间的距离，是否与计算距离相等，以资校核。

(三) 混凝土浇筑高度的放样

模板立好后，还要在模板上标出浇筑高度。其步骤一般在立模前先由最近的作业水准点（或邻近已浇好坝块上所设的临时水准点）在仓内测设两个临时水准点，待模板立好后由临时水准点按设计高度在模板上标出若干点，并以规定的符号标明，以控制浇筑高度。

第十三章 隧洞施工测量

第一节 概　　述

　　在水利工程建设中，为了施工导流、引水发电或修渠灌溉，常常要修建隧洞。本章将介绍中小型隧洞施工测量的基本方法。

　　隧洞施工测量与隧洞的结构型式、施工方法有着密切的联系，一般情况下隧洞多由两端相向开挖，有时为了增加工作面还在隧洞中心线上增开竖井，或在适当的地方向中心线开挖平洞或斜洞（图 13-1），这就需要严格控制开挖方向和高程，保证隧洞的正确贯通。所以，隧洞施工测量的任务是：标定隧洞中心线，定出掘进中线的方向和坡度，保证按设计要求贯通，同时还要控制掘进的断面形状，使其符合设计尺寸。故其测量工作一般包括：洞外定线测量、洞内定线测量、隧洞高程测量和断面放样等。

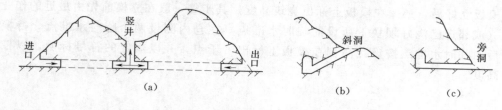

图 13-1　竖井、斜洞、旁洞示意图

第二节　洞 外 控 制 测 量

一、地面控制测量

　　进行地面控制测量的目的，是为了决定隧洞洞口位置，并为确定中线掘进方向和高程放样提供依据，它包括平面控制和高程控制。

　　（一）平面控制

　　隧洞平面控制网可以采用三角锁或导线的形式，但水利工程中的隧洞一般位于山岭地区，故多采用三角锁的形式。如果有测图控制网能满足施工要求，应尽量加以检核使用。

　　1. 三角测量

　　敷设三角锁时应考虑将隧洞中线上的主要中线点包括在锁内，尽可能在各洞口附近布置有三角点，以便施工放样，并力求将洞口、转折点等选为三角点，以便减小计算工作量提高放样精度。三角锁的等级随隧洞长度、形式、贯通精度要求而异，对于长度在 1km 以内、横向贯通误差容许值为 ±10～±30cm 的隧洞，布设三角网的精度应满足下列要求：基线丈量的相对误差为 1/20000；三角网最弱边（即精度最低的边）的相对误差为 1/

10000；三角形角度闭合差为 $30''$；角度观测时，用全站仪测两测回。

三角网的施测与平差计算可按第六章所述方法进行，以求得各控制点的坐标和各边的方位角。

2. 导线测量

采用导线作为平面控制时，其距离丈量相对误差不得大于 1/5000，角度用全站仪测两测回，角度闭合差不应超过 $\pm 24''\sqrt{n}$（n 为角的个数）。导线的相对闭合差不应大于 1/5000。

（二）高程控制

为了保证隧洞在竖直面内正确贯通，将高程从洞口及竖井传递到隧洞中去，以控制开挖坡度和高程，必须在地面上沿隧洞路线布设水准网。一般用三、四等水准测量施测，可以达到高程贯通误差容许值为 ± 50mm 的要求。

建立水准网时，基本水准点应布设在开挖爆破区域以外地基比较稳固的地方。作业水准点可布置在洞口与竖井附近，每一洞口要埋设两个以上的水准点。

二、隧洞洞口位置与中线掘进方向的确定

在地面上确定洞口位置及中线掘进方向的测量工作称为洞外定线测量，它是在控制测量的基础上，根据控制点与图上设计的隧洞中线转折点、进出口等的坐标，计算出隧洞中线的放样数据，在实地将洞口位置和中线方向标定出来，这种方法可称为解析法定线测量。另外，当隧洞很短，没有布设控制网时，则在实地直接选定洞口位置，并标定中线掘进方向，这种方法称直接定线测量。现分述如下。

（一）直接定线测量

对于较短的隧洞，可在现场直接选定洞口位置，然后用全站仪按正倒镜定直线的方法标定隧洞中心线掘进方向，并求出隧洞的长度。如图 13-2 所示，A、B 两点为现场选定的洞口位置，且两点互不通视，欲标定隧洞中心线，首先约在 AB 的连线上初选一点 C'，将全站仪安置在 C' 点上，瞄准 A 点，倒转望远镜，在 AC' 的延长线上定出 D' 点，为了提高定线精度可用盘左盘右观测取平均，作为 D' 点的位置；然后搬仪器至 D' 点，同法在洞口定

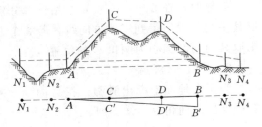

图 13-2 隧洞直接定线示意图

出 B' 点。通常 B' 与 B 不相重合，此时量取 $B'B$ 的距离，并用全站仪测得 AD' 和 $D'B'$ 的水平长度，求出 D' 点的改正距离 $D'D$，即

$$D'D = \frac{AD'}{AB'}B'B \tag{13-1}$$

在地面上从 D' 点沿垂直于 AB 方向量取距离 $D'D$ 得到 D 点，再将仪器安置于 D 点，依上述方法再次定线，由 B 点标定至 A 洞口，如此重复定线，直至 C、D 位于 AB 直线上为止。最后在 AB 的延长线上各埋设两个方向桩 N_1、N_2 和 N_3、N_4，以指示开挖方向。

隧洞长度可直接用全站仪测得。

对于较短的曲线隧洞，若地形条件适宜，则可根据设计的曲线元素，按曲线放样的方法将隧洞中线上各点依一定距离（如 10m）在地面上标定出来，然后再精确地测量各点间

的距离和角度，作为洞内标定中线的依据。

（二）解析法定线测量

1. 洞口位置的标定

在实地布设的三角网，若洞口不可能选为三角点时，则应将图上设计的洞口位置在实地标定出来。如图 13-3 所示，ABC 为隧洞中线，A、C 为洞口位置，B 为转折点，其中洞口 A 正好位于三角点上，而洞口 C 不在三角点上，这样，就可根据 5、6、7 三个控制点用角度交会法将 C 点在实地测设出来。为此，需依各控制点的已知坐标和 C 点的设计坐标计算出方位角 α 和交会角 β，即

$$\tan\alpha_{5-C} = \frac{y_C - y_5}{x_C - x_5}; \quad \tan\alpha_{6-C} = \frac{y_C - y_6}{x_C - x_6}; \quad \tan\alpha_{7-C} = \frac{y_C - y_7}{x_C - x_7}$$

$$\beta_1 = \alpha_{5-C} - \alpha_{5-6}; \quad \beta_2 = \alpha_{6-C} - \alpha_{6-7}; \quad \beta_3 = \alpha_{7-C} - \alpha_{7-5}$$

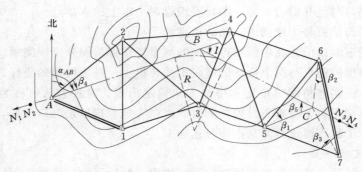

图 13-3　隧洞三角网布置图

放样时，在 5、6、7 安置全站仪，分别测设交会角 β_1、β_2、β_3，并用盘左、盘右测设取其平均位置，得到三条方向线，若 3 个方向相交所形成的误差三角形在允许范围以内，则取其内切圆圆心为洞口 C 的位置。

2. 开挖方向的标定

为了在地面上标出隧洞开挖方向 AB 和 CB，同样是根据各点的坐标先算出方位角，然后算出定向角 β_4、β_5。即

$$\tan\alpha_{AB} = \frac{y_B - y_A}{x_B - x_A}; \quad \tan\alpha_{CB} = \frac{y_B - y_C}{x_B - x_C}$$

$$\beta_4 = \alpha_{AB} - \alpha_{A2}; \quad \beta_5 = \alpha_{CB} - \alpha_{C5}$$

测设时，在 A、C 点安置全站仪，分别测设定向角 β_4、β_5，并以盘左、盘右测设取其平均位置，即得到开挖方向 AB 和 CB，然后将它标定到地面上，例如图 13-4 中所示，A 为洞口点，1、2、3、4 为标定在地面上的掘进方向桩，再在大致垂直的方向上埋设 5、6、7、8 桩，用以检查或恢复洞口点的位置。掘进方向桩要用混凝土桩或石桩，埋设在施工过程中不受损坏、点位

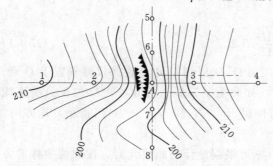

图 13-4　隧洞洞口及掘进方向的标定

不致移动的地方，同时量出洞口点 A 至 2、3、6、7 等桩的距离。有了方向桩和距离数据，在施工过程中可随时检查或恢复洞口点的位置。

3. 隧洞长度

根据洞口点和路线转折点的坐标可求得隧洞的长度。如果是直线隧洞，其进出口分别为 A、B，则隧洞长 $D_{AB} = \dfrac{y_B - y_A}{\sin\alpha_{AB}} = \dfrac{x_B - x_A}{\cos\alpha_{AB}}$。如果是曲线隧洞（图 13-3），在转折处设有圆曲线，先分别求出 D_{AB} 和 D_{BC}，再根据第十一章第五节介绍的方法算出切线长 T 和曲线长 L，最后求得曲线隧洞的长度 $D = D_{AB} + D_{BC} - 2T + L$。

第三节 隧洞掘进中的测量工作

一、隧洞中线及坡度的测设

在隧洞口劈坡完成后，就要在劈坡面上给出隧洞中心线，以指示掘进方向。如图 13-5（a）所示，安置仪器在洞口点 A，瞄准掘进方向桩 1、2，倒转望远镜即为隧洞中线方向，一般用盘左、盘右取平均的方法，在洞口劈坡面上给出隧洞开挖方向。

随着隧洞的掘进，需要继续把中心线向前延伸，应每隔一定距离（如 20m），在隧洞底部设置中心桩。施工中为了便于目测掘进方向，在设置底部中心桩的同时，做 3 个间隔为 1.5m 左右的吊桩，用以悬挂锤球，如图 13-5（b）所示。

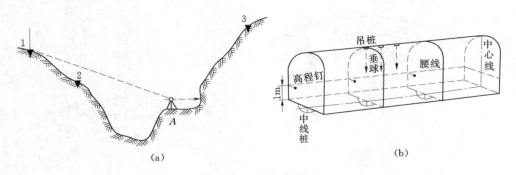

图 13-5 隧洞中线及腰线示意图

中心桩一般用 10cm×10cm 长 30cm 的木桩或直径为 2cm 长约 20cm 的钢筋头，周围用混凝土浇灌于隧洞底部，桩顶应低于洞底面 10cm，上加护盖，四周挖排水小沟，防止积水。吊桩通常采用锥头木桩，用风钻在洞顶钻洞，将锥头木桩打入洞内，用小钉标志中心线位置，悬挂锤球。

在隧洞掘进中，为了保证隧洞的开挖符合设计的高程和坡度，还应由洞口水准点向洞内引测高程，在洞内每隔 20~30m 设一临时水准点，200m 左右设一固定水准点，可以在浇灌水泥中线桩时，埋设钢筋兼作固定水准点，采用四等水准测量的方法往返观测，求得点的高程。为了控制开挖高程和坡度，先要根据洞口的设计高程、隧洞的设计坡度和洞内各点的掘进距离，算出各处洞底的设计高程，然后依洞内水准点进行高程放样。放样时，常先在洞壁或撑木上每隔一定距离（5~10m），测设比洞底设计高程高出 1m 的一些点，连接这些高程点，即为高出洞底设计坡度线 1m 的平行线，称为腰线［图 13-5（b）］，从而可方便隧洞的断面放样，指导隧洞顶部和底部按设计纵坡开挖。

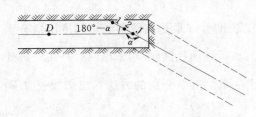

图 13-6 隧洞折线段测设示意图

二、折线与曲线段中线的测设

对于不设曲线的折线隧洞（图 13-6）在掘进至转折点 J 时，可在该点上安置全站仪，瞄准 D，右转角度 $360°-\alpha$，定出继续掘进的方向。由于开挖前不便在前进方向上标志掘进方向，这时可在掘进的相反方向（$180°-\alpha$）上，作出方向标志，如 1、2 点，用 1、2、J 三点指导开挖。

对于需要设置圆曲线的较短隧洞，可采用偏角法测设曲线隧洞的中线。如图 13-7 所示，Z、Y 分别为圆曲线的起点和终点，J 为转折点，L 为曲线全长，将其分为几等分，则每段长 $S=\dfrac{L}{n}$，曲线半径 R 由设计中规定，转折角 I 可由洞外定线时实测得知，则每段曲线长所对的圆心角 $\varphi=\dfrac{I}{n}$，偏角为 $\dfrac{\varphi}{2}=\dfrac{I}{2n}$，对应的弦长 $d=2R\sin\dfrac{I}{2n}$。

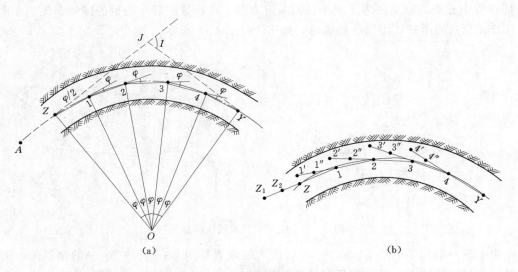

(a)   (b)

图 13-7 隧洞曲线测设示意图

测设时，当隧洞沿直线部分掘进至曲线的起点 Z，并略过 Z 点后，根据直线段的长度和中线方向，准确标出 Z 点。然后将全站仪安置在 Z 点，以 $0°00'00''$ 后视 A，拨角 $180°+\varphi/2$，即得 $Z-1$ 弦线方向，在待开挖面上标出开挖方向，并倒转望远镜在顶板上标出 Z_1、Z_2 点［图 13-7（b）］。以后则根据 Z_1、Z_2、Z 三点的连线方向指导隧洞的掘进。当其掘进到略大于弦长 d 后，再安置全站仪于 Z 点，按上述方法定 $Z-1$ 方向，并用盘右位置再放样一次，取两次放样的中间位置作为 $Z-1$ 的方向，沿该方向用全站仪自 Z 点测弦长 d，即得曲线上的点 1。点 1 标定后，再安置全站仪于点 1，后视 Z 点，拨转角 $180°+\varphi$，即得 1-2 方向（拨转角 $180°+\varphi/2$ 得点 1 的切线方向，再拨转角 $\varphi/2$ 才得弦线 1-2 方向），按上述方法掘进，沿视线方向量弦长 d，得曲线上的点 2。用同样的方法定出 3、4、…直至曲线终点 Y。

三、洞内导线测量

对于较长的隧洞，为了减少测设洞内中线的误差累积，应布设洞内导线来控制开挖方向。

洞内导线点的设置以洞外控制点为起始点和起始方向，每隔 $50\sim100m$ 选一中线桩作为导线点（图 13 - 8）。对于曲线隧洞，曲线段的导线边长将受到限制，此时应尽量用能通视的远点为导线点，以增大边长，应将曲线的起点、终点包括在导线点内。为了避免施工干扰，保证点位的稳定，一般用混凝土包裹钢筋，以钢筋顶所刻十字线的交点代表点位，埋设在隧洞底部，且低于底面约 10cm 的地方，其上设置活动盖板加以保护（图 13 - 9）。

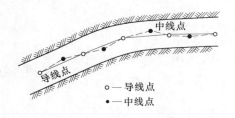

图 13 - 8　导线点设置图

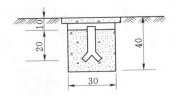

图 13 - 9　点位标志断面图（单位：cm）

洞内导线是随着隧洞的掘进逐步向前延伸的支导线。为了保证测量成果的正确性，必须由两组分别进行观测和计算，以资检核。测量时，导线边长用全站仪往返丈量，其相对误差不得大于 1/5000，角度用全站仪观测，不得少于 2 个测回。对于直线隧洞，其横向贯通误差主要由测角误差引起，应注意尽可能减小仪器对中误差和目标偏心误差的影响，提高测角的精度。对于曲线隧洞，测角误差与距离丈量误差均对横向贯通误差产生影响，故还需注意提高测距的精度。内业计算时，为了计算方便，常以隧洞中线作为隧洞施工坐标系的统一坐标轴。根据观测成果计算出导线点的坐标，由于定线和测量误差的累积影响，其与设计坐标不相一致，此时则应按其坐标差来改正点位，使导线点严格位于隧洞中线上。

由于洞内导线点的测设是随隧洞向前掘进逐步进行的，中间要相隔一段时间，在测定新点时，必须对已设置的导线点进行检测，直线隧洞测角精度要求较严，可只进行各转角的检核，若检核后的结果表明各点无明显位移，可将各次观测值取平均作为最终成果；若有变动，则应根据最后检测的成果进行新点的计算和放样。

四、隧洞开挖断面的放样

隧洞断面放样的任务是：开挖时在待开挖的工作面上标定出断面范围，以便布置炮眼，进行爆破；开挖后进行断面检查，以便修正，使其轮廓符合设计尺寸；当需要衬砌浇筑混凝土时，还要进行立模位置的放样。

断面的放样工作随断面的型式不同而异。通常采用的断面型式有圆形、拱形和马蹄形等。图 13 - 10 为一圆拱直墙式的隧洞断面，其放样工作包括侧墙和拱顶两部分，从断面设计中可以得知断面宽度 S、拱高 h_0、拱弧半径 R 和起拱线的高度 L 等数据。放样时，首先定中垂线和放出侧墙线。其方法是：将全站仪安置在洞内中线桩上，后视另一中线

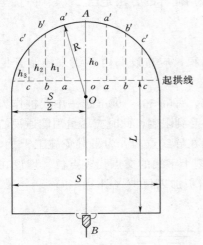

图 13-10　圆拱直墙式断面

桩，倒转望远镜，即可在待开挖的工作面上标出中垂线 AB，由此向两边量取 $S/2$，即得到侧墙线。然后根据洞内水准点和拱弧圆心的高程，将圆心 O 测设在中垂线上，则拱形部分可根据拱弧圆心和半径用几何作图方法在工作面上画出来，也可根据计算或图解数据放出圆周上的 a'、b'、c'、$\cdots$点。若放样精度要求较高时可采用计算的方法，其中放样数据 oa、oh、$\cdots$（起拱线上各点与 o 的距离），根据断面宽度和放样点的密度决定，通常 a、b、c、$\cdots$点取相等的间隔（如 1m）；由起拱线向上量取高度 h_i，即得拱顶 a'、b'、c'、$\cdots$点，h_i 可按下式计算

$$
\left.
\begin{aligned}
h_1 &= aa' = \sqrt{R^2 - oa^2} - (R - h_0) \\
h_2 &= bb' = \sqrt{R^2 - ob^2} - (R - h_0) \\
h_3 &= cc' = \sqrt{R^2 - oc^2} - (R - h_0) \\
&\cdots
\end{aligned}
\right\}
\tag{13-2}
$$

这样，根据这些数据即可进行拱形部分的开挖放样和断面检查，也可在隧洞衬砌时依此进行板模的放样。

对于圆形断面其放样方法与上述方法类似，即先放出断面的中垂线和圆心，再以圆心和设计半径画圆，测设出圆形断面。

第四节　竖井和旁洞的测量

一、竖井、旁洞的洞外定线

竖井是在隧洞地面中心线上某处，如图 13-11 (a) 中的 A 处，向下开挖至该处隧洞洞底，以增加对向开挖工作面。它的测量工作包括：在实地确定竖井开挖位置，测定高程以求得竖井开挖深度，在开挖至洞底时再将地面方向及高程通过竖井传递至洞内（后面详细介绍），作为掘进依据。

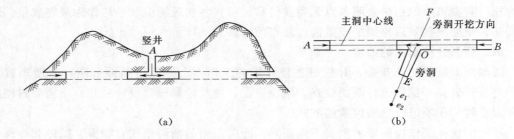

(a)　　　　　　　　　　　　　(b)

图 13-11　竖井旁洞布置图

旁洞是在隧洞一侧开挖打洞，与隧洞中心线相交后，沿隧洞中心线对向开挖以增加工作面。根据洞口的高低可分平洞和斜洞，前者沿隧洞设计高程开挖，后者洞口高于隧洞设

计高程。图 13-11（b）为平洞的平面示意图，E 为洞口，EF 为开挖方向，EO 为平洞开挖深度，γ 为平洞与隧洞中心线的交角（由平洞传递的主洞开挖方向）。当平洞洞口位置选定，并确定开挖方向后，就可在地面上主洞口 A 或 B 及平洞口 E 用两架全站仪定出交点 O'（图上未标出），精确丈量 EO' 的水平距离 $EO' = S$（平洞长度），再在 O' 点安置全站仪精确测出 $\angle AO'E = \gamma$，并在 $O'E$ 的延长线上埋设方向桩 e_1、e_2，指示平洞开挖方向。当平洞开挖至 O 点附近时（一般要比 EO 长一些），精确定出 O 点，用全站仪精密测设 γ 角，引进主洞开挖方向。

若敷设有控制网时，可根据控制点的坐标和洞口坐标计算所需的放样数据。如图 13-12 所示，A、B 为主洞口的洞口位置，E 为旁洞洞口位置，K 为控制点，其坐标均已知。设计中，旁洞中线与主洞中线的交角为 γ，可根据需要设定。为了在 E 点指示旁洞的开挖，必须算出定向角 β 和 EO 的距离 S。为此，首先应算出 O 点的坐标，然后再推算 β 和 S。

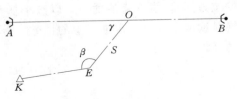

图 13-12 旁洞中线与主洞中线

由图 13-12 和设计中可知，$\alpha_{OA} = \alpha_{BA}$，$\alpha_{OE} = \alpha_{OA} - \gamma$，则交点 O 的坐标 (x_O, y_O)，可由下式解算求得：

$$\left.\begin{aligned}
\tan\alpha_{OA} &= \frac{y_A - y_O}{x_A - x_O} \\[2mm]
\tan\alpha_{OE} &= \frac{y_E - y_O}{x_E - x_O}
\end{aligned}\right\} \tag{13-3}$$

由此得定向角

$$\beta = \alpha_{EO} + 360° - \alpha_{EK} = \alpha_{OE} + 180° - \alpha_{EK}$$

式中

$$\tan\alpha_{EK} = \frac{y_K - y_E}{x_K - x_E}$$

距离

$$S = \frac{y_E - y_O}{\sin\alpha_{OE}} = \frac{x_E - x_O}{\cos\alpha_{OE}}$$

现场测设时，在 E 点安置全站仪，后视 K 点，精确测设 β 角，得旁洞的开挖方向，当开挖至 O 点后，即可标定沿主洞中线的开挖方向。

斜洞由于洞口高程高于隧洞设计高程，开挖的是倾斜长度，故应根据所得的水平距离 S 及洞口与隧洞设计高程求得的高差 h，计算斜距及开挖坡度 $i = h/S$ 进行开挖。

二、通过竖井传递开挖方向和高程

采用开挖竖井来增加工作面时，需要将洞外的隧洞中线通过竖井传递到洞内，以控制开挖方向。其方法较多，现仅介绍方向线法。

如图 13-13 所示，A、B 为隧洞中线上的方向桩，为了将方向传递到洞内，可在 B 点上安置全站仪，瞄准 A 点，仔细移动井筒内悬挂吊有重锤的两条细钢丝（如用绞车控制移动），使其严格位于全站仪的视线上。钢丝的直径与吊锤的重量随井深而不同，当井深 20m 时，钢丝直径为 0.5mm，吊锤重 15kg；井深 40m 时，钢丝直径 0.8mm，吊锤重 25kg。将吊锤浸入盛有稳定液（废机油或水等）的桶中，为了提高传递方向的精度，两条钢丝之间的距离应尽可能大些，但不能碰着井壁，为此，待悬锤稳定后可从井上沿钢丝下放信号圈（小铅丝圈），看其是否顺利落下，并在井上、井下丈量两悬锤线间的距离，其差不大于 2mm 则满足要求，然后在井下将全站仪安置在距钢丝 4～5m 处，并用逐渐趋近的方法，使仪器中心严格位于两悬锤线的方向上，此时根据视线方向即可在洞内标定出中线桩（如点 1、点 2、点 3 等），控制开挖方向。

由竖井传递高程，如图 13-14 所示，是根据地面上已知水准点 A 的高程（H_A）测定井底水准点 B 的高程（H_B）。方法是：在地面上和井下各安置一架水准仪，并在竖井中悬挂一根经过检定的钢尺（分划零点在井下），钢尺的下端悬挂重锤（重量与检定钢尺时的拉力同），浸入盛油桶中，以减小摆动，A、B 点上竖立水准尺，观测时，两架水准仪同时读取钢尺上及水准尺上的读数，分别为 a_1、b_1 和 a_2、b_2，由此按下式即可求得 B 点的高程为

$$H_B = H_A + a_1 - (b_1 - a_2) - b_2 \qquad (13-4)$$

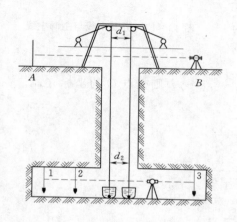

图 13-13 由竖井传递开挖方向

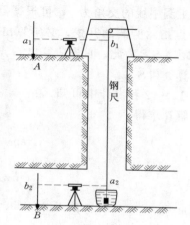

图 13-14 由竖井传递高程

为了校核，应改变仪器高 2～3 次进行观测，各次所求高程的差值若不超过 ±5mm，则取其平均值作为 B 点的高程。

第五节 隧 洞 的 贯 通 误 差

在隧洞施工中，由于地面控制测量、联系测量、地下控制测量以及细部放样测量的误差，使得两个相向开挖的工作面的施工中线不能理想地衔接，而产生的错开现象，叫贯通误差。

一、隧洞贯通误差的分类及其限差

要保证隧洞的正确贯通，就是要保证隧洞贯通时在纵向、横向及竖向三方面的误差（称为贯通误差）在允许范围以内：

（1）相向开挖的隧洞中线如不能理想地衔接，其长度沿中线方向伸长或缩短，即产生纵向贯通误差，也就是贯通误差在隧道中线方向的投影，其允许值一般为 ±20cm。

（2）中线在水平面上互相错开，即产生横向贯通误差，也就是贯通误差在水平面内垂

直于隧道中线方向的投影，其允许值一般在±10cm，但对于中小型工程的泄洪隧洞和不加衬砌的隧洞可适当放宽（如±30cm）。

（3）中线在竖直面内互相错开，即产生竖向贯通误差，也称高程贯通误差，也就是贯通误差在竖直方向的投影，其允许值一般为±5cm。

隧洞的纵向贯通误差主要涉及中线的长度，对于直线隧洞影响不大，有时将其误差限制在隧洞长度的 1/2000 以内，而竖向误差和横向误差一般应符合上述要求。

实际上对于隧洞贯通误差来说，纵向贯通误差影响隧洞的长度，只要它不大于隧洞定测中线的误差，便可满足隧洞施工要求，高程贯通误差采用水准测量的方法也可达到所需的要求，唯有横向贯通误差如果超过一定的范围，就会引起隧洞中线几何形状的改变，导致洞内建筑浸入设计规定界限，给工程造成损失，可见影响隧洞贯通误差的主要因素为横向贯通误差。

二、隧洞贯通误差的来源和分配

隧洞贯通误差的主要来源为洞外控制测量、联系测量、洞内控制测量的误差，洞内施工放样所产生的误差对贯通的影响很小，不予考虑。可将洞外控制测量、联系测量、洞内控制测量的误差作为影响贯通误差的独立因素来考虑，洞内两相向开挖的控制测量误差各为一个独立的因素。设隧道总的贯通中误差的允许值为 M_q，按照等影响原则。

无竖井联系测量时，则地面控制测量误差所引起的横向贯通中误差的允许值为

$$m_q = \frac{M_q}{\sqrt{3}} = 0.58M_q$$

采用一个竖井进行联系测量时，则地面控制测量误差所引起的横向贯通中误差的允许值为

$$m_q = \frac{M_q}{\sqrt{4}} = 0.5M_q$$

采用两个竖井进行联系测量时，则地面控制测量误差所引起的横向贯通中误差的允许值为

$$m_q = \frac{M_q}{\sqrt{5}} = 0.45M_q$$

隧洞的施工控制测量主要有地面测量和洞内测量两部分，其中每一部分又分为平面控制和高程控制。虽然随着测绘技术的飞速发展，全站仪的普遍应用，不论在测角还是测距上，其定位的精度都大大地提高。但隧道施工控制测量大多采用导线网控制，因此在平面控制上其误差来源主要还是测距和测角所引起的误差。

第十四章 渠 道 测 量

开挖河道、修建渠道或道路等各项工程，必须将设计好的路线，在地面上定出其中心位置，然后沿路线方向测出其地面起伏情况，并绘制成带状地形图或纵横断面图，作为设计路线坡度和计算土石方工程量的依据，这项工作称为路线测量。

路线测量的内容一般包括：踏勘选线、中线测量、纵横断面测量、土方计算和断面的放样等。本章介绍渠道测量的一般测量方法。

第一节 渠 道 选 线 测 量

一、踏勘选线

渠道选线的任务就是要在地面上选定渠道的合理路线，标定渠道中心线的位置。渠线的选择直接关系到工程效益和修建费用的大小，一般应考虑有尽可能多的土地能实现自流灌、排，而开挖和填筑的土、石方量和所需修建的附属建筑物要少，并要求中小型渠道的布置与土地规划相结合，做到田、渠、林、路协调布置，为采用先进农业技术和农田园田化创造条件，同时还要考虑渠道沿线有较好的地质条件，少占良田，以减少修建费用。

具体选线时除考虑其选线要求外，应依渠道大小的不同按一定的方法步骤进行。对于灌区面积大，渠线较长的渠道一般应经过实地查勘、室内选线、外业选线等步骤；对于灌区面积较小、渠线不长的渠道，可以根据已有资料和选线要求直接在实地查勘选线。

（一）实地踏勘

查勘前最好先在地形图（比例尺一般为 1:1 万～1:10 万）上初选几条比较渠线，然后依次对所经地带进行实地查勘，了解和搜集有关资料（如土壤、地质、水文、施工条件等），并对渠线某些控制性的点（如渠首、沿线沟谷、跨河点等）进行简单测量，了解其相对位置和高程，以便分析比较，选取渠线。

（二）室内选线

室内选线是在室内进行图上选线，即在适合的地形图上选定渠道中心线的平面位置，并在图上标出渠道转折点到附近明显地物点的距离和方向（由图上量得）。如该地区没有适用的地形图，则应根据查勘时确定的渠道线路，测绘沿线宽 100～200m 的带状地形图，其比例尺一般为 1:5000 或 1:1 万。

在山区丘陵区选线时，为了确保渠道的稳定，应力求挖方。因此，环山渠道应先在图上根据等高线和渠道纵坡初选渠线，并结合选线的其他要求对此线路作必要修改，定出图上的渠线位置。

（三）外业选线

外业选线是将室内选线的结果转移到实地上，标出渠道的起点、转折点和终点。外业选线也还要根据现场的实际情况，对图上所定渠线作进一步研究和补充修改，使之完善。实地选线时，一般应借助仪器选定各转折点的位置。对于平原地区的渠线应尽可能选成直线，如遇转弯时，则在转折处打下木桩。在丘陵山区选线时，为了较快地进行选线，可用全站仪测出有关渠段或转折点间的距离和高差。如果选线精度要求高，则用水准仪测定有关点的高程，探测渠线位置。

渠道中线选定后，应在渠道的起点、各转折点和终点用大木桩或水泥桩在地面上标定出来，并绘略图注明桩点与附近固定地物的相互位置和距离，以便寻找。

二、水准点的布设与施测

为了满足渠线的探高测量和纵断面测量的需要，在渠道选线的同时，应沿渠线附近每隔 1～3km 在施工范围以外布设一些水准点，并组成附合或闭合水准路线，当路线不长（15km 以内）时，也可组成往返观测的支水准路线。水准点的高程一般用四等水准测量的方法施测（大型渠道有的采用三等水准测量）。

第二节 中 线 测 量

中线测量的任务是根据选线所定的起点、转折点及终点，通过量距测角把渠道中心线的平面位置在地面上用一系列的木桩标定出来。

距离丈量，一般用皮尺或测绳沿中线丈量（用全站仪或花杆目视定直线），为了便于计算路线长度和绘制纵断面图，沿路线方向每隔 100m、50m 或 20m 钉一木桩，以距起点的里程进行编号，是为里程桩（整数）。如起点（渠道是以其引水或分水建筑物的中心为起点）的桩号为 0＋000，若每隔 100m 打一木桩，则以后各桩的桩号为 0＋100、0＋200、…，"＋"号前的数字为千米数，"＋"号后的数字是米数，如 1＋500 表示该桩离渠道起点 1km 又 500m。在两整数里程桩间如遇重要地物和计划修建工程建筑物（如涵洞，跌水等）以及

地面坡度变化较大的地方，都要增钉木桩，称为加桩，其桩号也以里程编号。如图 14－1 中所示的 1＋185、1＋233 及 1＋266 为路线跨过小沟边及沟底的加桩。里程桩和加桩通称中心线桩（简称中心桩），将桩号用红漆书写在木桩

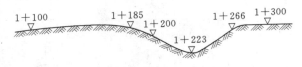

图 14－1 路线跨沟时的中心桩设置图

一侧，面向起点打入土中，为了防止以后测量时漏测加桩，还应在木桩的另一侧依次书写序号。

测角和测设曲线，距离丈量到转折点，渠道从一直线方向转向另一直线方向，此时，将全站仪安置在转折点，测出前一直线的延长线与改变方向后的直线间的夹角 I，称为偏角，在延长线左的为左偏角，在右的为右偏角，因此测出的 I 角应注明左或右。如图 14－2 中 IP_1 处为右偏角，即 $I_右＝23°20'$。根据规范要求：当 $I<6°$，不测设曲线；$I＝6°～12°$ 及 $I>12°$，曲线长度 $L<100m$ 时，只测设曲线的 3 个主点桩；在 $I>12°$ 同时曲线长度 $L>100m$ 时，需要测设曲线细部，则按第十一章第五节所述的方法测设曲线。

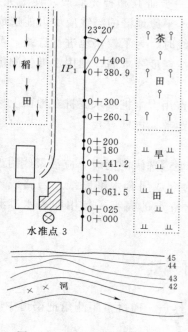

图 14-2 渠道测量草图示例

在测距的同时，还要在现场绘出草图（图 14-2）。图中直线表示渠道中心线，直线上的黑点表示里程桩和加桩的位置，IP_1（桩号为 $0+380.9$）为转折点，在该点处偏角 $I_右=23°20'$，即渠道中线在该点处，改变方向右转 $23°20'$。但在绘图时改变后的渠线仍按直线方向绘出，仅在转折点用箭头表示渠线的转折方向（此处为右偏，箭头画在直线右边），并注明偏角角值。至于渠道两侧的地形则可根据目测勾绘。

在山区进行环山渠道的中线测量时，为了使渠道以挖方为主，将山坡外侧渠堤顶的一部分设计在地面以下（图 14-3），此时一般要用水准仪来探测中心桩的位置。首先根据渠首引水口高程，渠底比降、里程和渠深（渠道设计水深加超高）计算堤顶高程，而后用水准测量探测该高程的地面点。例如渠首引水口的渠底高程为 74.81m，渠底比降为 $1/2000$，渠深为 2.5m，则 $0+500$ 的堤顶高程为 $74.81-500\times\dfrac{1}{2000}+2.5=77.06$（m），而后如图 14-4 所示，由 BM_1（高程为 76.605m）接测里程为 $0+500$ 的地面点 P_1 时，测得后视读数为 1.482m，则 P 点上立尺的读数应为 $76.605+1.482-77.06=1.027$（m），但实测读数为 1.785m，说明 P_1 点位置偏低，应向高处（山坡里侧）移至读数恰为 1.027m 时，即得堤顶位置，根据实地地形情况，向里移一段距离（不大于渠堤到中心线的距离），钉下 $0+500$ 里程桩。按此法继续沿山坡接测延伸渠线。

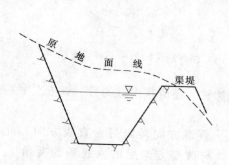

图 14-3 环山渠道断面图

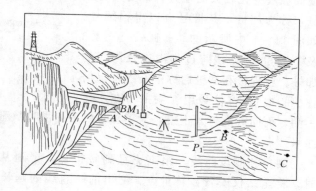

图 14-4 环山渠道中心桩探测示意图

中线测量完成后，对于大型渠道一般应绘出渠道测量路线平面图，在图上绘出渠道走向、各弯道上的圆曲线桩点等，并将桩号和曲线的主要元素数值（I、L 和曲线半径 R、切线长 T）注在图中的相应位置上。

第三节 纵 断 面 测 量

渠道纵断面测量的任务,是测出中心线上各里程桩和加桩的地面高程,了解纵向地面高低的情况,并绘出纵断面图,其工作包括外业和内业。

一、纵断面测量外业

渠道纵断面测量是以沿线测设的三、四等水准点为依据,按五等水准测量的要求从一个水准点开始引测,测出一段渠线上各中心桩的地面高程后,附合到下一个水准点进行校核,其闭合差不得超过 $\pm 10\text{mm}\sqrt{n}$(n 为测站数)。

如图 14-5 所示,从 BM_1(高程为 76.605m)引测高程,依次对 0+000,0+100,… 进行观测,由于这些桩相距不远,按渠道测量的精度要求,在一个测站上读取后视读数后,可连续观测几个前视点(水准尺距仪器最远不得超过 150m),然后转至下一站继续观测。这样计算高程时采用"视线高法"较为方便,其观测与记录及计算步骤如下。

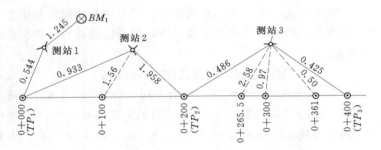

图 14-5 纵断面测量示意图

（一）读取后视读数,并算出视线高程

$$视线高程 = 后视点高程 + 后视读数 \tag{14-1}$$

如图 14-5 所示,在第 1 站上后视 BM_1,读数为 1.245,则视线高程为 76.605m+ 1.245m=77.850m(表 14-1)。

表 14-1 纵断面水准测量记录

测站	测 点	后视读数 /m	视线高 /m	前视读数/m 中间点	前视读数/m 转点	高程 /m	备 注
1	BM_1	1.245	77.850			76.605	已知高程
1	0+000（TP_1）	0.933	78.239		0.544	77.306	
2	100			1.560		76.680	
2	200（TP_2）	0.486	76.767		1.958	76.281	
3	265.5			2.580		74.190	
3	300			0.970		75.800	
3	361			0.500		76.270	
3	400（TP_3）				0.425	76.342	

测站	测 点	后视读数 /m	视线高 /m	前视读数/m 中间点	前视读数/m 转点	高程 /m	备 注
⋮	⋮	⋮	⋮	⋮	⋮	⋮	
7	0+800（TP_6）	0.848	75.790		1.121	74.942	
	BM_2				1.324	74.466	已知高程为 74.451
	计算校核	Σ 8.896 —) 11.035 —2.139				74.466 —) 76.605 —2.139	

（二）观测前视点并分别记录前视读数

由于在一个测站上前机要观测好几个桩点，其中仅有一个点是起着传递高程作用的转点，而其余各点只需读出前视读数就能得出高程，为区别于转点，称为中间点。中间点上的前视读数精确到厘米即可，而转点上的观测精度将影响到以后各点，要求读至毫米，同时还应注意仪器到两转点的前、后视距离大致相等（差值不大于 20m）。用中心桩作为转点，要置尺垫于桩一侧的地面，水准尺立在尺垫上，若尺垫与地面高差小于 2cm，可代替地面高程。观测中间点时，可将水准尺立于紧靠中心桩旁的地面，直接测算得地面高程。

（三）计算测点高程

$$测点高程＝视线高程－前视读数 \qquad (14-2)$$

例如，表 14-1 中，0+000 作为转点，它的高程＝77.850-0.544（第一站的视线高程－前视读数）＝77.306m，凑整成 77.31m 为该桩的地面高程。0+100 为中间点，其地面高程为第二站的视线高程减前视读数＝78.239-1.560＝77.679（m），凑整为 77.68m。

（四）计算校核和观测校核

当经过数站（如表 14-1 为 7 站）观测后，附合到另一水准点 BM_2（高程已知，为 74.541m），以检核这段渠线测量成果是否符合要求。为此，先要按下式检查各测点的高程计算是否有误，即

$$Σ后视读数－Σ转点前视读数＝BM_2的高程－BM_1的高程 \qquad (14-3)$$

如例中（表 14-1）Σ后－Σ前（转点）与终点高程（计算值）－起点高程均为 —2.139m，说明计算无误。

但 BM_2 的高程已知高程为 74.451m，而测得的高程是 74.466m，则此段渠线的纵断面测量误差为：74.466-74.451＝+15（mm），此段共设 7 个测站，允许误差为 $\pm 10\sqrt{7}$ ＝±26mm，观测误差小于允许误差，成果符合要求。由于各桩点的地面高程在绘制纵端面图时仅需精确至 cm，其高程闭合差可不进行调整。

二、纵断面图的绘制

纵断面图一般绘在毫米方格纸上，以水平距离为横轴，其比例尺通常取 1：1000～1：10000，依渠道大小而定；高程为纵轴，为了能明显地表示地面起伏情况，其比例尺比距离比例尺大 10～50 倍，可取 1：50～1：500，依地形类别而定。图 14-6 所绘纵断面图其水平距离比例尺为 1：5000，高程比例尺为 1：100，由于各桩点的地面高程一般很大，

为了节省纸张和便于阅读，图上的高程可不从零开始，而从一合适的数值（如 72m）起绘。根据各桩点的里程和高程在图上标出相应地面点，依次连接各点绘出地面线。再根据设计的渠首高程和渠道比降绘出渠底设计线。至于各桩点的渠底设计高程，则是根据起点（0+000）的渠底设计高程、渠道比降和离起点的距离计算求得，注在图下"渠底高程"一行的相应点处，然后根据各桩点的地面高程和渠底高程，即可算出各点的挖深或填高数，分别填在图中相应位置。

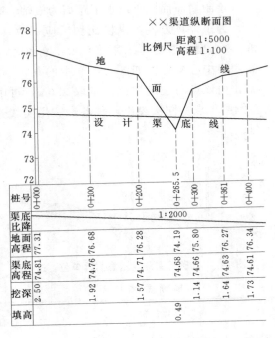

图 14-6　渠道纵断面图

第四节　横断面测量

横断面测量的任务，是测出各中心桩处垂直于渠线方向的地面高低情况，并绘出横断面图。其工作分为外业和内业。

一、横断面测量外业

进行横断面测量时，以中心桩为起点测出横断面方向上地面坡度变化点间的距离和高差。测量的宽度随渠道大小而定，也与挖（或填）的深度有关，较大的渠道、挖方或填方大的地段应该宽一些，一般以能在横断面图上套绘出设计横断面为准，并留有余地。其施测的方法步骤如下：

（1）定横断面方向。在中心桩上根据渠道中心线方向，用木制的十字直角器（图 14-7）或其他简便方法即可定出垂直于中线的方向，此方向即是该点处的横断面方向。

（2）测出坡度变化点间的距离和高差。测量时以中心桩为零起算，面向渠道下游分为左、右侧。对于较大的渠道可采用全站仪或水准仪测高配合量距进行测量。较小的渠道可

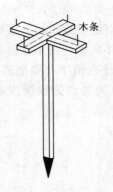

图 14-7 十字直角器

用皮尺拉平配合测杆读取两点间的距离和高差（图 14-8），读数时，一般取位至 0.1m，按表 14-2 的格式做好记录。如 0+100 桩号左侧第 1 点的记录，表示该点距中心桩 3.0m，低 0.5m；第 2 点表示它与第一点的水平距离是 2.9m，低于第 1 点 0.3m；第 2 点以后坡度无变化，与上一段坡度一致，注明"同坡"。

二、横断面图的绘制

绘制横断面图仍以水平距离为横轴、高差为纵轴绘在方格纸上。为了计算方便，纵横比例尺应一致，一般取 1∶100 或 1∶200，小型渠道也可采用 1∶50。绘图时，首先在方格纸适当位置定出中心桩点，如图 14-9 中的 0+100 点，从表 14-2 中可知，由该点向左侧按比例量取 3.0m，再由此向下（高差为正时向上）量取 0.5m，即得左侧第 1 点。同法绘出其他各点，用实线连接各点得地面线，即为 0+100 桩号的横断面图。

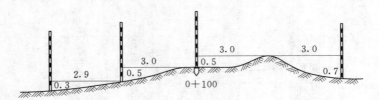

图 14-8 横断面测量示意图（单位：m）

表 14-2   横 断 面 测 量 手 簿

$\dfrac{高差}{距离}$ 左侧		中心桩高程	右侧 $\dfrac{高差}{距离}$	
同坡	$\dfrac{-0.3}{2.9}$ $\dfrac{-0.5}{3.0}$	$\dfrac{0+000}{77.31}$	$\dfrac{+0.5}{3.0}$ $\dfrac{-0.7}{3.0}$	同坡
同坡	$\dfrac{-0.3}{2.9}$ $\dfrac{-0.5}{3.0}$	$\dfrac{0+1000}{76.68}$	$\dfrac{+0.5}{3.0}$ $\dfrac{-0.7}{3.0}$	平
⋮	⋮ ⋮	⋮	⋮ ⋮	⋮

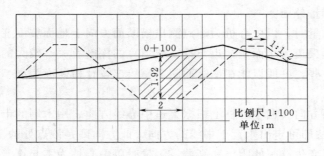

图 14-9 渠道横断面图

第五节　土　方　计　算

为了编制渠道工程的经费预算，以及安排劳动力，均需计算渠道开挖和填筑的土、石方量。其计算方法常采用平均断面法如图 14-10 所示，先算出相邻两中心桩应挖（或填）的横断面面积，取其平均值，再乘以两断面间的距离即得两中心桩之间的土方量，以公式表示为

$$V = \frac{1}{2}(A_1 + A_2)D \qquad\qquad (14-4)$$

式中　V——两中心桩间的土方量，m^3；

　A_1、A_2——两中心桩应挖（或填）的横断面面积，m^2；

　　　　D——两中心桩间的距离，m。

采用该法计算土方时，可按以下步骤进行。

1. 确定断面的挖、填范围

确定挖填范围的方法是在各横断面图上套绘渠道设计横断面。套绘时，先在透明纸上画出渠道设计横断面，其比例尺与横断面图的比例尺相同，然后根据中心桩挖深或填高数转绘到横断面图上。如图 14-9 所示，欲在该图上套绘设计断面，则先从纵断面图上查得 0+100 桩号应挖深 1.92m，再在该横断面图的中心桩处向下按比例量取 1.92m，得到渠底的中已位置，

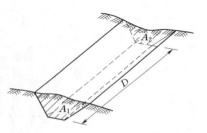

图 14-10　土方计算——
平均断面法

然后将绘有设计横断面的透明纸覆盖在横断面图上，透明纸上的渠底中点对准图上相应点，渠底线平行于方格横线，用针刺或压痕的方法将设计断面的轮廓点转到图纸上，连接各点即将设计横断面（图 14-9 中的虚线）套绘在横断面图上。这样，根据套绘在一起的地面线和设计断面线就能表示出应挖或应填范围。

2. 计算断面的挖、填面积

计算挖、填面积的方法很多，通常采用的有方格法和梯形法，其方法如下：

（1）方格法。方格法是将欲测图形分成若干个小方格，数出图形范围内的方格总数，然后乘以每方格所代表的面积，从而求得图形面积。计算时，分别按挖、填范围数得出该范围内完整的方格数目，再将不完整的方格用目估拼凑成完整的方格数，求得总方格数，如图 14-9 的图形中间部分为挖方，以厘米方格为单位，有 4 个完整方格（图中打有斜线的地方），其余为不完整方格（设有斜线的地方），将其凑整共有 4.4 个方格，则挖方范围的总方格数为 8.4 个方格。而图上方格边长为 1cm，即面积为 1cm²，图的比例尺为 1：

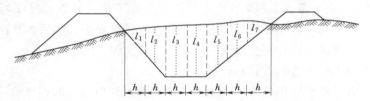

图 14-11　面积计算——梯形法

225

100，则一个方格的实际面积为 $1m^2$ ，因此该处的挖方面积为

$$8.4 \times 1m^2 = 8.4m^2$$

（2）梯形法。梯形法是将欲测图形分成若干等高的梯形，然后按梯形面积的计算公式进行量测和计算，求得图形面积。如图 14-11 所示，将中间挖方图形划分为若干个梯形，其中 l_i 为梯形的中线长，h 为梯形的高，为了方便计算，常将梯形的高采用 1cm，这样只需量取各梯形的中线长并相加，按下式即可求得图形面积 A，即

$$A = h(l_1 + l_2 + \cdots + l_n) = h\sum l \tag{14-5}$$

3. 计算土方

土方计算使用"渠道土方计算表"（表 14-3）逐项填写和计算。计算时，先从纵断面图上查取各中心桩的填挖数量及各桩横断面图上量算的填、挖面积填入表中，然后根据式（14-4）即可求得两中心桩之间的土方数量。

表 14-3
　　　　　　　　　　　　　　　　渠 道 土 方 计 算 表

桩号自 0+000 至 0+800

共__页第 1 页

桩　号	中心桩填挖		面积/m²		平均面积/m²		距离/m	土方量/m³		备注
	挖/m	填/m	挖	填	挖	填		挖	填	
0+000	2.50		8.12	3.15	8.26	3.08	100	826	308	
100	1.92		8.40	3.01	6.13	4.06	100	613	406	
200	1.57		3.86	5.11	2.28	5.28	50	114	264	
250	0		0.70	5.45	0.35	6.29	15.5	5	97	
265.5		0.49	0	7.13	⋯	⋯				
⋮	⋯	⋯	⋯	⋯	⋯	⋯				
0+800	0.47		5.64	4.91						
共　计								4261	3606	

当相邻两断面既有填方又有挖方时，应分别计算填方量和挖方量，如 0+000 与 0+100 两中心桩之间的土方量为

$$V_{挖} = \frac{1}{2}(8.40 + 8.12) \times 100 = 826 \ (m^3)$$

$$V_{填} = \frac{1}{2}(3.15 + 3.01) \times 100 = 308 \ (m^3)$$

如果相邻两横断的中心桩为一挖一填（如 0+200 为挖 1.57m，0+265.5 为填 0.49m），则中间必有一不挖不填的点，称为零点，即纵断面图上地面线与渠底设计线的交点，可以从图上量得，也可按比例关系求得，如从图 14-6 中量得两零点的桩号分别为 0+250 和 0+276。由于零点系指渠底中心线上为不挖不填，而该点处横断面的填方面积和挖方面积不一定都为零，故还应到实地补测该点处的横断面，然后再算出有关相邻两断面间的土方量，以提高土方计算的精度。

最后求得某段渠道的总挖方量和总填方量。

另外，随着电子地图应用的推广，土石方的计算可以由专门的程序自动解算，这样大大降低了劳动强度。

第六节　渠道边坡放样

边坡放样的主要任务是：在每个里程桩和加桩上将渠道设计横断面按尺寸在实地标定出来，以便施工。其具体工作如下。

一、标定中心桩的挖深或填高

施工前首先应检查中心桩有无丢失，位置有无变动。如发现有疑问的中心桩，应根据附近的中心桩进行检测，以校核其位置的正确性。如有丢失应进行恢复，然后根据纵断面图上所计算各中心桩的挖深或填高数，分别用红油漆写在各中心桩上。

二、边坡桩的放样

为了指导渠道的开挖和填土，需要在实地标明开挖线和填土线。根据设计横断面与原地面线的相交情况，渠道的横断面形式一般有 3 种：图 14-12（a）为挖方断面（当挖深达 5m 时应加修平台）；图 14-12（b）为填方断面；图 14-12（c）为挖填方断面。在挖方断面上需标出开挖线，填方断面上需标出填方的坡脚线，挖填方断面上既有开挖线也有填土线，这些挖、填线在每个断面处是用边坡桩标定的。所谓边坡桩，就是设计横断面线与原地面线交点的桩（如图 14-13 中的 d、e、f 点），在实地用木桩标定这些交点桩的工作称为边坡桩放样。

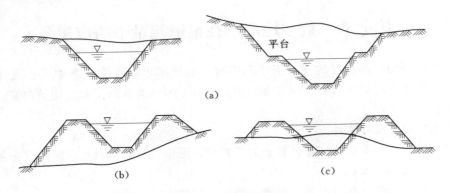

图 14-12　渠道横断面图

标定边坡桩的放样数据是边坡桩与中心桩的水平距离，通常直接从横断面图上量取。为便于放样和施工检查，现场放样前先在室内根据纵横断面图将有关数据制成表格，见表 14-4。

表 14-4　　　　　　　　　　　　　渠道断面放样数据表　　　　　　　　　　　　　单位：m

桩　号	地面高程	设计高程		中心桩		中心桩至边坡桩的距离			
		渠底	渠堤	填高	挖深	左外坡脚	左内边坡	右内边坡	右外坡脚
0+000	77.31	74.81	77.31		2.50	7.38	2.78	4.40	—
0+100	76.68	74.76	77.26		1.92	6.84	2.80	3.65	6.00
0+200	76.28	74.71	77.21		1.57	5.62	1.80	2.36	4.15
⋮	⋮	⋮	⋮	⋮	⋮	⋮	⋮	⋮	⋮

表内的地面高程、渠底高程、中心桩的填高或挖深等数据由纵断面图上查得；堤顶高程为设计的水深加超高加渠底高程；左、右内边坡宽、外坡脚宽等数据是以中心桩为起点在横断面图上量得。

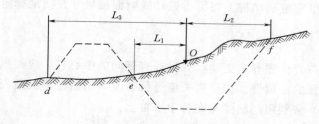

图 14-13 边坡桩放样示意图

放样时，先在实地用十字直角器定出横断面方向，然后根据放样数据沿横断面方向将边坡桩标定在地面上。如图 14-13 所示，从中心桩 O 沿左侧方向量取 L_1 得到左内边坡桩 e，量 L_3 得到左外坡脚桩 d，再从中心桩沿右侧方向量取 L_2 得到右内边坡桩 f，分别打下木桩，即为开挖、填筑界线的标志，连接各断面相应的边坡桩，撒以石灰，即为开挖线和填土线。

三、验收测量

为了保证渠道的修建质量，对于较大的渠道，在其修建过程中，对已完工的渠段应及时进行检测和验收测量。

渠道的验收测量一般是用水准测量的方法检测渠底高程，有时还需检测渠堤的堤顶高程、边坡坡度等，以保证渠道按设计要求完工。

第七节 数字地形图在渠道测量中的应用

在数字地形图成图软件的支持下，利用数字地形图可以设置线路中线、设计线路曲线、绘制断面图和计算土石方工程量等。南方软件 CASS 有线路工程应用的内容，现以该软件为主介绍其应用。

一、生成线路里程文件

如前所述，为了渠道施工和计算土方工程量，沿中线设置里程桩，因此首先要生成里程文件，具体操作步骤如下：

（1）根据设计要求在地形图上用复合线绘出线路中线和线路边线。

（2）单击 CASS 7.0 主菜单中的"工程应用"项，单击"生成里程文件"，选择 I"由纵断面线生成"，并单击"新建"，在"命令栏"中将出现"选择纵断面"，此时选择已经在图上绘出的纵断面线（线路中线）；选择完成后出现图 14-14 的窗口，根据图示输入所需参数后按"确定"，软件将自动生成横断面线，如图 14-15 所示。

（3）单击 CASS 7.0 主菜单中的"工程应用"项，单击"生成里程文件"，选择一种里程文件生成的方式（如"由等高线生成"），命令栏提示"请选取断面线"，选择完成后，弹出需要输入存储里程文件位置的对话框，选择文件

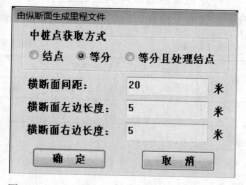

图 14-14 "由纵断面生成里程文件"对话框

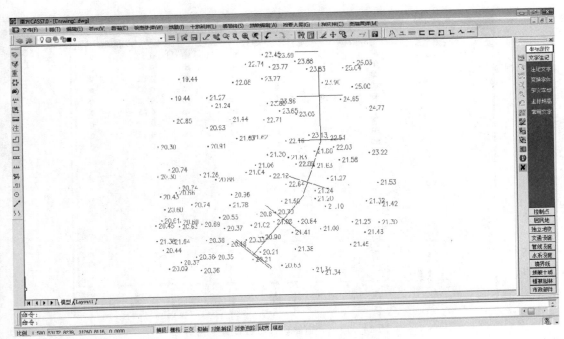

图 14-15　由纵断面生成横断面

夹，输入文件名就形成了里程文件。

（4）绘制断面图的方法有多种，现在介绍通过等高线绘制断面图。单击 CASS 7.0 主菜单中的"工程应用"项，单击"绘断面图"，选择"根据等高线"，在选择断面线后，弹出图 14-16 对话框，输入相关信息，即可自动生成断面图。

二、线路土方量的计算

CASS 7.0 软件中路线土方量的计算方法有多种，在此介绍应用断面线计算土方量。

（1）单击 CASS 7.0 主菜单中的"工程应用"——"生成里程文件"——"道路设计参数文件"，会显示图 14-17"道路设计参数设置"窗口，如果事先编制好的渠道设计参数文件，在图中可以打开文件，否则在框中输入设计参数，最后保存。

（2）单击"断面法土方计算"——"道路断面"，弹出图 14-18"断面设计参数"窗口，按照

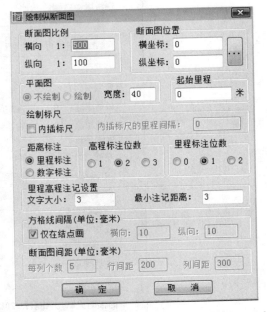

图 14-16　"绘制纵断面图"对话框

对话框的要求输入相关内容，最后单击"确定"按钮后会弹出"绘制纵断面图"对话框（图14-16），输入相关内容，单击"确定"后，即可绘制渠道的纵断面和横断面图（图 14-19）。

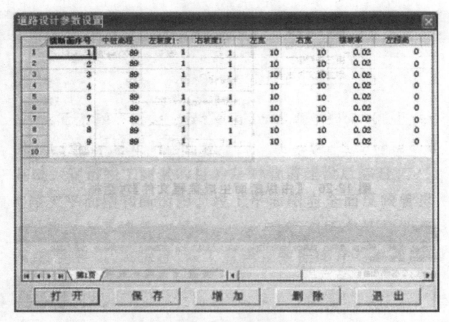

图 14-17 "道路设计参数设置"窗口

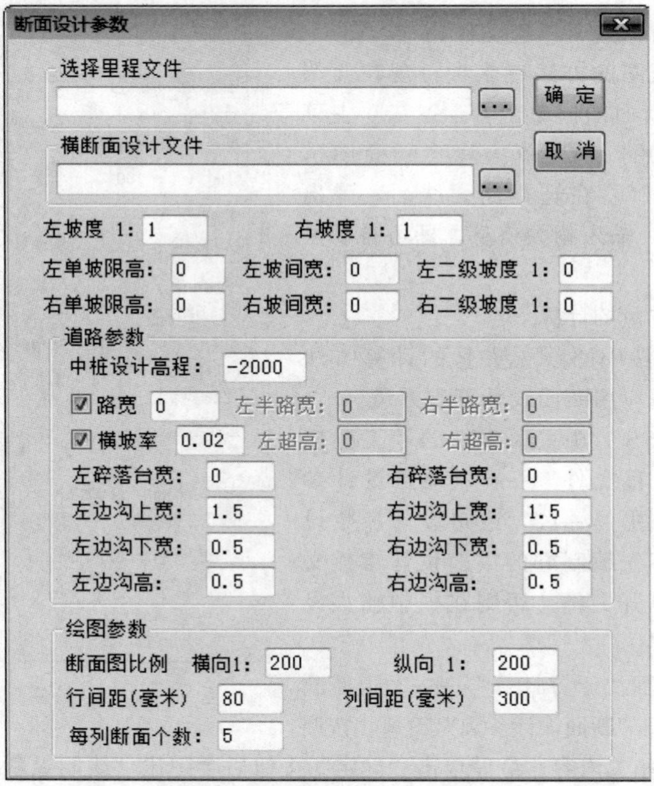

断面设计参数

选择里程文件 _____ [...] 确定

横断面设计文件 _____ [...] 取消

左坡度 1: 1   右坡度 1: 1
左单坡限高: 0   左坡间宽: 0   左二级坡度 1: 0
右单坡限高: 0   右坡间宽: 0   右二级坡度 1: 0

道路参数
中桩设计高程: -2000
☑路宽 0   左半路宽: 0   右半路宽: 0
☑横坡率 0.02   左超高: 0   右超高: 0
左碎落台宽: 0   右碎落台宽: 0
左边沟上宽: 1.5   右边沟上宽: 1.5
左边沟下宽: 0.5   右边沟下宽: 0.5
左边沟高: 0.5   右边沟高: 0.5

绘图参数
断面图比例 横向1: 200   纵向 1: 200
行间距(毫米) 80   列间距(毫米) 300
每列断面个数: 5

图 14-18 "断面设计参数"窗口

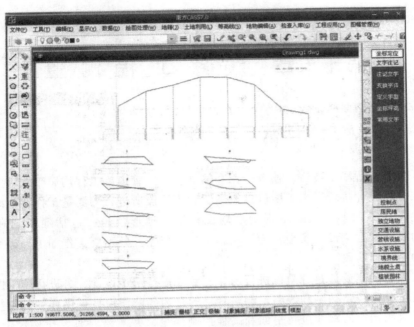

图 14-19　路线纵横断面图

（3）单击"断面法土方计算"——→"图面土方计算"，弹出如下命令："选择要计算土方的断面图"；在图上用框线选定所有参与计算的横断面，随后命令栏中出现"指定土石方计算表的位置"；此时在适当位置单击图面定点，系统自动在图上绘出土石方计算表，如图 14-20 所示，得出总挖方和填方。

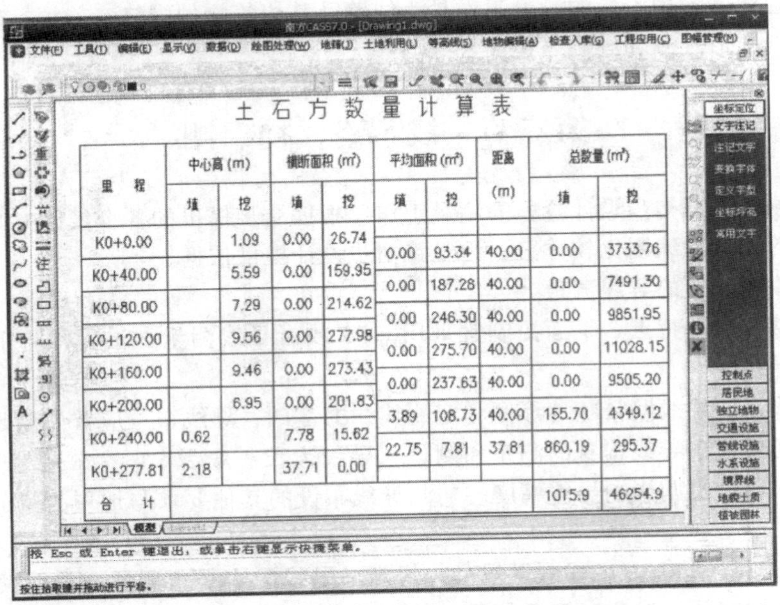

土石方数量计算表

里程	中心高 (m)		横断面积 (m²)		平均面积 (m²)		距离 (m)	总数量 (m²)	
	填	挖	填	挖	填	挖		填	挖
K0+0.00	1.09	0.00	26.74						
					0.00	93.34	40.00	0.00	3733.76
K0+40.00	5.59	0.00	159.95						
					0.00	187.28	40.00	0.00	7491.30
K0+80.00	7.29	0.00	214.62						
					0.00	246.30	40.00	0.00	9851.95
K0+120.00	9.56	0.00	277.98						
					0.00	275.70	40.00	0.00	11028.15
K0+160.00	9.46	0.00	273.43						
					0.00	237.63	40.00	0.00	9505.20
K0+200.00	6.95	0.00	201.83						
					3.89	108.73	40.00	155.70	4349.12
K0+240.00	0.62		7.78	15.62					
					22.75	7.81	37.81	860.19	295.37
K0+277.81	2.18		37.71						
合　计								1015.9	46254.9

按 Esc 或 Enter 键退出，或单击右键显示快捷菜单。

按住拾取键并拖动进行平移。

图 14-20　土石方计算表

第十五章 线路工程测量

第一节 概 述

铁路、公路、桥涵、隧道、输电线路和输油（气）管道等工程均属于线型工程。各种线型工程在勘测设计阶段、施工阶段以及运营管理阶段所进行的测量工作称为线路工程测量。它的主要任务：①为线路工程的规划设计提供地形信息（包括地形图和断面图）；②将设计的线路位置测设于实地，为线路施工提供依据。其主要工作如下。

一、勘测设计阶段

线路工程的勘测设计是分阶段进行的，一般先进行初步设计，再进行施工图设计。在此阶段测量可分为线路初测和线路定测，其目的是为各阶段设计提供详细的资料。初测的主要工作是对所选定的路线进行平面和高程控制测量，并测绘路线大比例尺带状地形图；定测的主要工作有线路中线测量、纵断面测量和横断面测量。

二、施工阶段

线路工程施工阶段的测量工作是按设计文件要求的位置、形状及规格将道路中线及其构筑物测设于实地。施工阶段的主要测量工作有复测中线及放样等。

三、运营管理阶段

线路工程运营管理阶段的测量工作是为线路及其构筑物的维修、养护、改建和扩建提供资料，包括变形观测和维修养护测量等。

第二节 线 路 初 测

线路初测是工程初步设计阶段的测量工作。根据初步提出的各个线路方案，对地形进行较为详细的测量，编制比较方案，为线路初步设计提供依据。

一、线路初测中的导线测量

根据线路工程的特点，平面控制宜采用 GPS 或者导线测量方法，常将采用的导线形式称作初测导线。

初测导线是测绘线路带状地形图和定测放线的基础，导线布设应首先满足这两项基本要求，同时还要便于导线本身的测角和测边。导线边长一般为 $50 \sim 400\text{m}$，导线过长不能满足测图要求，过短则影响导线精度。初测导线布设的其他要求与地形测量的图根控制导线布设相似。

按 GB 50026—2007《工程测量规范》规定，导线的水平角测量应采用两半测回测量右角。两半测回之间，应变动度盘位置，其观测值较差，当采用 DJ_2 型仪器时，不应大于 $20''$；当采用 DJ_6 型仪器时，不应大于 $30''$。

导线边长测量应用光电测距仪往返测量各一测回，每测回读数两次，各次读数较差应不大于 ± 10mm，往返较差不大于 $\sqrt{2}(a+bD)$mm（a 为测距仪加常数，b 为乘常数，D 以 km 计）。

因初测导线一般都延伸很长，为了控制误差积累，一般要求导线每 30km 应与高级控制点进行联测，其方位角闭合差应不大于 $\pm 30''\sqrt{n}$（n 为测站数），导线全长相对闭合差应不大于 $1/2000$。

二、线路初测中的水准测量

根据线路工程的特点，高程控制宜采用水准测量或电磁波测距三角高程测量方法。

在线路初测阶段所进行的水准测量任务有两类：①沿线建立高程控制点，为地形测量和以后定测、施工测量、竣工测量等服务；②测定导线点的高程。

水准测量在线路测量中称作"抄平"。根据工作目的和精度的不同，水准测量又分为水准点高程测量（通称基平，即水准基点的抄平）和中桩高程测量（通称中平，即中线桩的抄平）。

（一）基平

基平的任务是在沿线附近建立水准基点并测定高程，以作为线路测量的高程控制。一般每隔 2km 设置一个水准基点，在桥梁、隧道等工程集中地段应加设，用等外水准的精度联测其高程，往返不符值应不大于 $\pm 30\sqrt{K}$ mm（K 为水准路线长度，以 km 计）。线路较长时应与国家水准点联测。

高程系统一般应采用 1985 国家高程系统。在已有高程控制网的地区也可沿用原高程系统，特殊地区亦可采用假定高程系统。

铁路、高速公路、一级公路高程控制测量采用四等水准测量，二级及二级以下公路及其他线路工程采用五等水准测量。

（二）中平

中平在初测中的任务是测定导线点高程。以基平测量水准点为水准路线的起终点，允许闭合差为 $\pm 50\sqrt{L}$ mm（L 为水准路线长度，以 km 计）。在地形起伏较大的地段，也可以用测距仪或全站仪采用光电测距三角高程代替水准测量的方法进行。

三、线路初测中的地形测量

线路初测中的地形测量是测量沿线带状地形图，作为线路设计和方案比较的依据。其比例尺通常为 1：2000，地形简单地区可使用 1：5000，地形复杂的地区使用 1：1000。宽度一般为 $100\sim250$m，在有比较线路方案的地段，带状地形图应加宽以包含多个方案，或为每个方案单独测绘一段带状地形图。测量方法同一般地形测量的碎部测量方法。

第三节 线 路 定 测

根据初步设计，选定某一方案后即可进入线路的定测工作。定测的主要任务有两项：①准确地把初步设计的线路中心线在实地上标出来；根据图纸上的定线线位，采用极坐标法、拨角法、支距法或 GPS‐RTK 法进行；②沿实地标定的中线测绘纵横断面图。

定测的主要工作内容有：中线测量、纵断面测量和横断面测量。定测资料是施工图设计和工程施工的依据。

一、中线测量

如图 15-1 所示，线路中线的平面线形由直线和曲线组成，曲线又由圆曲线和缓和曲线组成。线路上两相邻直线方向的相交点称为交点（JD），线路由一方向转到另一方向，转变后方向与原方向间的夹角，称为转向角。中线测量是将线路设计中线测设在实地上，其主要工作有测设中线的交点和测定转向角、测设直线段的转点（ZD）桩和中桩、测设曲线等。

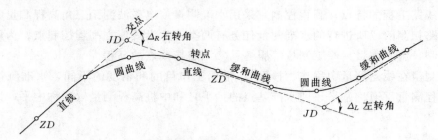

图 15-1 线路中线

（一）交点和转点的测设

1. 交点的测设

交点的测设可根据实际情况采用以下几种方法：

（1）根据与地物的关系测设：首先在地形图上根据交点与地物之间位置关系，量取交点至地物点之间的水平距离，然后在现场按距离交会法测设出交点的实地位置。

（2）根据导线点测设：根据线路初测阶段布设的导线点坐标以及道路交点的设计坐标，使用全站仪直接测设出交点的实地位置。如果使用经纬仪或测距仪，需事先计算出有关放样数据，按极坐标法、距离交会法、角度交会法等测设点位的方法测设出交点。

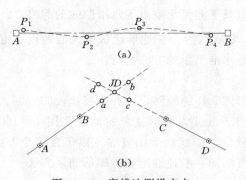

图 15-2 穿线法测设交点

（3）穿线法测设：如图 15-2（a）所示，在图上选定中线上的某些点 P_1、P_2、P_3、P_4，根据相邻地物或导线点量得测设数据，用适当的方法在实地测设这些点。由于图解数据和测设工作的误差，使测设的这些点位不严格在一条直线上，可以用目估法或经纬仪视准法，定出一条直线，使之尽可能靠近这些测设点，该项工作称为穿线。根据穿线的结果得到中线直线段上的 A、B 点（称为转点）。使用同样的方法测设另一中线直线段上的 C、D 点，如图 15-2（b）所示，测设了 AB、CD 直线段后，即可测设两直线段的交点。

将经纬仪安置于 B 点，照准 A 点，倒转望远镜，在视线方向上，接近交点的概略位置前后打下两桩（称为骑马桩），采用正倒镜分中法在该两桩上定出 a、b 两点，钉以小钉，拉上细线。将经纬仪搬至 C 点，后视 D 点，采用同样的方法定出 c、d 两点，钉以小钉，拉上细线。在两条细线相交处打下木桩，钉以小钉，即得到交点。

2. 转点的测设

当两相邻交点互不通视或直线较长时，需在其连线方向上测定一个或几个转点，以便在交点上测量转向角及在直线上量距时作为照准和定线的目标。通常交点至转点或转点至转点间的距离，不应小于 50m 或大于 500m，一般应在 200～300m。另外，在线路与其他线路交叉处，以及线路上需设置桥涵等构筑物处也应设置转点。

当相邻两交点间互不通视时，可采用下列方法测设：

如图 15-3 所示，JD_1、JD_2 为相邻而互不通视的两个交点，现欲在 JD_1、JD_2 之间测设一转点 ZD。

首先在 JD_1、JD_2 之间选一点 ZD'，在 ZD' 架设经纬仪，用正倒镜分中法延长直线 JD_1-ZD' 至 JD'_2，量取 JD_2 至 JD'_2 的距离 l，再用视距法测出 ZD' 至 JD_1、JD_2 的距离 D_1、D_2，则 ZD' 应横向移动距离 e 按下式计算。

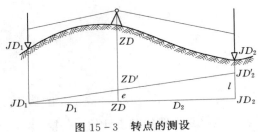

图 15-3 转点的测设

$$e = \frac{D_1}{D_1 + D_2} l \qquad (15-1)$$

将 ZD' 按 e 值移至 ZD，再将仪器移至 ZD 重复以上方法逐渐趋近，直至得到符合要求的转点。

(二) 线路转向角的测定

线路的交点和转点定出后，则可测出线路的转向角。如图 15-4 所示，要测定转向角 α，通常先测出线路的转折角 β，转折角一般是测定线路前进方向的右角，可用 DJ$_6$ 经纬仪按测回法观测一测回。转向角也叫偏角，当线路向右转时，叫右偏角，这时 $\beta < 180°$；当线路向左转时，称为左偏角，这时 $\beta > 180°$。

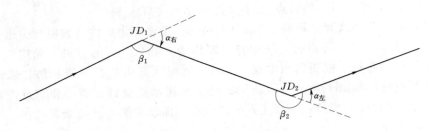

图 15-4 转向角的测定

转向角可按下式计算

$$\left.\begin{array}{l} \alpha_{右} = 180° - \beta \\ \alpha_{左} = \beta - 180° \end{array}\right\} \qquad (15-2)$$

(三) 里程桩的设置

里程桩又称中桩，线路中线上设置里程桩的作用是：标定线路中线位置和长度，施测路线纵横断面的依据。设置里程桩的工作主要是定线、量距和打桩。距离测量可以用钢尺或测距仪。

里程桩分为整桩和加桩两种，如图 15－5 所示，每个桩的桩号表示该桩距路线起点的里程。如某加桩距路线起点的距离为 1234.56m，则其桩号记为 $K1+234.56$。

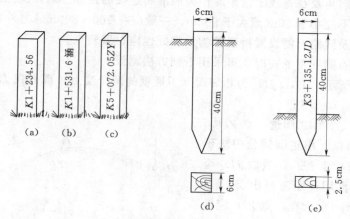

图 15－5 里程桩

（1）整桩是由路线起点开始，每隔 10m、20m 或 50m 的整倍数而设置的里程桩。

（2）加桩分为地形加桩、地物加桩、曲线加桩和关系加桩。

1）地形加桩是指沿中线地面起伏突变处、横向坡度变化处以及天然河沟处等所设置的里程桩。

2）地物加桩是指沿中线有人工构筑物的地方（如桥梁、涵洞处，路线与其他公路、铁路、渠道、高压线等交叉处，拆迁建筑物处，土壤地质变化处）加设的里程桩，如图 15－5（b）所示。

3）曲线加桩是指曲线上设置的主点桩，如圆曲线起点（简称直圆点 ZY）、圆曲线中点（简称曲中点 QZ）、圆曲线终点（简称圆直点 YZ）。如图 15－5（c）所示。

4）关系加桩是指路线上的转点（ZD）桩和交点（JD）桩。

钉桩时，对于距路线起点每隔 500m 处的整桩、重要地物加桩（如桥、隧道位置桩）、曲线主点桩以及交点桩、转点桩，均应打下断面为 6cm×6cm 的方桩，如图 15－5（d）所示，桩顶钉以中心钉，桩顶露出地面约 2cm，同时在其旁边钉一指示桩，以便书写桩号，一般使用板桩，如图 15－5（e）所示。交点桩指示桩应钉在圆心和交点连线外离交点约 20cm 处，字面朝向交点；曲线主点的指示桩字面朝向圆心。其余里程桩，字面一律背向路线前进方向。

（四）圆曲线的测设

圆曲线的测设分两步进行，先测设曲线的主点，再依据主点测设曲线上每隔一定距离的里程桩，详细标定曲线位置，详见第十一章的第五节。

（五）带有缓和曲线的圆曲线测设

车辆在曲线行驶时有一个离心力，当平面曲线的半径较小时，为了平衡离心力，通常外测加高。此外，在曲线内侧要有一定量的加宽。而在直线道路上，两侧是等高的，当车辆自直线进入曲线或由曲线进入直线时，曲线超高和加宽不能突然出现或消失，这就要有一个渐变的过程，这种在直线和圆曲线之间插入的曲率半径连续渐变的曲线称为缓和曲线。

1. 具有缓和曲线的圆曲线要素与曲线方程式

具有缓和曲线的圆曲线，如图 15 – 6 (b) 所示，其主要点为：ZH（直缓点），直线与缓和曲线的连接点；HY（缓圆点），缓和曲线与圆曲线的连接点；QZ（曲中点），曲线的中点；YH（圆缓点），圆曲线与缓和曲线的连接点；HZ（缓直点），缓和曲线与直线的连接点。

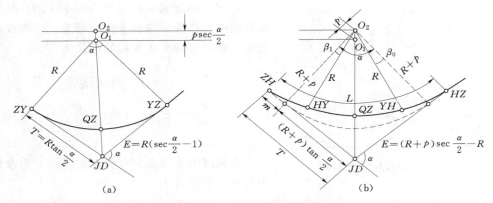

图 15 – 6　缓和曲线元素图

从图 15 – 6 可以看出，加入缓和曲线后，其曲线要素可以用下列公式求得

$$
\left.
\begin{aligned}
T &= m + (R + p)\tan\frac{\alpha}{2} \\
L &= \frac{\pi R(\alpha - 2\beta_0)}{180^\circ} + 2l_0 \\
E &= (R + p)\sec\frac{\alpha}{2} - R \\
q &= 2T - L
\end{aligned}
\right\}
\tag{15-3}
$$

式中　　T——切线长；

　　　　L——曲线长；

　　　　E——外矢距；

　　　　q——切曲差；

　　　　α——偏角（线路的转向角）；

　　　　R——圆曲线半径；

　　　　l_0——缓和曲线长度；

　　　　m——加设缓和曲线后使切线增长的距离，也就是由移动后的圆心 O_2 向切线上作垂线，其垂足与曲线始点（ZH）或终点（HZ）的距离；

　　　　p——因加设缓和曲线，圆曲线相对于切线的内移量；

　　　　β_0——缓和曲线角度；

　　m、p、β_0——缓和曲线参数，可按下式计算：

$$\left.\begin{array}{l} \beta_0 = \dfrac{l_0}{2R}o \\[3mm] m = \dfrac{l_0}{2} - \dfrac{l_0^3}{240R^2} \\[3mm] p = \dfrac{l_0^2}{24R} \end{array}\right\} \qquad (15-4)$$

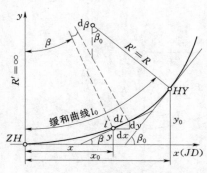

图 15-7 缓和曲线计算图

如图 15-7 所示，建立以直缓点 ZH 为原点，过 ZH 的缓和曲线切线为 x 轴，ZH 点上缓和曲线的半径为 y 轴的直角坐标系。可得以曲线长为参数的缓和曲线方程的形式为

$$\left.\begin{array}{l} x = l - \dfrac{l^5}{40R^2 l_0^2} + \dfrac{l^9}{3456R^4 l_0^4} + \cdots \\[3mm] y = \dfrac{l^3}{6Rl_0} - \dfrac{l^7}{336R^3 l_0^3} + \dfrac{l^{11}}{42240R^5 l_0^5} + \cdots \end{array}\right\}$$

$$(15-5)$$

在同样的坐标系中可得以曲线长 l_i 为参数的圆曲线方程形式为

$$\left.\begin{array}{l} x_i = l_i - 0.5l_0 - \dfrac{(l_i - 0.5l_0)^3}{6R^2} + \cdots \\[3mm] y_i = \dfrac{(l_i - 0.5l_0)^2}{2R} - \dfrac{(l_i - 0.5l_0)^4}{24R^3} + \cdots \end{array}\right\}$$

$$(15-6)$$

2. 带有缓和曲线的圆曲线测设

（1）计算曲线要素及测设主要点。对于带有缓和曲线的圆曲线的要素可按式（15-3）及式（15-4）进行计算。但在实际作业时，只要以圆曲线半径 R、线路偏角 α 及缓和曲线长度 l_0 为引数，查取"曲线表"第一表即可。

【例 15-1】 设圆曲线半径 $R=600$m，偏角 $\alpha_右=48°23'$，缓和曲线长度 $l_0=110$m，交点 JD_{100} 的里程为 $K162+028.77$，求曲线元素。

根据 R、α 及 l_0 值查表得 $T=324.91$m；$L=616.67$m；$E=58.68$m；$q=33.14$m

检查 $q=2T-L=33.15$m

在进行主要点 HY（或 YH）放样时，通常采用直角坐标法，这就需要求得 HY（或 YH）点的坐标值 x_0、y_0。除可用公式计算外，也可以 R 及 l_0 为引数，由"曲线表"第三表查取上述曲线元素。HY 的坐标 $x_0=109.908$m，$y_0=3.359$m。

按已查的曲线元素及交点 JD_{100} 的里程，可计算曲线各主要点的里程如下：

JD_{100}	$K162+028.77$
$-T$	324.91
ZH	$K161+703.86$
$+l_0$	110.00
HY	$K161+813.86$
ZH	$K161+703.86$

$+L/2$	308.34
QZ	$K162+012.20$
$+L/2$	308.33
HZ	$K162+320.53$
$-l_0$	110.00
YH	$K162+210.53$

检核

JD_{100}	$K162+028.77$
$+T$	324.91
	$K162+353.68$
$-q$	033.14
HZ	$K162+320.54$

各主要点的里程计算出以后，就可以进行测设，如图 15-8 所示，其步骤如下：

1）将经纬仪置于交点 JD_{100} 上定向，由 JD_{100} 沿两切线方向分别量出切线长 $T = 324.91\mathrm{m}$，即得 ZH 及 HZ。

2）在交点 JD_{100} 上，根据 $(180° - \alpha)/2$，用经纬仪设置角平分线。在此平分线上，由 JD_{100} 量取外矢距 $E = 58.68\mathrm{m}$，即得曲线的中点 QZ。

3）根据 x_0、y_0，设置 HY 及 YH。在两切线上，自 JD_{100} 起分别向曲线起、终点量取 $T - x_0 = 215.00\mathrm{m}$ 或自 ZH、HZ 点起分别向 JD_{100} 点量取 $x_0 = 109.91\mathrm{m}$，然后沿其垂直方向量 $y_0 = 3.36\mathrm{m}$，即得 HY、YH 点。

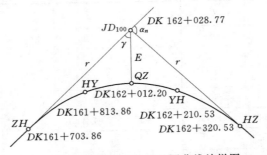

图 15-8 带有缓和曲线的圆曲线放样图

（2）用切线支距法测设曲线细部。切线支距法是测设细部的主要方法之一。如图 15-9 所示，建立以 ZH（或 HZ）点为原点，过 ZH 的切线为 x 轴的坐标系统后，即可利用曲线上各点在此坐标系统中的坐标 x、y 测设曲线。

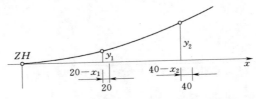

图 15-9 切线支距法放样曲线细部图

缓和曲线和圆曲线上各点坐标计算按式（15-5）及式（15-6）进行。

按已选定的圆曲线的半径 R 和缓和曲线长度 l_0，以及曲线上欲测设点距 ZH 点的弧长 l_i，代入上述公式，即得相应的曲线点坐标。

实际工作时，各曲线点的坐标也可以 R、l_0 及 l_i 为引数查"曲线表"第十表取得。

【例 15-2】 设圆曲线半径 $R=600\text{m}$，偏角 $\alpha_左=15°55'$，缓和曲线长度 $l_0=60\text{m}$，交点 JD_{70} 的里程为 $K112+446.92$，曲线点间距为 20m，试以切线支距法放样曲线细部。

根据 R、α、l_0 及 JD_{70} 的里程，查表得放样元素及主点里程，其结果列于表 15-1 中。根据主点里程及曲线间距 20m，查表得放样数据，一并列入表中。

切线支距法测设曲线细部的步骤为：

1）从 ZH 点起沿切线方向按 l_i 量出 20m、40m、…，直至 113.34m 各点，并用临时标志标定。

2）从上述各点退回 l_i-x_i，得出曲线上各点至切线的垂足。

3）在各点垂足处测设直角（即过垂足作切线的垂线），在垂线的方向上量出相应的 y_i 值，即得曲线上各点。

4）由 HZ 起以同法测设曲线的另一半。

由于切线支距法不能自行校核，故必须以钢尺实量曲线上相邻点的距离。并将曲线上 HY、YH 及 QZ 点的桩位与主要点测设时定下的控制桩相比较，以检查其位置误差是否符合要求。

表 15-1　　　　　　　　　　切线支距法测设曲线放样数据表

点号	里程桩号	l_i	l_i-x	y_i	曲线计算资料
ZH	DK112+333.01	00	0.00	0.00	
1	353.01	20	0.00	0.04	
2	373.01	40	0.00	0.30	$R=600\text{m}$
HY（3）	393.01	60	0.02	1.00	$\alpha_左=15°55'$
4	400.00	66.99	0.03	1.41	$l_0=60\text{m}$
5	413.01	80	0.06	2.33	$T=113.91\text{m}$
6	433.01	100	0.16	4.33	$L=226.68\text{m}$
QZ	446.35	113.34	0.27	6.05	$E=6.08\text{m}$

$q=1.14\text{m}$
JD_{70} DK112+446.92
ZH DK112+333.01
HY DK112+393.01
QZ DK112+446.35
YH DK112+499.69
HZ DK112+559.69

附

图

注　为了查表计算方便，曲线点的里程不必凑整至整十米数，但遇到里程为整百时，必须加设百米桩。

二、纵断面测量

测量中线上诸标桩的高程，并绘制纵断面图的工作称为纵断面测量。

（一）中平测量

中线上诸标桩的高程测量又称中平测量，通常附合于基平所测定的水准点，即以相邻水准点为一测段，从一水准点出发，逐个测出中桩的地面高程，然后附合至另一水准点上，各测段的高差允许闭合差为

$$f_{h允} = \pm 30\sqrt{L}\,\text{mm}\,(\text{铁路、高速公路、一级公路})$$

$$f_{h允} = \pm 50\sqrt{L}\,\text{mm}\,(\text{二级及二级以下公路})$$

式中　L——附合水准路线长度，以 km 计。

中平测量可用普通水准测量方法进行施测。观测时，在每一测站上先观测转点，再观测相邻两转点之间的中桩，这些中桩点称为中间点，立尺时应将尺子立在紧靠中桩的地面上。

观测时，由于转点起传递高程作用，因此水准尺应立在尺垫上、较为稳固的桩顶或岩石上，转点读数至毫米，而中间点读数至厘米。

（二）纵断面图的绘制

纵断面图表示线路中线方向的地面高低起伏，它根据中平测量的成果绘制而成。

纵断面图以距离为横坐标，以高程为纵坐标，按规定的比例尺将外业所测各点画出，依次连接各点则得线路中线的地面线。为了明显表示地势变化，纵断面图的高程比例尺通常比水平距离比例尺大 10 倍。在纵断面图下面通常有地面高程、设计高程、设计坡度、里程、线路平面以及工程地质等资料。

三、横断面测量

对垂直于线路中线方向的地面高低起伏变化情况所进行的测量工作称为横断面测量。横断面测量的密度和宽度应根据工程设计的需要而定。TB 10101—2009《铁路工程测量规范》规定，在定测阶段，一般在所有的整桩、加桩和线路纵、横向地形明显变化处均应测绘横断面图。在大、中桥头、隧道洞口等重点工程地段，横断面应适当加宽。横断面测量的宽度视地形地质情况和各种设计需要而定，应满足设计路基、取土、弃土和排水的需要。

（一）横断面方向的测设

在直线地段横断面方向应与中线方向相垂直；在曲线地段横断面方向应与各点处的切线方向相垂直。横断面的方向通常可用方向架或经纬仪来测设。

（二）横断面的测量方法

由于在纵断面测量时，已经测出了中线上各中桩的地面高程，所以测量横断面时，只需要测出横断面上各地形特征点至中桩的水平距离及高差。

横断面测量的方法可以采用水准仪法或经纬仪法。水准仪法施测横断面适用于测量精度要求较高、地形较平坦且通视良好的地区；经纬仪法测量横断面，一般用于测量精度要求不高、横向坡度较大或地形较复杂的地区。

（三）横断面图的绘制

横断面图一般绘制在毫米方格纸上，以中线地面高程为准，以水平距离为横坐标，以高程为纵坐标。为了便于计算面积和设计路基断面，水平方向和竖直方向同一比例尺，通

常取 1：100 或 1：200。

关于纵断面测量和横断面测量，详细可参阅第十四章相关内容

四、路基土方量计算

路线纵、横断面设计以后，为了估算工程造价和编制施工组织计划，需要计算路基工程的土石方量。

路基土方量的计算通常采用平均断面法，即相邻两断面间的路基土方量看成柱体，取两断面面积的平均数作为该柱体的底面积，取两断面间的水平距离为高，底面积乘高即得该断路基的土方量。即

$$V = \frac{1}{2}(A_1 + A_2)D \tag{15-7}$$

式中 A_1、A_2——相邻两断面的面积；

D——相邻两断面之间的水平距离。

此公式为近似计算公式，当相邻两断面面积相差越大，土方量误差也越大。因此，当相邻两断面面积相差很大时，应在其间增加断面点（内插或实测），以便提高土方计算的精度。

土方量的计算主要是面积计算，面积计算的方法很多，如解析法、图解法、求积仪法等，这些方法前面已做了介绍，在此不再重复。

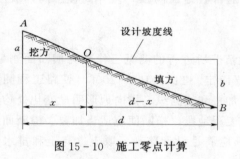

图 15-10 施工零点计算

土方量计算时，如果两相邻断面一个填方，一个挖方，则中间必有一个既不填又不挖的点，称为施工零点。如图 15-10 所示，A 断面为挖方断面，B 断面为填方断面，O 为施工零点。设零点至 A 断面的距离为 x，A、B 两断面之间的水平距离为 d，A、B 两断面挖土深度和填土高度分别为 a、b，根据相似三角形原理得：

$$\frac{x}{d-x} = \frac{a}{b}$$

$$x = \frac{a}{a+b}d \tag{15-8}$$

知道了施工零点到 A 断面的距离之后，还应到实地补测此点处的横断面，以便将两断面土方分别计算。

第四节 线路施工测量

线路在定测的基础上，由设计人员进行施工设计，经主管部门批准后即可施工。

在道路施工阶段，根据工程进度要求，测量工作的主要任务有：道路中线恢复，测设施工控制桩、路基边桩放样及竖曲线测设等。现以公路为例说明。

一、中线恢复

（一）复测控制点

复测控制点包括复测平面控制点和复测高程控制点。

在高等级公路中，线路中线各主点位置由平面控制点放样确定。而从勘测结束到施工前具有一定的时间间隔，因此必须复测控制点，只有在复测数据与设计提供的数据相符时才能作为进一步施工放样的依据。对于部分控制点的丢失，还需进行补测。如控制点丢失严重，需重新建立施工控制网。

在平面控制和高程控制都满足要求的基础上，根据道路的需要局部增加临时控制点，如临时导线点、临时水准点，以利于施工放样。

（二）中线恢复

在勘测结束到施工前的这段时间里，在定测阶段设置的中桩常有丢失或被碰动。所以在施工前应对原桩点进行复核，并将丢失或碰动的交点桩、里程桩等恢复和校正好。恢复时，可按定测的资料配合仪器在现场寻找，复核交点桩，然后再补齐百米桩等。若交点桩丢失或移位，可根据相邻直线段上的两个以上点放线，重新交出交点位置，并在交点上重新测定偏角，再与原偏角进行比较。若相差不大可按定测中的曲线要素恢复曲线桩。如相差较大时，则应根据地形情况和原来的切线长，改动曲线半径，用重新计算的曲线要素放样曲线。

对于改线地段，要重新定线和测绘纵、横断面图。在恢复中线的过程中还要将附属构筑物（如涵洞、挡土墙等）的位置一并标定到实地。

二、施工控制桩的测设

在施工中，由于所有的中桩都将被填挖掉，为便于在施工过程中控制中线位置，须在不易受施工破坏、干扰少、便于引用、易于保存处设置施工控制桩。

通常在路边线以外，至中线等距离的地方测设两排平行于中线的控制桩，如图 15 - 11 所示。为使施工方便起见，控制桩间距取 10～30m 为宜。同时在桩上标出路面设计高程线，一般用红漆在控制桩侧面作高程标志，以控制路面高程。在标定前应对线路中的水准点进行检测。

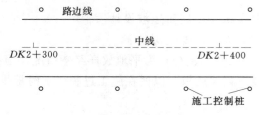

图 15 - 11　施工控制桩的测设

三、路基放样

在纵断面图上已设计有各线段的坡度。根据设计坡度可推算每一桩点的设计高程（习惯上用红色表示，故也称红色高程）。它与地面高程（或称黑色高程）之差，即得施工高度。取挖深为正号，填高为负号，编制出《路基设计表》。

路基断面由路宽、边坡的坡度、路堑处排水沟的底宽等参数组成。设计人员将设计的路基断面预制成塑料模板，对于某一个断面来说，有了施工高度后，就可以把设计的模断面套在实测横断面上相应的高度处，用红线画出，作业人员称之为戴帽子。实测横断面线与设计断面线之间所围的面积就是待施工（填或挖）的面积。

路基形式有路堤与路堑之分。

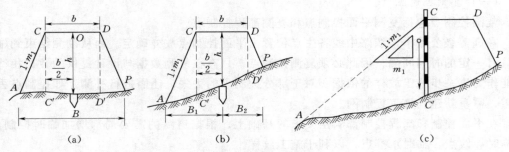

图 15-12 路堤横断面图

在平坦地面放样路堤，如图 15-12（a）所示，路堤上口宽 b 和边坡坡度 $1:m_1$ 均为设计值，而填土高度 h 可在纵断面设计图上查到。从图中可以看出，路堤下口宽度为坡脚 A、P 的间距 B，即

$$B = b + 2m_1 h \qquad (15-9)$$

测设时，可自中心桩沿横断面方向两侧各量 $B/2$ 长度钉桩，即得坡脚 A、P。同时分别在中心桩和距中心桩两侧各 $b/2$ 的 C'、D' 处立杆，用水准仪在杆上标出路面设计高程线，即可得坡顶 C、D 及路面中心点 O，用线绳将其连接是路基断面形状。

在斜坡上放样路堤，因两坡脚不对称，如图 15-12（b）所示，它们至中心桩的距离 B_1、B_2 可在横断面上用图解法量取。也可自中心桩向两侧各量 $b/2$ 定出 C'、D' 点，然后将坡度尺顶点对在 $C(D)$ 上。坡度尺预先按设计边坡 $1:m_1$ 制作，放样时使坡度尺的直立边与垂球线平行，用线绳顺着坡度尺斜边延长至地面，即得坡脚 A（或 P），如图 15-12（c）所示。

放样路堑的原理与路堤相同，但在计算坡顶宽度时应考虑排水沟的宽度 b_0，即

$$B = b + 2(b_0 + m_2 h) \qquad (15-10)$$

式中　m_2——路堑边坡设计值；

　　　h——挖土深度。

图 15-13（a）为平地放样路堑情况。当挖掘边坡较深时，为了指导开挖边坡，需在边坡设置坡度板，以便在施工过程中随时提供边坡的坡度，如图 15-13（b）所示。

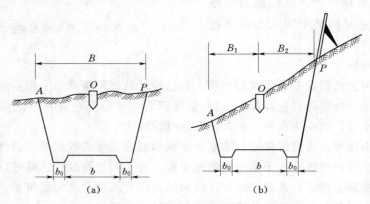

图 15-13 路堑横断面图

四、竖曲线的测设

在曲线纵坡变更处，考虑视距要求及行车的平稳，在竖直面内用曲线连接起来，这种曲线称其为竖曲线。竖曲线有凸形和凹形两种，如图 15-14 所示。

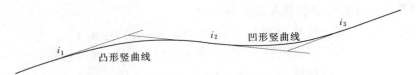

图 15-14　竖曲线图

竖曲线一般采用圆曲线，如图 15-15 所示，两相邻纵坡的坡度分别为 i_1、i_2，竖曲线半径为 R，则测设元素可套用平曲线的计算公式：

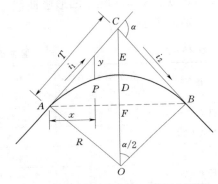

切线长　　$T = R\tan\dfrac{\alpha}{2}$

曲线长　　$L = R\dfrac{\alpha}{\rho}$

外矢距　$E = R\left(\sec\dfrac{\alpha}{2} - 1\right)$

由于竖曲线的转角 α 很小，使计算公式可得到简化。故可认为

$$\alpha \approx (i_1 - i_2)\rho$$

图 15-15　竖曲线测设元素计算图

$$\tan\frac{\alpha}{2} \approx \frac{\alpha}{2\rho}$$

于是有　　　　　　　　$$L = R(i_1 - i_2) \tag{15-11}$$

$$T = R\frac{\alpha}{2\rho} = \frac{L}{2} = \frac{1}{2}R(i_1 - i_2) \tag{15-12}$$

又因为 α 很小，可以认为 $DF \approx CE = E$；$AF \approx AC = T$

又根据 $\triangle ACO$ 与 $\triangle ACF$ 相似，有 $R:T = T:2E$

所以外矢距　　　　　　　$$E = \frac{T^2}{2R} \tag{15-13}$$

同理可导出竖曲线上任一点 P 距切线的纵距（即高程改正数）的计算公式为

$$y_i = \pm\frac{x_i^2}{2R} \tag{15-14}$$

上式中，x 为竖曲线上任一点至竖曲线起点或终点的水平距离。对于凸形竖曲线，公式取负号；对于凹形竖曲线，公式取正号。

【例 15-3】　设曲线半径 $R = 4000\text{m}$，$i_1 = -1.5\%$，$i_2 = +0.5\%$，此为凹形竖曲线，其变坡点的里程桩号为 $K10+550$，高程为 25.85m，如果曲线上每隔 10m 设置一中桩，试求各测设元素、起终点桩号及竖曲线上各桩点的高程改正数和设计高程。

（1）按上述公式计算曲线测设元素为

$$L = 4000 \times |(-1.5 - 0.5)\%| = 80\ (\text{m})$$

$$T = \frac{1}{2} \times 4000 \times |(-1.5 - 0.5)\%| = 40 \ (\text{m})$$

$$E = \frac{40^2}{2 \times 4000} = 0.2 \ (\text{m})$$

（2）计算竖曲线起终点桩号及高程为

起点桩号 $= K10 + (550 - 40) = K10 + 510$

起点坡道高程 $= 25.85 + 40 \times 1.5\% = 26.45 \ (\text{m})$

终点桩号 $= K10 + (550 + 40) = K10 + 590$

终点坡道高程 $= 25.85 + 40 \times 0.5\% = 26.05 \ (\text{m})$

（3）以 $R = 4000\text{m}$，凹形竖曲线，y 取正号，计算各桩点的高程改正数及设计高程，计算结果见表 15 - 2。

表 15 - 2　　　　　　　　　　　竖曲线各桩点高程计算表

桩号	至竖曲线起点或终点的平距 x/m	高程改正值 y/m	坡道高程 /m	竖曲线高程 /m	备注
起点 $K10+510$	0	+0.00	26.45	26.45	
$K10+520$	10	+0.01	26.30	26.31	
$K10+530$	20	+0.05	26.15	26.20	
$K10+540$	30	+0.11	26.00	26.11	
$K10+550$	40	+0.20	25.85	26.05	
$K10+560$	30	+0.11	25.90	26.01	
$K10+570$	20	+0.05	25.95	26.00	
$K10+580$	10	+0.01	26.00	26.01	
终点 $K10+590$	0	+0.00	26.05	26.05	

第五节　桥梁施工测量

在公路建设中，桥梁具有十分重要的位置，尤其是目前国家对基础设施的加大投入，使得一批高等级公路相继建成。其中一些大型桥梁及技术复杂的桥梁的修建，对于一条公路是否高质量的建成通车至关重要。桥梁按其轴线长度可分为特大桥（>500m）、大桥（100～500m）、中桥（30～100m）、小桥（8～30m）4 类。其施工测量方法及精度要求应符合《公路桥位勘测设计规范》和《公路桥涵施工技术规范》的规定。桥梁施工测量的主要内容包括桥位平面控制测量、高程控制测量、墩台定位和墩台基础及其顶部放样等。

一、桥梁平面控制测量

桥梁平面控制网建立的目的是为了满足设计精度要求，定出桥轴线的长度及具体墩位的定位放样。传统的平面控制网一般布设成测角网（图 15 - 16），其中图 15 - 16（a）为双三角形、图 15 - 16（b）为四边形、图 15 - 16（c）为较大河流上使用的双大地四边形。随着光电测距仪及高精度全站仪的普及，目前一般布设成边角网。这样可充分利用测边网控制长度误差即纵向误差、测角网控制方向即横向误差的优势。当然，在桥梁边角网中，不一定要观测所有的边长和角度，一般可根据桥梁的精度要求，进行桥梁控制网的优化设计，在测角网的基础上加测边长或测边网的基础上加测角度来进行精度估算，达到满足桥梁精度要求为止。边角网的布设根据桥梁的大小和等级采用图15-16中的某一种形式，其中南京长江二桥的控制网采用图15-16（c）的形式。目前也可采用GPS的方法建立平面控制网。

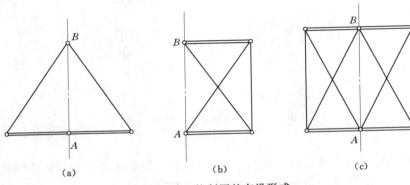

(a)   (b)   (c)

图15-16 控制网的布设形式

对于平面控制网的布设，除满足图形要求外，还要求控制点选在不被水淹，不受施工干扰的地方；同时要求两岸、桥轴线上的控制点与桥台相距不远，便于桥台施工放样。如是三角网基线，应尽量与桥轴线垂直，并易于量距，其长度不小于桥轴线长度的7/10倍。

桥梁三角网的主要技术要求列于表15-3。其相应桥轴线、基线边长及水平角观测的测回数列于表15-4。

表15-3　　　　　　　　　　桥梁三角网的主要技术要求

桥轴线长度 /m	测角中误差 /(")	桥轴线相对中误差	基线相对中误差	三角形最大闭合差 /(")
≤200	±20.0	1/5000	1/10000	±60.0
201～500	±10.0	1/10000	1/20000	±30.0
500～10000	±5.0	1/20000	1/40000	±15.0

表15-4　　　　　　　桥轴线、基线边长及水平角观测的测回数

丈量测回数		测距仪测回数		方向观测法测回数		
桥轴线	基线	桥轴线	基线	DJ_1	DJ_2	DJ_6
1	1	1-2	1-2		2	4
1	2	2	2	2	4	6
2	3	2	3	4	6	9

二、桥梁高程控制测量

在桥梁的施工阶段两岸应建立统一而可靠的高程系统，每岸的水准点不少于3个，一般两岸高程的传递采用跨河水准的方法。

三、墩台的施工测量

在桥梁墩台的施工测量中，准确地定出桥梁墩台的中心位置及墩台的纵横轴线是最主要的工作之一。墩台定位一般以桥轴线两岸的控制点为依据，因而要保证墩台定位的精度，首先要保证桥轴线及平面控制网的精度。至于墩台的纵横轴线则是固定墩台的方向，也是墩台细部放样的依据。

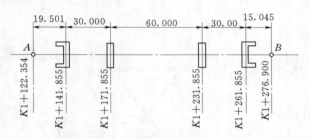

图 15-17 墩台测设（单位：m）

（一）墩台的测设

当桥位控制桩桩号算出以后，如图 15-17 所示，按设计尺寸分别从桥轴线两端控制点 A、B 量出相应的距离，即可测设出两岸桥台的位置。

至于中间墩位的测设，应根据河流情况采用下列几种方法：直接丈量法、光电测距法、交会法。

当河流较窄或墩位位于无水河滩上或围堰施工且钢尺丈量比较方便时，可采用直接丈量法，即在桥轴线上利用墩位控制桩桩号反算距离。利用钢尺进行测设，测设时应注意温度、倾斜改正。

当墩位中心可置反光镜时，可利用光电测距仪进行快速墩位测设。测距仪架设在桥台上，利用墩位桩号进行墩位测设，也可将全站仪架在平面控制点上或桥台上，输入测站坐标、墩位坐标、后视坐标，进行直接放样。

对于不能采用直接丈量法，也不便于光电测距的位于河水较深的墩位，一般可采用前方交会法进行墩位测设。

如图 15-18 所示，利用已有的平面控制点及墩位已知坐标，计算出测设角度，在 C、D、A 三点各安置一台 DJ_2（DJ_1）经纬仪，利用 A 点经纬仪定出桥轴线方向，C、D 两测站后视 A 点，采用盘左盘右分中法定出 α、β 方向线。

由于测量误差的原因，使 3 条方向线不交会于一点，而构成如图 15-18 所示的示误三角形 $p_1 p_2 p_3$，如果 $p_2 p_3$ 的距离对于墩底定位不超过 25mm，对于墩顶定位不超过 15mm，则由 p_1 向桥轴线作线 $p_1 p_i$，其中 p_i 点即为桥墩中心点。

在桥墩施工中，要求对桥墩中心位置的放样快速准确，且需多次放样，为简化工作，提高放样速度，常将交会方向线延伸到对岸，并设立固定标志，如图 15-19 所示，以后每次需要交会放样时，只需瞄准对岸的相应标志即可。

（二）墩台纵横轴线测设

墩台纵横轴线是墩台细部放样的依据。对于直线桥，墩台的纵轴线是指过墩台中心平行于线路方向的轴线；对于曲线桥，墩台的纵轴线是指墩台中心处曲线的切线方向的轴线，而墩台的横轴线是指过墩台中心与纵轴垂直的轴线。

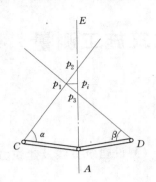

图 15-18　前方交会法

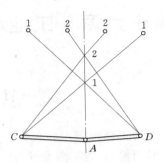

图 15-19　对岸固定标志

对于直线桥，墩台的纵轴线与桥轴线重合，无须再测设，而墩台的横轴线需要在每个墩台上架设经纬仪，以桥轴线方向测设 90°角或 270°角即得横轴线方向。为方便施工时墩台纵横轴线的恢复，在纵横轴线方向上分别建立护桩，如图 15-20 所示。护桩的数目为每侧 2～3 个，以便在墩台修出地面一定高度后仍能利用单侧护桩恢复。

对于曲线桥，若墩台中心与线路中心一致，则墩台的纵轴线为相应墩台处曲线的切线方向，如图 15-21 所示。设相邻墩台中心间圆曲线长度为 L，曲线半径为 R，则有弦切角：

$$\frac{\alpha}{2} = \frac{180}{\pi} \frac{L}{2R} \ (°)$$

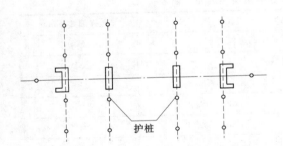

图 15-20　墩台纵横轴线护桩

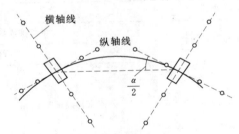

图 15-21　曲线桥纵横轴线测设

把度化成度分秒形式。测设时，在墩台中心架设经纬仪，以相邻墩台为零方向测设弦切角即获得纵轴线，以纵轴线测设 90°角即得横轴线。若墩台中心不位于线路中线上，则需要进行一定的计算来获取测设数据。同样道理，对于曲线的墩台纵横轴线也需要测设 2～3 个护桩。

墩台的细部施工放样，以其纵横轴线为基础，以纵横轴线作为立模的依据。至于墩台施工时所需要的高程，则由附近的施工水准点传递。

第十六章　工业与民用建筑施工测量

第一节　概　　述

建筑施工测量的工作内容主要包括：施工控制测量（测设建筑基线及建筑方格网）；定位、放线（细部测量）；竣工测量等。

为了确保施工质量，使建筑群的各个建（构）筑物的平面位置和高程均符合设计要求，施工测量也应遵循"从整体到局部，先控制后细部"的原则，即先在施工现场建立统一的平面和高程控制网，然后根据施工控制网测设建（构）筑物的平面位置和高程。

由于施工测量贯穿于施工的全过程，故测量工作必须根据施工进度按设计要求及时施测。施工现场工种多，交通频繁，又有大量挖填，地面变动很大，且有动力机械的震动，故对测量标志的埋设、保护及检查提出了严格的要求。若发现标志损坏，应及时恢复。

一、建筑物施工放样的主要技术要求

我国 GB 50026—2007《工程测量规范》对工业与民用建筑物的施工放样的主要技术要求见表 16-1。

表 16-1　建筑物施工放样、轴线投测和标高传递的允许偏差

项目	内容		允许偏差/mm
基础桩位放样	单排桩或群桩中的边桩		±10
	群桩		±20
各施工层上放线	外廊主轴线长度 L/m	$L \leqslant 30$	±5
		$30 < L \leqslant 60$	±10
		$60 < L \leqslant 90$	±15
		$90 < L$	±20
	细部轴线		±2
	承重墙、梁、柱边线		±3
	非承重墙边线		±3
	门窗洞口线		±3
轴线竖向投测	每层		3
	总高 H/m	$H \leqslant 30$	5
		$30 < H \leqslant 60$	10
		$60 < H \leqslant 90$	15
		$90 < H \leqslant 120$	20
		$120 < H \leqslant 150$	15
		$150 < H$	30

续表

项目	内容		允许偏差/mm
标高竖向传递	每层		±3
	总高 H/m	$H\leqslant30$	±5
		$30<H\leqslant60$	±10
		$60<H\leqslant90$	±15
		$90<H\leqslant120$	±20
		$120<H\leqslant150$	±25
		$150<H$	±30

二、施工控制网的建立

施工控制网的布设应根据工程的性质、特点以及精度要求而有所不同。对于大、中型建筑施工场地,施工控制多采用建筑方格网;对面积较小、地势窄长的建筑场地上宜布设建筑基线。

(一) 建筑基线

在建 (构) 筑物的周围或内部,设置一条或几条基线,以作为施工测量的平面控制依据,这种基线称为建筑基线。

建筑基线的测设需根据建 (构) 筑物的结构、现场场地状况及原有控制点状况而定。建筑基线一般可布设成如图 16-1 所示的几种形式。

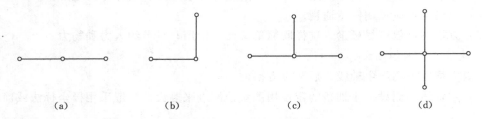

图 16-1 建筑基线的几种形式

(a) 三点一字形;(b) 三点 L 形;(c) 四点 T 字形;(d) 五点十字形

设计时应该注意以下几点:

(1) 建筑基线应平行或垂直于主要建筑物的轴线。

(2) 建筑基线主点间应相互通视,边长为 100~400m。

(3) 主点在不受挖土损坏的条件下,应尽量靠近主要建筑物。

(4) 建筑基线的放样精度应满足施工放样的要求。

(5) 基线点不少于 3 个。

建筑基线的测设工作可参考下面的建筑方格网的测设。测设后要加强检查,包括主点间的线型关系、点间的距离等。

(二) 建筑方格网

由正方形或矩形的格网组成的建设场地的施工控制网称为建筑方格网,如图 16-2 所示。

1. 建筑方格网设计的准备工作

（1）收集原有地形图及施工设计的建（构）筑物、道路、各种管线的总平面图、轴线平面图、建（构）筑物的主要点位的平面坐标和高程以及各种说明。

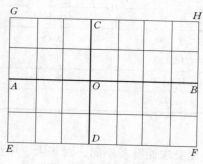

图 16-2　建筑方格网

（2）收集施工场地附近的原有控制点资料。

（3）必要时进行测量坐标系统与施工坐标系统之间的转换。

（4）了解建筑方格网设计的精度要求。

2. 建筑方格网的布置

通常是根据建筑设计总平面图上各建（构）筑物和各种管线的布置位置图及现场地形状况，首先选定方格网的主轴线（图 16-2 的 AB、CD），然后对其他的方格网点进行布置。对于建筑区域较大时，可分为二级布置：先布设边长为 $300\sim500$m 的主网，采用口字形或十字形或田字形，再在主控制网下进行边长为 $100\sim200$m 的二级网加密。

进行建筑方格网的布置时应注意：

（1）方格网的所有轴线间应严格垂直或平行。

（2）方格网的主轴线应位于建筑物的中间部分，并与主要建（构）筑物轴线平行。

（3）方格网主要网点桩位应选在尽量少受施工影响且能长期保存的地方。

（4）方格网点应长期保持通视。

（5）方格网点数应尽量少，这样既简单又便于使用，且节约人力和物力。

3. 建筑方格网的测设

建筑方格网先测设主轴线，后测设方格网。

（1）主轴线的测设。主轴线的定位用测量控制点来测设，一般采用极坐标法或前方交会法。

如图 16-3 所示，先计算 A、O、B 三点的放样元素 S_i、β_i，用极坐标法放样 A、O、B 三点于实地，称之为 A'、O'、B' 点，用混凝土桩并用 10cm$\times10$cm 的铁板在中间固定。由于测量误差以及其他因素的影响，使得三点没有严格位于同一轴线上，需进行改正。如图 16-4 所示，在 O' 上安置经纬仪精确测量 $\angle A'O'B'$ 的角值 β，如 β 值不满足 $180°\pm10''$ 的要求时，应使 A'、O'、B' 沿 AOB 的垂线方向如图移动相同距离 δ，使三主点成一直线。从图中可知，μ、γ 都为极小量，以弧度表示有：

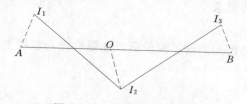

图 16-3　主轴线的测设图

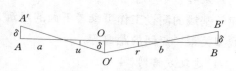

图 16-4　主轴线的调整

$$\mu = \frac{2\delta}{a} , \gamma = \frac{2\delta}{b}$$

$$\mu + \gamma = \frac{180° - \beta}{\rho} = 2\delta\left(\frac{1}{a} + \frac{1}{b}\right) = \frac{(a+b) \times 2\delta}{ab}$$

所以有：

$$\delta = \frac{ab(180° - \beta)}{2(a+b)\rho}$$

A'、O'、B' 经移动以后，还需测量角值 β，如还不满足要求，继续以上作业，直到满足要求为止。在此基础上，精确丈量 AO、OB 的距离，改正到 10m 的整数倍点位上并作上标志。

对于另一轴线 COD 的测设，则可以利用 AOB 轴线，在 O 点上安置经纬仪，瞄 A（或 B）点分别左转（或右转）90° 及 270° 定出 C'、D' 的方向线，丈量距离定出 C'、D' 点，再精确测定 $\angle AOC'$、$\angle AOD'$，计算出改正数 ε_1、ε_2，并计算距离改正数 l_1、l_2。如图 16-5 所示。

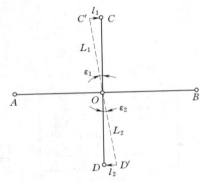

$$\varepsilon_1 = 90° - \angle AOC', \varepsilon_2 = 90° - \angle AOD'$$

$$l_1 = c\frac{\varepsilon_1}{\rho''}, l_2 = d\frac{\varepsilon_2}{\rho''}$$

将 C' 沿垂直方向移动距离 l_1 得 C 点，同法得 D 点。同样，精确丈量 OC、OD 的距离，改正到

图 16-5 轴线 COD 的测设

10m 的整数倍点位上并作上标志。

(2) 方格网的测设。主轴线测设完毕后，应测设方格网其他网格点，方法是分别在主轴线四个端点 A、B、C、D 上安置经纬仪，以 O 为瞄准方向，分别向左向右测设出 90° 角的方向线交会后形成田字形格网点 E'、F'、G'、H'，对其进行检核并改正后得到 E、F、G、H 点，再以这些基本方格网点为基础，采用距离丈量或角度交会的方法测设其他格网点。

(三) 高程控制测量

施工高程控制可分两级进行：一级可采用三、四等水准测量方法从国家水准点引测到施工区域周围。其基本网水准点应布设在施工区外稳固方便地带，作为高程控制测量、沉降观测的依据；二级网为从一级网引测的工作水准基点，它应满足安置一次仪器便可测设所需高程点。

建筑方格点可兼做高程控制点，只需在方格点铁板上设置一突出的半球状标志即可。此外，为方便测设，常在建筑物柱子上布设 ±0 水准点。

第二节 工业厂房施工测量

工业厂房一般可分为单层和多层厂房两种。工业厂房施工测量，是在厂区控制网或厂房矩形控制网的基础上进行的，它包括柱列轴线与桩基测设、柱子吊装测量、吊车梁及其轨道安装定位以及厂房竣工图测绘等。

一、厂房矩形控制网的测设

（一）厂房控制网的测设

由于厂房内部柱列轴线之间的测设精度一般要求较高，为保证精度便于施测，应在现场建筑方格网的基础上，建立厂房控制网，由于一般厂房多为矩形，因而厂房控制网也呈矩形形状，故又称矩形网，其作用是定位厂房柱子及内部设备位置。因此，厂房控制网是厂房施工的基本控制。

对于一般的中小型厂房，仅测设一个矩形控制网（图16-6）即可满足放样要求。对于大型厂房或连续生产设备的系统，则应测设四个矩形组成的控制网，即田字形的建筑方格网（图16-7）。

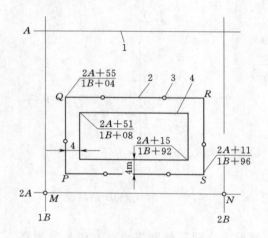

图16-6　矩形控制网
1—建筑方格网；2—矩形控制网；
3—距离指标桩；4—厂房

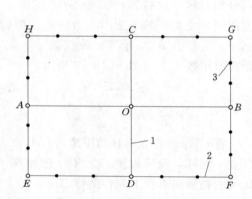

图16-7　建筑方格网
1—主轴线；2—矩形控制网；
3—距离指标桩

对于厂房矩形控制网的测设参照第一节建筑方格网的测设部分，为便于以后进行厂房细部的放样，应按施测方案确定距离指标桩，距离指标桩一般位于厂房柱列轴线或主要设备中心线上，其指标桩的间距为柱列轴线的整数倍。

（二）厂房改扩建时控制网的测设

在对原厂房进行翻新及改扩建前，最好能找到原有厂房施工控制网，并与已有厂房主要轴线进行连测，以供设计部门参考。

如原控制网已不复存在，针对下列情况，恢复相应厂房控制网。

（1）厂房内有吊车轨道时，应以吊车轨道的中心线来延伸平移。

（2）改扩建后的主要设备与原有设备组成连续生产设备的系统，则以原有设备中心线为依据。

（3）对于一般厂房，以原有厂房柱列轴线为依据。

二、厂房基础施工测量

（一）柱基础定位

根据厂房平面图确定柱列轴线与矩形控制网的尺寸关系，将柱列轴线的端点由相邻两个距离指标桩内分测定，打入木桩，小钉标示，如图 16 - 8 所示。柱列轴线端点全部测设完成后，把两台经纬仪分别安置在相互垂直的边线的相应端点上，方向交会得到每一柱基的中心位置，根据基础图柱基尺寸，用石灰线把基坑开挖边线实地放出，并在距开挖范围线 0.5～1m 处两方向上打四个定位桩，钉上小钉标明中线方向，以供修坑和立模之用。

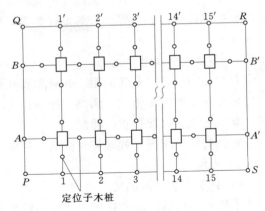

图 16 - 8 柱基础定位

（二）基坑抄平

基坑开挖后，在将要挖到设计标高时，应在基坑四壁及坑底打入一些小木桩，如图 16 - 9（a）所示，并引测标高，以作为基坑修坡、坑底修整、打垫层的依据。

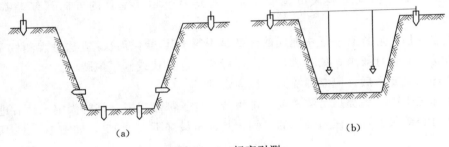

(a)   (b)

图 16 - 9 标高引测

（三）模板支立定位

打好垫层，利用柱基四个定位桩放出柱基中心线，弹上墨线，作为模板支立依据。立模上口可由定位桩直接拉线吊垂球检查其是否立直，并将柱基顶面设计标高测设到模板内壁，使杯底面标高比设计标高略低 2～5cm，以便拆模后柱子安装时填高修平杯底。

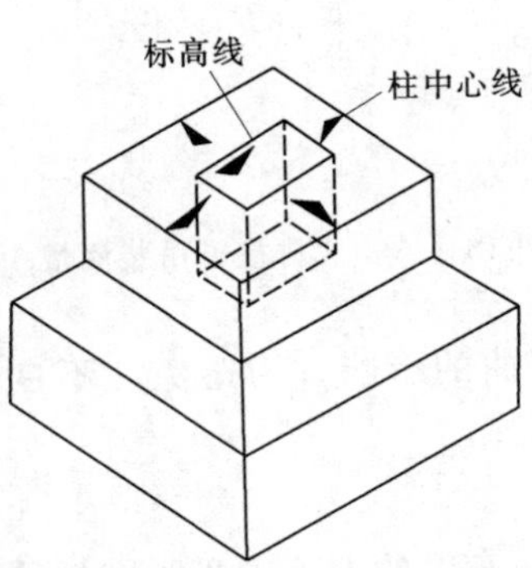

（四）杯口中线测设与抄平

在柱基拆模后，由矩形控制网上相应柱轴线端点用经纬仪把柱子轴线投测到杯口顶面上，并用红油漆画出"▶"标记，如图 16 - 10 所示，以供柱子吊装校正时照准。

为修平杯底，应在杯口内壁用水准仪测设一标高线，并用红油漆画出"▼"标记。该标高线应比杯口顶面低几厘米，与杯底设计标高的高差为整数分米数。

三、柱子吊装时的测量

（一）柱子吊装应满足的要求

（1）柱子中心线必须对准柱列轴线，允许偏差为 ±5mm。

图 16 - 10 杯口中线测设

（2）柱身必须竖直，柱的全高竖向允许偏差为柱高的 1/1000，但不应超过 20mm。

（3）牛腿面标高必须等于它的设计标高，柱高 5m 以下限差为 ±5mm，柱高 5m 以上的限差为 ±8mm。

（二）吊装准备工作

（1）对柱列中心线及其间距、基础顶面和杯底标高进行复核。

（2）在柱子的三个侧面上用墨线弹出柱中心线，并在每条线的上端和近杯口处用红油漆画"▶"标志，以便校正时照准。

（3）检查柱身长度、调查杯底标高，使柱子吊装后，牛腿面标高等于其设计标高，如图 16-11 所示。

（三）柱子吊装时的测量

柱子插入杯口后，应使柱底三面中心线与杯口对齐，并在杯口处用木锲或铁锲临时固定，如有偏差用锤敲打锲子修正，其允许偏差为 ±5mm。用两台经过校正的经纬仪安置在离柱子的距离约为柱高的 1.5 倍以上的相互垂直的柱列轴线上。如图 16-12 所示，先瞄准柱底中线，固定照准部，逐渐仰视，检查柱上部中线标志"▶"是否偏离视线，如中线偏离视线，则需指挥吊装人员调节缆绳，直到两个相互垂直的方向其偏差都不大于 5mm 为止。

柱子立稳后，应检查一下牛腿面的标高是否等于其设计标高。方法是观测柱子 ±0 点标高是否符合其设计要求，如不满足要求，应杯底加垫块或修平牛腿面。

待全部满足要求后，应立即灌浆，以固定柱子。

在实际工作中，为提高吊装速度，常将若干柱子都竖起来，临时固定，然后进行成排校正，此时经纬仪安置在柱列轴线的一侧，其偏角最好不大于 15°，如图 16-13 所示。

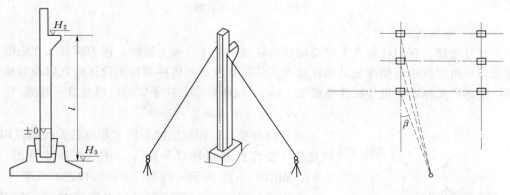

图 16-11　牛腿面标高　　　图 16-12　柱子吊装测量　　　图 16-13　成排柱子吊装测量

应当注意，在日照下校正，应顾及日照使柱顶向阴面弯曲的影响，为避免此不良影响，宜在早晨或阴天时吊装校正。

四、吊车梁的安装测量

吊车梁的吊装，要求保证梁面标高符合设计标高要求，吊车梁的上下中心线应与吊车轨道中心线在同一竖直面内。

（一）吊装准备工作

（1）墨线弹出吊车梁顶面中心线和吊车梁两端中心线。

（2）将吊车轨道中心线投测到牛腿面上。可利用厂房控制网或柱列中心线定出吊车轨道中心线，如图 16-14（a）所示，用厂房中心线 A_1A_1，根据设计轨道跨距（图中设为 $2d$）在地面上测设出吊车轨道中心线 $A'A'$ 和 $B'B'$。然后分别安置经纬仪于吊车轨道中心线的一个端点上，瞄准另一个端点，抬高望远镜，将吊车轨道中心线投测到每一根柱子的牛腿面上，并弹出墨线，其投点误差为 3mm。

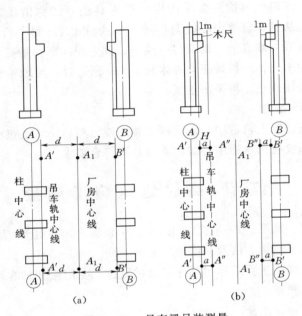

图 16-14 吊车梁吊装测量

（二）吊车梁高程测量

为保证吊车梁顶面标高符合设计标高，应根据牛腿底段 ±0 标高沿柱子用钢尺将高程传到牛腿面上，定出牛腿面的设计标高点，以作为整平牛腿面及加垫板的依据。同时，在柱子上端比梁顶面高 5～10mm 处测设一标高点，据此修平梁面。

（三）吊装吊车梁

准备工作做好后，吊装便较为简单了，即使梁端中心线与牛腿面上的中心线对齐。关于吊车梁的竖直校正，可用经纬仪进行，亦可用吊垂球的方法，使梁的上下中心线在同一竖直面内。

吊车梁吊装之后，直接置水准仪于吊车梁上检测梁面标高是否符合设计标高要求，每隔 3m 测一点，与设计标高的差值应在 −5mm 之内，然后可在梁下用垫板调整梁的高度，使之符合设计要求。

五、吊车轨道的安装测量

（一）轨道安装应满足的要求

（1）每条轨道的中心线应是直线。轨道长 18m，允许偏差为 ±2mm。

（2）轨道间跨距应与设计跨距一致。每隔 20m 检查一下跨距，与设计值较差，不得超过 3～5mm。

（3）轨顶高程距应与设计轨顶标高距一致。每 6m 检测一点轨顶标高，允许误差为 ±4mm。

（4）两根钢轨接头处的标高应一致，其允许误差为 ±1mm。

（二）准备工作

主要是对梁上的吊车轨道中心线进行检测，由于安置在地面中心线上的经纬仪不可能与吊车梁顶面通视，使得此项检测多采用中心线平移法（或称借线）。如图 16-14（b）所示，首先在地面上从吊车轨道中心线向厂房中心线量出 1m 得平行线 $A''A''$、$B''B''$。然后安置经纬仪于平行线一端点上，瞄准另一端点，固定照准部，抬高望远镜投测，这时一人在梁上移动横放的木尺，当视线正对准木尺上 1m 刻划时，尺的零点应正在吊车轨道中心线上。若有误差应加改正，再弹出墨线。

（三）安装吊车轨道

吊车轨道按校正的梁上轨道中心线进行安装定位。然后用水准仪检测轨顶标高，用钢尺检测跨距，用经纬仪检测轨道中心线，看其是否符合要求。

第三节　高层建筑施工测量

民用建筑分单层、低层（2～3 层）、多层（4～8 层）和高层（9 层及以上）建筑。由于楼层的不同，其施工测量方法及精度要求亦有不同。

民用建筑施工放样的主要工作包括建筑物的定位、龙门板和轴线控制桩的设置、基础施工测量及主体施工测量。

一、民用建筑物定位测量

建筑物定位测量就是根据原有建筑物的轴线或施工平面控制网，将拟建建筑物的主轴线用木桩测设于地面上，并用小钉标志，然后根据总平面图对房屋的细部进行放样。

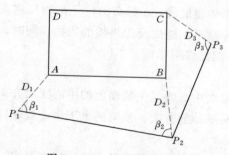

图 16-15　极坐标法测设

对于建筑基线或方格网测设见第一节内容，对于利用施工控制网，如图 16-15 所示，则先计算放样元素 D_1、β_1、D_2、β_2、D_3、β_3，然后可利用极坐标法进行放样。

定位测量完成后，应进行检核，使距离和角度误差分别小于 1/5000 和 1′。

二、龙门板和轴线控制桩设置

当基槽开挖后，原测设的轴线将被挖除。为便于施工和恢复点位，在基槽外宽阔安全地带钉设龙门板，如图 16-16 所示。

龙门板的钉设步骤为：

（1）在基槽开挖线外 1.5～2m 处钉设龙门桩。钉设时要竖直、牢固，木桩侧面与基槽平行。

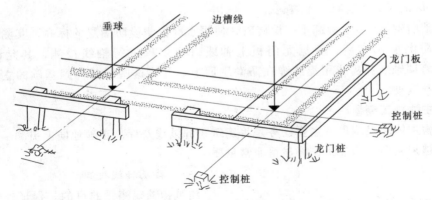

图 16-16　龙门桩

（2）用水准仪测设±0 标高于龙门桩上，使龙门桩顶面与±0 标高一致。

（3）使用经纬仪根据轴线桩，将墙桩的轴线投测到龙门板上，钉上小钉以标识。

由于龙门桩需用木材量较大，目前常用引桩（轴线控制桩）来代替。如图 16-17 所示，引桩一般设在轴线延长线上，距基槽开挖边界 2～5m 以外。对于楼层数越多，距离越长，可根据需要将轴线延伸到附近建筑物顶上。

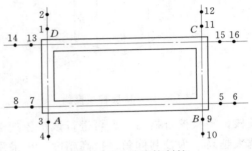

图 16-17　轴线控制桩

三、基础施工测量

（一）基槽开挖放线及抄平

根据基槽宽度及基础挖深应放坡的尺寸，由轴线位置向两边量出相应的尺寸，用白灰放出基础开挖线，挖土就在此范围内进行。

为了控制基槽开挖深度，当快挖到基底设计标高时，用水准仪根据地面±0 标高，在基槽壁上每隔 2～5m 及转弯处测设水平桩。如图 16-18 所示，基槽底高为 -2.000m，槽壁水平桩标高为 -1.800m，可从木桩的上表面向下量 0.20m，即为槽底。水平桩是清理槽底和铺设基础垫层的依据，其标高测定误差为±10mm。

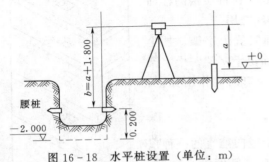

图 16-18　水平桩设置（单位：m）

（二）垫层中线测设

垫层浇灌之后，用细线固定在两头的

引桩或龙门桩小钉上，用重锤挂在小线上，往下垂到垫层层面上，垂到的地方用小钉做出临时标记，连线即得垫层中线，其两边线可采用平行外移法即可获取。对于精度要求较高的建筑物，可采用经纬仪轴线投测。

（三）防潮层抄平与轴线投测

当基础墙砌筑到 ±0 标高下一层砖时，使用水准仪测设防潮层的标高，其测量限差为 ±5mm。防潮层做完后，根据龙门板上轴线钉或引桩进行轴线投测，其允许误差为 ±5mm。将墙轴线和边线用墨线弹在防潮层面上，并将这些线延伸到基础的立面上，便于下部墙身筑砌。

四、主体施工测量

建筑物主体施工测量的主要任务是将建筑物的轴线及标高正确地向上引测。目前由于高层建筑越来越多，测量工作将显得非常重要。

（一）楼层轴线投测

建筑物轴线测设的目的是保证建筑物各层相应的轴线位于同一竖直面内。

轴线投测方法主要有以下几种。

1. 经纬仪投测法

如图 16-19 所示，将经纬仪安置在轴线控制桩上，瞄准底部的轴线标志，用正倒镜分中投点法向上投测到每一层面上。当各轴线都投测到楼板上之后，要用钢尺实量其间距作为

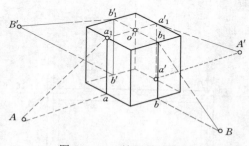

图 16-19 楼层轴线投测

校核，经检核合格后，方可进行该房屋细部的测设。随着建筑物的升高，经纬仪投测仰角越来越高。为控制仰角、提高精度，可采用正倒镜延长轴线的方法将轴线往外延长，然后再往上投测。

2. 重锤法

用垂球悬吊在建筑物的边缘，当垂球尖对准在底层设立的轴线标志时，可定出楼层的主轴线。若测量时风力较大或楼层较高，用这种方法投测误差较大。

在高层建筑施工时，常在底层适当位置设置与建筑物主轴线平行的辅助轴线，在辅助轴线端点处预埋标志。在每层楼的楼面相应位置处预留孔洞（也叫垂准孔），供吊垂球之用。

如图 16-20 所示，投测时在垂准孔上面安置十字架，挂上垂球，对准底层预埋标志。当垂球静止时，固定十字架，十字架中心即为辅助轴线在楼面上的投测点，并在洞口四周作出标记，作为以后恢复轴线及放样的依据。

3. 激光铅垂仪投测法

激光铅垂仪是将激光束导至铅垂方向用于竖向准直的一种仪器，如图 16-21（a）所示。在仪器上装置高灵敏度管水准器，借以将仪器发射的激光束导至铅垂方向。使用时，将激光铅垂仪安置在底层辅助轴线的预埋标志上，当激光束指向铅垂方向时，只需在相应楼层的垂准孔上设置接收靶即可将轴线从底层传至高

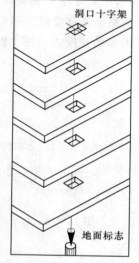

图 16-20 重锤法投测
建筑物轴线点

层，如图 16 - 21 (b) 所示。

利用激光铅垂仪投测轴线，使用较方便，且精度高，速度快，在高层建筑的施工中得到了广泛应用。

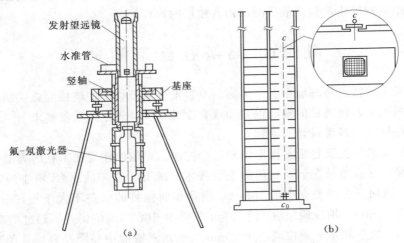

图 16 - 21 激光铅垂仪法投测建筑物轴线点

4. 光学垂准仪投测法

光学垂准仪是一种能够瞄准铅垂方向的仪器。在整平仪器上的水准管气泡后，仪器的视准轴即指向铅垂方向。它的目镜用转向棱镜设置在水平方向上，以便于观测。

用光学垂准仪投测轴线时，将仪器架在底层辅助轴线的预埋标志上，当得到指向天顶的垂准线后，在相应楼层上的垂准孔上设置标志，就可将轴线从底层传递到高层，如图 16 - 22 所示。

（二）高程传递

在高层建筑中，楼层标高往往由下层楼板向上层传递，以便楼板、门窗、室内装修等工程的标高按设计施工。传递标高的常用方法如下。

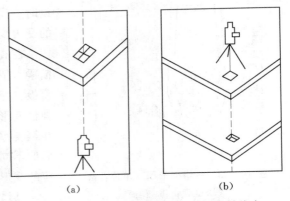

图 16 - 22 光学垂准仪法投测建筑物轴线点

1. 钢尺直接丈量法

用钢尺沿某一墙角自 ±0 标高起向上丈量，根据丈量的高程立皮数杆，作为该层墙身筑砌、门窗安装、过梁、地坪及室内装修时掌握标高的依据。

2. 水准测量法

利用楼梯间的空隙，吊上钢尺，钢尺下端挂一重锤，用钢尺代替水准尺，在下层与上层各架一次水准仪，将高程传递上去，从而测设出各楼层的设计标高。

3. 全站仪天顶测距法

在底层架设全站仪，先将望远镜置于水平位置，照准立于 ±0 标高线或 1m 标高线上的水准尺，测出全站仪的仪器标高；然后通过垂准孔或电梯井将望远镜指向天顶，在各楼层的垂准孔上固定一铁板，板上留孔，将棱镜平放于孔上，测出全站仪至棱镜的垂直距离；预先测出棱镜镜面至棱镜横轴的高度，即棱镜常数，则各楼层铁板的顶面标高为仪器标高加垂直距离减棱镜常数；最后测设出各楼层的设计标高。

第四节　高塔柱施工测量

高塔柱施工的特点是基础小、主体高、垂直度要求严格。在塔柱的施工期间，测量工作的主要目的在于确保塔柱的轴线偏差和垂直度满足设计规定的精度要求。

一、高塔柱施工精度设计及流程

高塔柱施工测量主要包括平面定位和高程控制。定位的精度随工程的类型和规模而存在一定的差异。在通常情况下，定位的主要技术要求有：索塔的承台/塔座的轴线偏位应小于 15mm，顶面高程误差应小于 10mm；横梁顶面标高的误差不大于 ±10mm，对称点高程差应小于 20mm，轴线偏位应小于 10mm；塔柱中心线偏位误差不超过塔高的 1/3000 且小于 30mm，塔柱底水平偏位应小于 10mm；东西索塔的中心距符合设计距离；索塔的中心线与桥轴线平行及垂直；控制塔身以设计的倾斜度收坡和断面提升，其偏位误差不超过塔高的 1/3000。

图 16-23 为某主塔外形图。类似混凝土塔柱（下、中、上）一般采用支架法、滑模法或爬模法施工。塔柱的塔壁中间设有劲性骨架，可用于测量放样、立模、扎筋和斜拉索钢索道管定位，也可用于施工受力用。劲性骨架在倾斜塔柱上架设时，设置有受压支架和受拉拉条来保证斜塔柱的受力变形和稳定性。

在高空中现浇大跨度、大断面预应力混凝土横梁（下、中、上），其难度较大。施工时要考虑模板支撑系统和防止支撑系统的连接间隙变形、弹性变形、支撑不均匀沉降变形、混凝土梁、柱和钢支撑不同的线膨胀系数影响、日照温差对它们的不同时间差效应等产生的不均匀变形以及相应的变形调节措施。

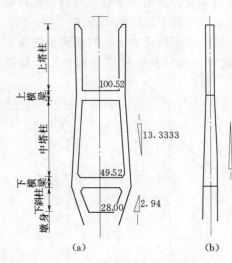

图 16-23　主塔外形图（单位：m）

(a) 正面；(b) 侧面

高塔柱的施工流程如下：桩基及承台→塔座施工→下塔柱施工→下横梁支撑及模板→下横梁施工→下横梁预应力张拉→中塔柱施工→中横梁支撑及模板→中横梁施工→中横梁预应力张拉→上塔柱（下部）施工→上横梁施工→上塔柱（上部）施工→塔顶建筑物施工→主塔竣工。

高塔柱施工测量的重点是保证其各部位的坡比、外形几何尺寸、内部构件空间位置及塔柱整体垂直度。其主要工作有：高塔柱各节段轴线放样、劲性骨架和劲性骨柱的定位和检查、立模控制线性放线、模板检查、预埋件定位及各节段施工测量等。

二、高塔柱立模施工放样

为保证塔柱的绝对位置和塔柱间的相对关系符合设计要求，需建立首级平面和高程控制网，作为塔柱施工的绝对基准。此外，首级控制网还可作为索塔和沉台在施工过程中受外界环境影响（风和温度）和自身荷载作用下的振动变形、扭转变形、挠度变形和沉降变形监测的基准网。建立适当的局部控制网，对提高索塔施工定位的速度和效率十分有利，同时以不同的控制网对索塔进行测量控制可以相互检核，确保索塔施工定位的精确可靠。

塔柱的定位主要分两个步骤，即塔柱的绝对位置和塔柱内部各部分的相对位置。塔柱的整体定位（绝对位置）采用首级施工控制网进行，即利用首级施工控制网点测放出塔柱的整体轴线；塔柱内各部分的相对位置一般利用已测设的轴线点进行，或者利用加密的局部控制网进行。当首级控制网精度、点位和点数满足直接放样时，也可不再加密局部控制网，而直接利用首级施工控制网点进行全塔各部位的放样。

索塔的细部放样一般采用外控法和内控法两种方法。外控法即利用首级控制网点直接对塔柱的细部进行放样，该法对各节段平面位置的测定一般采用全站仪坐标法进行；内控法即利用塔柱局部控制网点进行细部放样的方法，该法一般在塔柱的基础上建立局部控制网点，再利用准直仪或投点仪将控制点投影到需放样的高程面上，各投影后的控制点经检测合格后，即可用于塔柱的细部放样。由于内控法受爬架等施工支撑架的影响，往往使用受到限制，并且极不安全，易受高空作业散落的物件损伤，施测速度较慢，无法满足现代快速施工的需要。而外控法中采用全站仪坐标法不仅可以克服施工干扰给测量工作带来的困难，还可以提高放样的精度，更重要的是减轻测量人员的劳动强度，提高工作效率，目前已成为施工放样的主要方法。

（一）三维坐标法基本原理

如图 16-24 所示，O 为测站点，P 为放样点。全站仪安置在 O 点，在 P 点安置棱镜。测定测站点到放样点的斜距 S、天顶距 Z 和水平方向角 α。则 P 点相对测站点三维坐标为

$$x_P = x_O + S\sin z \cdot \cos\alpha$$

$$y_P = y_O + S\sin z \cdot \sin\alpha$$

$$H_P = H_O + S\cos z + \frac{1-K}{2R}(S\sin z)^2 + i - t$$

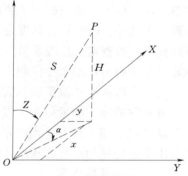

图 16-24　三维坐标法测量示意图

三维坐标法充分利用了全站仪测角、测距和计算一体化的特点，只需知道待放样点的坐标，不需事先计算放样元素，就可在现场放样，而且操作十分方便。

将全站仪架设在已知点 A 上，只要输入测站点 A、后视点 B 以及待放样点 P 的 3 点坐标，瞄准后视点定向，按下反算方位角键，则仪器自动将测站与后视的方位角设置在该方向上。然后按下放样键，仪器自动在屏幕上用左右箭头提示，应该将仪器往左或右旋转，这样就可使仪器到达设计的方向线上。接着通过测距离，仪器自动提示棱镜前后移动，直到放样出设计的距离，这样就能方便地完成点位的放样。若需要放样下一

个点位，只需要重新输入或调用待放样点的坐标即可，按下放样键后，仪器会自动提示旋转的角度和移动的距离。

（二）三维坐标法的实施

在索塔的施工中，施工测量的主要任务是：各节段劲性骨架的安装定位，各节段的模板安装定位及验收，各节段混凝土竣工测量等，对于斜拉桥，还有一个主要内容是索道管安装定位。

1. 劲性骨架的安装定位

索塔劲性骨架是山角钢及钢筋加工制作，用于钢筋定位和模板支撑，其精度要求较低。一般采用三维坐标法测定两点即可。

2. 模板的定位与验收

根据施工图事先算出每一节段模板顶口四角点的理论坐标，用三维坐标法放样。具体做法是：在每一节段模板安装定位前，在劲性骨架四拐角处焊钢板（高程控制在比理论模板顶口高 10cm），进行模板定位。所有安装工序完成后，在混凝土浇筑前，再用三维坐标法直接测出模板的四角点的三维坐标，若实测坐标与理论坐标偏差超出要求，需进行二次定位，直至满足要求。个别情况因爬架、脚手架等杆件影响通视时，可通过调整棱镜杆长度，或在局部范围内进行偏距测量等方法解决。

3. 各节段混凝土竣工验收

在每一节段浇筑竣工后，需要实测混凝土的顶面高程和外形尺寸，测量方法仍然采用三维坐标法配合钢尺丈量。

4. 斜拉索索道管定位

由于索道管定位要求高，必须考虑外界因素引起的塔柱变位，通常定位时间安排在早上八点前，且在无风的条件下进行。整个索道管定位过程分为放点、调整、检验、再调整、验收 5 个步骤。上述步骤定位采用预先制作的两块圆盘形样板，分别套入钢套管的顶口和底口，使圆盘中心与顶口、底口中心一致，然后在圆盘中心孔上立棱镜，直接测量它们的三维坐标。一般情况下观测两测回。若外界因素变化使测量结果差异较大时，增加测回数（可达 4～8 测回），确保定位准确。每完成一根钢管套筒定位，用水准仪测定其顶、底口高差，检查定位高程质量。每完成一对钢套筒定位，江侧和岸侧的钢套管的顶口，用钢卷尺丈量距离，用水准仪测定其高差，以检验标定结果的准确性。

三、高塔柱形体质量和垂直度

高塔柱的施工测量是为工程施工服务的，是工程形体质量的重要保障。工程的形体质量不仅体现了施工技术方案、方法的优秀，也体现了测量方法的正确、科学与否。在高塔柱施工中，塔柱的垂直度和形体质量是反映塔柱施工质量的两项重要指标，它们是各节段及部件施工的总体体现。

（一）高塔柱中心轴线偏差与垂直度

高塔柱是分节施工的，由于施工和测量的误差影响，每节段中心轴线与理论轴线不重合，即为塔柱中心轴线偏差，该值通过每节段竣工测量数据或模块检查验收数据计算可得。利用这些数据可以绘制中心偏差曲线图，计算最大偏差值，从图中可以看出无论顺桥向（x）和横桥向（y）均绕着设计中心轴波动。一般来说，高塔柱倾斜度是由塔柱底层中心偏离值和塔冠中心偏离值代数差与其高度的比值。

（二）塔柱形体质量评定

一般来说，评定塔柱形体质量包括塔柱各节段中心轴线偏差和摆动情况，以及各节段断面尺寸与设计尺寸的偏差大小。它们反映了施工误差和测量放样误差的综合影响。考虑到塔柱高度大，施工节段多，断面量大，具有较多的竣工数据，采用统计分析的方法来分析是可行的，且比较客观、合理。

第五节　竣　工　测　量

竣工测量是指对各种工程建设竣工验收时所进行的测量工作。在施工过程中，可能由于设计时没有考虑到的原因而使设计发生变更，使得工程的竣工位置与设计时发生变化，为便于顺利进行各种工程维修，修复地下管线故障，需要把竣工后各种工程建设项目的实际情况反映出来，用以编绘竣工总图。对于城市建（构）筑物竣工测量资料，还可以用于城市地形图的实时更新。

一、竣工测量的内容

包括反映工程竣工时的地表现状，建（构）筑物、管线、道路的平面位置与高程及总平面图与分类专业编制等内容，主要如下。

（一）主要细部特征坐标测量

如主要建（构）筑物的特征点、线路主点、道路交叉点等重要地物的细部，实测其坐标；对于建（构）筑物的室内地坪、道路变坡点等，利用水准仪实测其高程。其精度要求不低于相应地形测量。

（二）地下管线测量

地下管线竣工测量分旧有管线的普查整理测量（简称整测）和新埋设管线的竣工测量（简称新测）。各种管线的测点为交叉点、转折点、分支点、变径点、起至点（包括电信、电力的电缆入地、出地的电杆）及每隔适当距离的直线点等。测定这些点位时均应测管线中心或沟道中心以及主要井盖中心。有构筑物的管线可测井盖中心、小室中心等。对于旧有的直埋金属管线可用经试验证明可行的管线探测仪定位，再进行测绘。测高位置应与平面位置配套，一般测管外顶高程或井面高程。

（三）地下工程测量

地下工程包括地下人防工程、地铁、道路隧道等。其竣工测量内容主要有：地下工程的折点、交叉点、变坡点、竖井井座、水井平台的平面位置与高程，隧道中心线的检测，隧道纵横断面的测量等。

（四）交通运输线路测量

线路拐弯的曲线元素：半径 R、偏角 α、切线长 T 和曲线长 L 的测定，道路交叉路口中心点的测量，道路中心线的纵横断面的测量等。

二、竣工总平面图的编绘

竣工总平面图系指在施工后、施工区域内地上地下建筑物及构筑物的位置和标高等的编绘与实测图纸。竣工总图宜采用数字竣工图。

（一）竣工总图的编绘依据

（1）设计总平面图、纵横断面图、设计变更数据。

（2）现场测量资料，如控制数据、定位测量、检查测量及竣工测量资料。

（二）竣工总图的编绘

1. 图幅大小及比例尺的确定

图幅大小以主要地物不被分割为原则，实在放不下也可分幅；比例尺的选择以用图者便于使用、查找竣工资料为原则，一般为 1：500～1：1000。

2. 总图与分图

对于建（构）筑物较复杂的大型工程，如将地面、地下所有建（构）筑物都表达在同一图面上，信息荷载大，难以表示清楚，且给用图带来诸多不便。为使图面清晰，易于使用，可根据工程复杂程度，按工程性质分类编绘竣工总图如给排水系统、通信系统、运输系统等。

3. 竣工总图编绘

（1）利用竣工总图编绘的依据资料进行编绘。

（2）竣工总图的编绘随工程的竣工进行。工程施工有先后顺序。先竣工的工程，先编绘该工程平面图；全部工程竣工后再汇总编绘竣工总图。

对于地下工程及隐蔽工程，应在回填土前实测其位置与标高，作出记录，并绘制草图，用于编绘该工程平面图。对于其他地面工程，可在工程竣工后实测其主要细部点。

（3）细部点坐标编号。为了图面美观及方便查找，对细部主点实现编号表示，在相应簿册中对应其坐标。

4. 竣工总图的附件

除竣工总图外，与竣工总图有关的资料，应加以分类装订成册，便于以后需要时查找。

竣工总图的附件有：建筑场地周围的测量控制点布置图、坐标及高程成果一览表；建（构）筑物的沉降及形变观测资料；各类纵横断面图；在施工期间的测量资料及竣工测量资料；建筑场地施工前的地形图等。

第十七章　大　坝　变　形　监　测

第一节　概　　述

大坝安全监测是通过巡视检查和仪器设备监测对大坝坝体、坝基、坝肩、近坝区岸坡及大坝周围环境所作的观察和测量，及时取得反映大坝、基岩和近坝区山体性态变化以及周围环境对其作用的各种观测数据，对观测数据进行处理和分析，然后综合其他因素评估大坝的运行状态。此处的"大坝"泛指与大坝有关的各种水工建筑物和设备；"监测"既包括对固定测点一定频次的仪器观测，也包括对大坝外表及内部定期和不定期的直接检查和仪器探查。

大坝安全监测可以及时获取第一手资料，通过整理分析可以了解大坝的工作性态发现异常迹象，为评价大坝安全状况提供依据，是坝工建设和运行管理中非常必要且不可或缺的重要工作。

大坝变形观测是安全监测的重要组成部分，它是利用仪器通过一定的观测手段量测出观测点某一时刻的位置与起始位置的变化量，包括水平位移监测、垂直位移监测、挠度监测、基岩和滑坡体监测等。将这些观测值进行综合分析比较，可以直观地反映大坝的变形状态，在监视大坝安全运行方面发挥着重要作用。

一、大坝变形监测的内容

大坝变形监测工作贯穿于坝工建设与运行管理的全过程。变形监测工作主要包括监测设计，确定监测方案，购买仪器和设备，埋设、安装和维护监测设备，数据采集、传输和存储，资料整编和分析，大坝实测性态的研究和评价等。

由于大坝的结构型式、尺寸、地形和地质等条件的不同，其观测项目也不完全相同。可根据大坝的具体情况和对观测的要求按照 SL 551—2012《土石坝安全监测技术规范》、DL/T 5178—2016《混凝土坝安全监测技术规范》选定。在观测过程中，还可以根据实际情况的变化进行适当的调整，总的来讲，混凝土坝变形观测主要项目有：坝体变形、裂缝、接缝以及坝基变形、滑坡体和高边坡的位移等。土石坝变形观测主要内容有坝体（基）的表面和内部变形，坝体防渗体、坝基防渗墙、界面、接（裂）缝和脱空变形，近坝岸坡变形以及地下洞室围岩变形等。

变形监测的平面坐标系统和高程系统，应与设计的控制网坐标系统相一致，并且一般应与国家平面控制网和高程控制网联测。

二、变形监测的具体要求

1. 测点布置

在观测点设计时，应该有明确的针对性和实用性。应该很好地熟悉大坝，了解工程规模，了解水文、气象、地形、地质条件及存在的问题，有的放矢地进行监测点的布设，特别是要根据工程特点及关键部位综合考虑，统筹安排，做到目的明确、实用性强、突出重点、兼顾全局。变形的监测点尽量综合布置，相互印证、相互补充，并考虑今后监测资料分析的需要，使监测成果既能达到预期目的，又能做到经济合理，节省投资。布点范围应包括坝体、坝肩、基岩及近坝区岸坡等。

2. 基准点和工作基点的建立

为了监测观测点的变形，必须要建立稳定的基准点和相对稳定的工作基点。利用工作基点来监测观测点，利用基准点来判断工作基点是否发生变形。基准点是变形观测的最终依据，它的位置选择与埋设至关重要。基准点应选择在变形范围以外的稳定地区，如水准基点一般应选在离大坝 $1\sim3km$ 以外的稳定地区。倒垂线也可以作为基准点，倒垂深度宜参照坝工设计计算结果，达到变形可忽略处，一般为坝高的 $1/4\sim1/2$，最小不能小于 $10m$。视准线的基准点应选在平峒深处或两岸离坝较远的下游山头上，基准点应埋设在新鲜基岩或原状土上。

工作基点是位移点周期观测的基础，应力求选在不易变化、便于测定位移点的地区，离测点不能大远，且有可靠的基准点对其进行校核。

3. 设备的选型、购置与埋设安装

根据设计要求对观测仪器进行选型，监测仪器设备应以精确可靠、稳定耐久、具有良好的防潮性能为原则、自动化监测设备应具有自检自校功能，并能防潮防水防锈，长期稳定，还应具有人工监测手段，以防数据中断，设备的附件和配件应选择更换简单、更换时不影响观测数据的连续性为原则。

埋设安装前应对设备进行必要的检验、率定及配套验收，严格按设计施工，若需修改设计，应报请上级主管批准备案备查，施工时做好安装记录，绘制竣工图已备移交。

对于测绘仪器，应该选择高精度的监测仪器。如水准仪宜选择高精度电子水准仪；全站仪宜选择测角精度不低于 $1''$ 级，测距精度不低于 $1mm+1ppm\times D$ 的高精度仪器。

4. 现场观测与检查

现场观测与检查应按操作规程及制度进行，观测要求做到"四无""四随""四固定"。"四无"即无缺测、无漏测、无违时、无不符精度。"四随"即随观测、随记录、随计算、随校核。"四固定"即人员、仪器、测次、时间固定。同时应做好巡视检查。及时整理、整编和分析监测成果并编写监测报告，建立监测档案，做好监测系统的维护、更新、补充、完善工作。

对新建大坝，各项观测设施，应随施工的进展及时埋设安装，各种观测项目安装完毕后及时观测基准值。主要监测项目，第一次蓄水前必须取得基准值。老坝观测系统的改造亦应在投入运行时测定基准值。各基准值至少连续观测两次，合格后取平均值作为基准值。

5. 测次安排

测次的安排原则是能掌握测点变化的全过程并保证观测资料的连续性。一般在施工期及蓄水运行初期测次较多，经长期运行掌握变化规律后，测次可适当减少，各种观测项目应配合进行观测，宜在同一天或邻近时间内进行。有联系的各观测项目，应尽量同时观测。野外观测应选择有利时间进行。如遇地震、大洪水及有其他异常情况时，应增加观测次数；当第一次蓄水期较长时，在水位稳定期可减少测次。大坝经过长期运行后，可根据大坝鉴定意见，对测次作适当调整。根据《混凝土坝安全监测技术规范》（DL/T 5178—2003）规定，混凝土坝变形监测各项目各阶段的观测次数见表 17-1。

表 17-1　　　　　　　　　　　变形监测项目各阶段的测次

监测项目	施工期	首次蓄水期	初蓄期	运行期
位移	1次/旬～1次/月	1次/天～1次/旬	1次/旬～1次/月	1次/月
倾斜	1次/旬～1次/月	1次/天～1次/旬	1次/旬～1次/月	1次/月
大坝外部接缝、裂缝变化	1次/旬～2次/月	1次/天～1次/旬	1次/旬～1次/月	1次/月
近坝区岸坡稳定	1次/月～2次/月	2次/月	1次/月	1次/季
大坝内部接缝、裂缝	1次/旬～1次/月	1次/天～1次/旬	1次/旬～1次/月	1次/月～1次/季
坝区平面控制网	取得初始值	1次/季	1次/年	1次/年
坝区垂直位移监测网	取得初始值	1次/季	1次/年	1次/年

6. 精度要求

根据《混凝土坝安全监测技术规范》（DL/T 5178—2003）的规定，各项位移量的测量中误差不应大于表 17-2 的规定，表中位移量中误差是偶然误差和系统误差的综合值，坝体、坝基的位移量中误差相对于工作基点计算，近坝区岩体位移量中误差相当于基准点计算，滑坡体和高边坡位移量中误差相当于工作基点计算。

表 17-2　　　　　　　　　　　变形监测的精度要求

项　目			位移量中误差限差
水平位移 /mm	坝体	重力坝、支墩坝	1.0
		拱坝　径向	2.0
		拱坝　切向	1.0
	坝基	重力坝、支墩坝	0.3
		拱坝　径向	0.3
		拱坝　切向	0.3
垂直位移/mm		坝体	1.0
		坝基	0.3
倾斜/(″)		坝体	5.0
		坝基	1.0
坝体表面接缝和裂缝/mm			0.2
近坝区岩体和高边坡/mm		水平位移	2.0
		垂直位移	2.0
滑坡体/mm		水平位移	3.0（岩质边坡） 5.0（土质边坡）
		垂直位移	3.0
		裂缝	1.0

7. 变形量正负号规定

在变形观测中，对位移的方向和符号也进行了严格的规定，见表 17－3。

表 17－3　　　　　　　　　　变形监测符号规定

变形项目	正	负
水平位移	向下游、向左岸	向上游、向右岸
垂直位移	下沉	上升
倾斜	向下游转动、向左岸转动	向上游转动、向右岸转动
高边坡和滑坡体位移	向坡下、向左	向坡上、向右
接缝和裂缝开合度	张开	闭合
船闸闸墙的水平位移	向闸室中心	背闸室中心

8. 资料整编与分析

资料整编是对观测成果进行检查、校对、整理和编排，并及时分析，如发现异常应找出原因并采取措施。定期作好观测工作总结，根据要求做好月报表、年报表。资料整编和分析将在本章最后一节介绍。

第二节　视准线法观测水平位移

一、观测原理

如图 17－1 所示，在坝端两岸山坡上设置固定工作基点 A 和 B，在坝面沿 AB 方向上

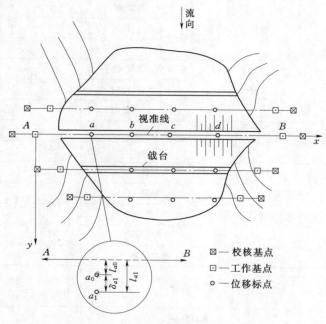

图 17－1　视准线法观测

设置若干位移标点 a、b、c、d 等。由于 A、B 埋设在山坡稳固的基岩或原状土上，其位置可认为不变。因此，将经纬仪或全站仪安置在基点 A，照准另一基点 B，构成视准线，作为观测坝体水平位移的基准线。以第一次测定各位移标点垂直于视准线的距离（偏离值）l_{a0}、l_{b0}、l_{c0}、l_{d0} 作为起始数据。相隔一段时间后，又安置仪器于基点 A，照准基点 B，测得各位移标点对视准线的偏离值 l_{a1}、l_{b1}、l_{c1}、l_{d1}，前后两次测得的偏离值之差即为水平位移。如 a 点的差值 $\delta_{a1} = l_{a1} - l_{a0}$，即为第一次到第二次时间内，$a$ 点在垂直于视准线方向的水平位移值。同理可算出其他各点的水平位移值，从而了解整个坝体各观测点的水平位移情况。

二、观测点的布设

图 17-1 是土坝观测点的布设情况。平行于坝轴线的测线不宜少于 4 条，宜在坝顶的上、下游两侧设 1～2 条；在迎水面最高水位以上的坝坡上布设 1 条；在下游坝坡 1/2 坝高以上设 1～3 条，在 1/2 坝高以下设 1～2 条（含坡脚 1 条）。对于软基上的土石坝，还宜在下游坝址外增设 1～2 条。对于测点间距，一般坝轴线长度小于 300m 时，宜取 20～50m；坝轴线长度大于 300m 时，宜取 50～100m。在薄弱部位，如最大坝高处、地质条件较差等坝段应当增设位移标点。为了掌握大坝横断面的变化情况，力求使各排测点都在相应的横断面上。对 "V" 形河谷中的高坝和坝基地形变化陡峻的坝，坝顶靠两岸部位的测点应适当加密。

视准线的工作基点应在两岸每一纵排视准线测点的延长线上各布设 1 个，其高程与测点高程相近，工作基点宜建立在岩石或坚实土基上。校核基点应设在两岸同排工作基点连线的延长线的稳定基础上，两岸各设 1～2 个。有条件的可以采用平面控制网或倒垂线校测工作基点的位移。

对于混凝土坝，若坝体较短、条件有利，坝体水平位移也可以采用视准线法。测点布置一般在坝顶上每一坝块布设 1～2 个位移标点。

三、观测仪器和设备

（一）观测仪器

用视准线法观测水平位移，关键在于提供一条视准线，故所用仪器首先应考虑望远镜放大率及旋转轴的精度，可采用经纬仪或全站仪进行观测。

（二）观测设备

（1）工作基点及校核基点。工作基点和校核基点应与基岩相连接以保证其稳定性，一般用钢筋插入基岩浇筑成钢筋混凝土观测墩（图 17-2）。墩面上埋设不锈钢强制对中底板（图 17-3），强制对中板应埋设水平，倾斜度不大于 $4'$，其对中误差不大于 0.2mm。如果大坝较长或为折线型坝，可以根据需要在坝体上增设非固定工作基点。

（2）位移标点。位移标点的标墩应与坝体连结，从

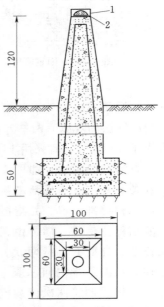

图 17-2　普通钢筋混凝土
观测墩（单位：cm）
1—标盖；2—强制对中底板

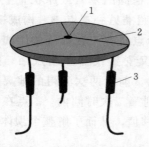

图 17-3　强制对中底板
1—中心螺旋孔；2—V形槽；
3—预埋螺栓

坝面以下 0.3~0.4m 处起浇筑。其顶部也应埋设强制对中设备，通常还在位移标点的基脚或顶部埋设半球形铜质标志，兼作垂直位移标点。

（3）觇牌。活动觇牌法观测时需要利用觇牌，觇牌分为固定觇牌（图 17-4）和活动觇牌（图 17-5）。前者是安置在工作基点上，供经纬仪瞄准构成视准线用；后者是安置在位移标点上，供经纬仪瞄准以测定位移标点的偏离值用。图 17-4 为觇牌式活动觇牌，其上附有微动螺旋和游标，可使觇牌在基座的分划尺上左右移动，利用游标读数，一般可读至 0.2mm。

（4）棱镜。小角度观测法中利用棱镜作为瞄准目标，在后视工作基点和观测点上均按需强制对中法安置棱镜。

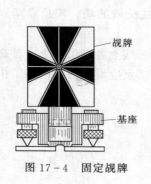

图 17-4　固定觇牌

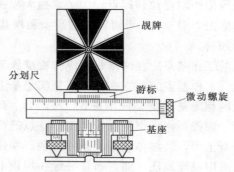

图 17-5　活动觇牌

四、观测方法

视准线法的观测有两种方法，活动觇牌法和小角度法。采用活动觇牌法时，当视准线长度大于 500m 时，宜采用 J_1 级经纬仪。当采用全站仪观测时，宜用小角度法。

（1）活动觇牌法。如图 17-5 所示，在工作基点 A 安置经纬仪，B 点安置固定觇牌，在位移标点 a 安置活动觇牌，用经纬仪瞄准 B 点上固定觇牌作为固定视线，然后俯下望远镜照准 a 点，并指挥司觇牌者移动觇牌，直至觇牌中丝恰好落在望远镜的竖丝上时发出停止信号，随即由司觇牌者在觇牌上读取读数。转动觇牌微动螺旋重新瞄准，再次读数，如此共进行两次，取其读数的平均值作为上半测回的成果。倒转望远镜，按上述方法测下半测回，取上下两半测回读数的平均值为一测回的成果。对于土石坝而言，正镜或倒镜两次读数差不能大于 4.0mm，两测回测值差不能大于 3.0mm。对于混凝土坝而言，正镜或倒镜两次读数差不能大于 2.0mm，两测回测值差不能大于 1.5mm。

（2）小角度法。如图 17-6 所示，在工作基点 A 安置全站仪，B 点和位移标点 C 安置棱镜，利用测回法测量角度 $\angle BAC$，由于 BAC 基本上在一条线上，$\angle BAC$ 很小，故称为小角度法。通过全站仪测量 AC 的水平距离 S，计算 C 点到基准线 AB 的距离 l，间隔一段时间后测得 C 点到基准线 AB 的距离为 l'，从而计算偏离值。每一测次应观测两个测回，每个测回包括正、倒镜各瞄准两次并读数两次。

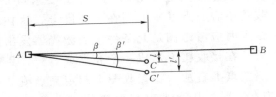

图 17-6　小角度法

土石坝和混凝土坝的限差要求均为：正镜或倒镜两次读数差应小于 4.0mm，两测回差小于 3.0mm。

第三节　激光准直观测大坝变形

激光准直法分为大气激光准直法和真空激光准直法。大气激光准直法一般只能测量大坝水平位移，真空激光准直可测定大坝水平位移和垂直位移，而且观测精度和稳定性高于前者。

一、大气激光准直法观测

1. 仪器设备

如图 17-7 所示，激光准直法由激光器点光源（发射点）、波带板和激光探测仪（接收端点）组成。激光准直法也称为波带板激光准直法。

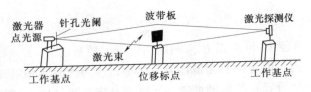

图 17-7　激光准直原理

（1）激光器点光源。激光器点光源包括定位扩束针孔光阑、激光器和激光光源。针孔光阑的直径应使激光束在第一块波带板处的光斑直径大于波带板有效直径的 1.5~2 倍。它是由氦氖气激光管发出的激光束经聚光透镜聚焦在针孔光阑内，形成近似的点光源，照射至波带板，针孔光阑的中心即为固定工作基点的中心。

（2）波带板。波带板的形式有圆形和方形两种，其作用是把从激光器发出的一束单色相干光会聚成一个亮点（圆形波带板）或十字亮线（方形波带板），它相当于一个光学透镜。

（3）激光探测仪。激光探测仪有手动（目测）和自动探测两种，有条件时，应尽量采用自动探测，激光探测仪的量程和精度应满足位移观测的要求。

2. 工作原理

图 17-8　接收靶上
的激光影像

采用波带板激光准直法观测水平位移，是将激光器和激光探测仪（接收靶）分别安置在两端固定工作基点上，波带板安置在位移标点上（图 17-7），并要求点光源、波带板中心和接收靶中心三点基本上同在一高度上，这在埋设工作基点和位移标点时应考虑满足此条件。当激光器发出的激光束照准波带板后，在接收靶上形成一个亮点或"＋"字亮线（图 17-8），按照三点准直法，在接收靶上测定亮点或"＋"字亮线的中心位置，即可决定位移标点的位置，从而求出其偏离值。由于激光具有方向性强、亮度高、单色性和相干性好等特点，其观测精度比视准线法有较大的提高。

3. 观测方法

如图 17-9 所示，观测时，由安置在基点 A 上的激光器发出激光，照准位移标点 C 上的波带板，则在另一工作基点 B 的接收靶上呈现亮点或十字亮线。此时，若为目视法观测，则由司觇者转动接收靶的微动螺旋，令接收靶中心与亮点或十字亮线中心重合，然后按接收靶的游标读数，重新转动接收靶的微动螺旋，再次重合，读数，如此重复读取 2～4 次读数，取其平均值为观测值，若用光电接收靶接收，它可由微机控制，自动跟踪，显示和打印观测数据。

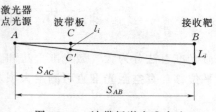

图 17-9　波带板激光准直法

如果位移标点 C 因发生位移而移至 C'（图 17-9），则根据在接收靶测得的偏离值 L_i，按相似三角形关系可算得 C 点的偏离值 l_i 为

$$l_i = \frac{S_{AC}}{S_{AB}} L_i \qquad (17-1)$$

式中　S_{AC}、S_{AB}——A 至 C 和 A 至 B 点的距离，可实地量出。

在某一时间间隔内，前后两次测得偏离值之差，即为该时间间隔该点的水平位移值。

大气激光准直一般设置在气温梯度较小、气流稳定的廊道内；两端点的距离一般不大于 300m。也可以设置在坝顶，在坝顶设置时，应使激光束高出坝面和旁离建筑物 1.5m 以上。

二、真空激光观测

大气激光观测不可避免地受大气抖动和大气折光的影响，如遇雨天等恶劣气候，更是无法观测。为了进一步提高观测精度，改善观测条件，从 20 世纪 80 年代起，我国经过试验，已在多座大坝成功地实现真空波带板激光测定大坝变形，现简介如下。

1. 仪器设备

真空激光观测与大气激光观测的原理基本相同，主要区别在于真空激光观测把各位移标点和波带板用无缝钢管密封起来以便于在真空条件下观测，其仪器设备结构如图 17-

10 所示。

（1）激光器、针孔光阑和接收靶。分别安置于大坝两端，处于真空管之外，其底座与基岩相连或与倒垂线（详见本章第六节）连接。

（2）位移测点和波带板。密封于无缝钢管内，位移标点的底座与大坝坝体连接，以便反映大坝的变形状况。

（3）平晶。用光学玻璃研磨制成，用以密封真空管道的进出口，并令激光束进出真空管道而不产生折射。

（4）波纹管。为避免坝体变形导致各无缝钢管连接处开裂而漏气，在每个测点的左右侧安装了软连接的波纹管，一般由不锈钢薄片制成，形状像手风琴的风箱，可自由伸缩。

（5）真空泵。与无缝钢管连接，用以抽出无缝钢管内的空气，使其达到一定的真空度。

（6）波带板翻转遥控装置。当观测某个测点时，令该测点的波带板竖起，不观测该点时令其倒下。

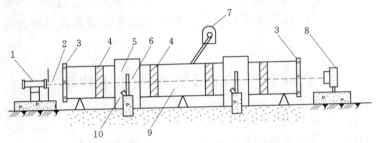

图 17-10　真空激光观测

1—激光发射器；2—针孔光阑；3—平晶；4—波纹管；5—测点箱；6—波带板；
7—真空泵；8—光电接收靶；9—真空管；10—波带板翻转装置

2. 观测方法

（1）抽真空。观测前启动真空泵，将无缝钢管内的空气抽出，使管内达到一定的真空度，一般应令真空度在 15Pa 以下，当真空度达到要求时，关闭真空泵，待真空度基本稳定后开始施测。

（2）打开激光发射器。打开激光发射器时，应观察激光束中心是否从针孔光阑中心通过，否则应校正激光管的位置，使其达到要求为止，一般应令激光管预热半小时以上才开始观测。

（3）启动波带板遥控装置进行观测。当施测 1 号点时按动波带板翻转遥控装置，令 1 号点的波带板竖起，其余各波带板倒下，当接收靶收到 1 号点的观测值后，再令 2 号点的波带板竖起，其余各波带板倒下，依次测至最后 n 号测点，是为半测回，再从 n 号点返测至 1 号点，是为一测回，两个半测回测得偏离值之差不得大于 0.3mm，若在允许范围内，取往返测的平均值作为测值，一般施测一测回即可，有特殊需要再加测。

（4）观测完毕关闭激光发射器。为保证真空管内壁及管内波带板翻转架等不被锈蚀，管内应维持 20kPa 以下的压强，若大于此值，应重新启动真空泵抽气，以利设备的维护。

3. 真空激光观测与大气激光观测比较

（1）大气激光观测在晚上或阴天良好的外界条件下，测线长在 300m 以内，其观测精度约为 ±0.5mm，若在温度变化剧烈或测线较长时，激光的成像点将产生抖动和漂移，其观测精度将迅速下降，甚至无法观测，故它仅适用于土坝或坝长在 300m 以内的混凝土坝。真空激光观测基本不受天气的影响，激光成像点较稳定，其综合观测精度可达 $0.1\text{mm}+2\times10^{-7}D$（$D$ 为测线长），可以实现全天候无人值守定时或连续观测，大大提高观测精度和自动化程度。

（2）众所周知，大气的垂直折光差远大于水平折光差，因此，大气激光观测一般只用于测定大坝的水平位移。而真空激光因基本不受大气影响，一般将波带设计为圆形，用光电接收靶测定激光成像亮点的中心位置，即可同时测定大坝的水平位移和垂直位移，而且两者的观测精度基本相同，既省去另设垂直位移的仪器设备，又提高了观测效率，同步性比较好。设备的维护也较方便。

（3）真空激光观测的仪器设备安装要求较严格，保证真空管道的密封性是其关键，漏气速率应小于 120Pa/h，所需费用也较高。大气激光观测的仪器相对较为简单，所需费用也较少。

第四节　引张线法观测水平位移

引张线法大多用于混凝土坝的水平位移观测。混凝土坝的水平位移标点除在坝顶布设外，还在不同高程的廊道内进行布设，一般是平行于坝轴线在每一坝段内埋设一点。因引张线法操作简便，不受天气条件的影响，故应用较为普遍。目前引张线法分为有浮托和无浮托两种，无浮托引张线亦称悬链式引张线，现分述如下。

一、有浮托引张线

（一）观测原理

如图 17-11 所示，引张线法是在坝顶或廊道两端的基岩上浇筑固定端点，在两固定端点间拉紧一根不锈钢丝作为基准线，然后定期测量坝体上各位移标点对此基准线偏离值的变化情况，从而计算水平位移量，若端点设于坝体上，则应与倒垂线（详见本章第六节）相连接，借以测定端点的位移量，进一步推算位移标点的位移量。

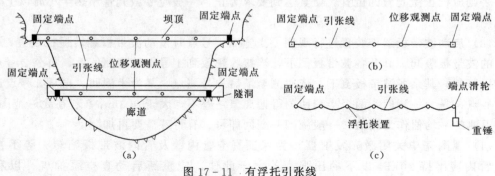

图 17-11　有浮托引张线

(a) 引张线布置示意图；(b) 平面图；(c) 侧面图

（二）观测设备

有浮托引张线的设备主要由测线、端点装置和带浮船的位移观测点组成。

（1）测线。一般采用 0.8～1.2mm 的不锈钢丝，为了防风及保护测线，通常把测线套在塑料管内。

（2）端点装置。端点装置由混凝土基座、固线装置、定位卡、滑轮和重锤等组成。固线装置是将测线固定，定位卡有一 V 形槽，其作用是使测线始终处于同一位置，安置时使测线通过滑轮拉紧后，恰与 V 形槽中心重合。

（3）位移观测点。位移观测点与浮托装置结合在一起。在该处的坝体上埋有一只金属箱，箱内设有油箱（油箱中注入变压器油，寒冷地区需要加注防冻液），油面上有支承钢丝的浮船，在垂直于钢丝方向的槽钢上，设有用于读数的标尺（图 17-12）。

（三）观测方法

由于引张线是与两端的固定端点相连接，其位置可认为不变，而位移观测点是埋在坝体上，随坝体变形而位移，因此定期测定钢丝在测点标尺上的读数变化，即可算出该点在垂直于坝轴线方向的水平位移值。

观测时，挂上重锤，并调节滑轮支架，使钢丝通过定位卡的 V 形槽中心。将各测点油箱加变压器油，使浮船托起钢丝（高出标尺面0.3～3mm），待钢丝稳定并确认钢丝和浮船处于自由状态时才可进行观测。观测时一般采用显微镜读取钢丝左右两边缘在标尺上的读数，

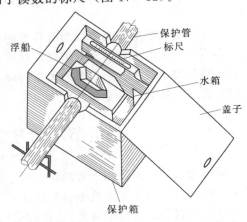

图 17-12　有浮托引张线位移观测点装置

取其平均值作为该测点的读数。钢丝左右两边缘读数之差应与钢丝的直径相等（一般误差不得大于 0.15mm），借以检查读数是否有误。从靠近端点的第一个测点依次观测至另一端点作为第一测回，然后反向观测第二测回，一般应观测两个测回。每测回开始前，应在若干部位轻轻拨动测线，待其稳定后再观测。各测回间的误差一般不得大于 0.15～0.3mm。若没有显微镜也可用目视法观测，但观测精度稍差。

上述人工观测法需逐点目视读数，费时较多，劳动强度较大，观测精度也不易保证。从 20 世纪 80 年代以来，我国已研制成功步进马达光电跟踪式、差动电容式、磁场差动式和 CCD 光电跟踪式等多种遥测引张线仪，使用这些仪器，只要把各测点的油位调整好，引张线处于自由稳定状态，启动遥测装置，即可在 5～10min 内同时测定各测点的位移值，既减少人为误差，提高观测精度，也大大减轻劳动强度，测值的同步性也较好。

二、无浮托引张线

1. 观测设备

无浮托引张线其观测原理与有浮托的基本相同，但它的设备较为简单。如图 17-13所示，引张线的一端固定在端点上，另一端通过滑轮悬挂一重锤将引张线拉直，取消了各测点的水箱和浮船等装置，在各测点上只安装读数尺和安装引张线仪的底板，用以测定读数尺或引张线仪相对于引张线的读数变化，从而算出测点的位移值。由于引张线有自重，

如果拉力不足，引张线的垂径过大，灵敏度不足，影响观测精度；拉力过大，势必将引张线拉断。按规定，所施拉力应小于引张线极限拉力的 1/2。若采用普通不锈钢丝作引张线，当不锈钢丝直径为 0.8mm，施以40kg 拉力时，引张线长为 140m 时，其垂径约为 0.26m。因此，当采用普通不锈钢丝作

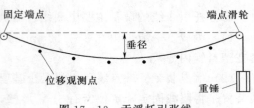

图 17-13　无浮托引张线

引张线时，无浮托引张线的长度一般不应大于 150m。经过研制试验，采用比重较小、抗拉强度较大的特殊线材作引张线，其长度可达 500m。该种引张线已经在国内一些大坝安装试验获得成功，这将为无浮托引张线的使用开拓更大空间。

2. 观测方法

无浮托引张线的观测方法与有浮托的基本相同，既可用显微镜在各测点的读数尺上读数，亦可在各测点上安装光电引张线仪进行遥测。由于它不需到现场调节各测点的水位，测点的障碍物也较少，不仅节约大量时间，且其稳定性和可靠性都高于有浮托的引张线，可以实现引张线观测的全自动化。

第五节　前方交会法观测水平位移

前方交会法不仅适用于直线型大坝，也适用于拱坝和折线型大坝，它可以测出坝顶的水平位移，也可以测出人员不易到达的大坝下游面的水平位移。用视准线测得的水平位移值为垂直于视准线方向的分量，而前方交会法则可测得水平位移两个方向的分量。

前方交会法是在两个或三个固定工作基点上用观测交会角来测定位移标点的坐标变化，从而确定其位移情况。

图 17-14 中 A、B 为两固定工作基点，Ⅰ、Ⅱ 为坝轴线的端点，它们的坐标为已知，p_1、p_2、p_3、p_4 为位移标点。将全站仪安置在工作基点 A、B 上，分别测出角度 α、β，即可求得各位移点的坐标值。第 i 次观测的坐标值与第一次观测坐标值之差即为水平位移。为此建立 xⅠy 坐标系，以坝轴线为 x 轴，y 轴指向下游为正，AB 距离为 S，它与Ⅰx 轴的交角为 ω，偏向下游为正 [图 17-14 (a)]，偏向上游为负 [图 17-14 (b)]。

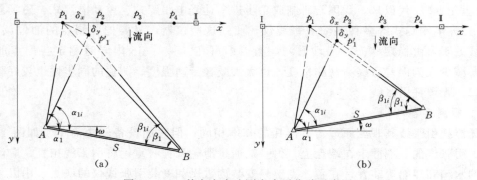

图 17-14　前方交会法测定水平位移示意图

第一次分别在 A、B 点安置全站仪测得 p_1 的交会角 α_1 及 β_1，第 i 次观测时 p_1 位移到 p_1'，测得交会角为 α_{1i} 及 β_{1i}。由图 17-14 可知，p_1 及 p_1' 的坐标分别为

$$x_{p_1} = x_A + \Delta x_{Ap_1} \qquad\qquad y_{p_1} = y_A - \Delta y_{Ap_1}$$
$$x_{p_1}' = x_A + \Delta x_{Ap_1'} \qquad\qquad y_{p_1}' = y_A - \Delta y_{Ap_1'}$$

则 p_i 点在 x 方向和 y 方向的位移分量为

$$\left.\begin{aligned} \delta_{xp_i} &= x_{p_i'} - x_{p_i} = \Delta x_{Ap_i'} - \Delta x_{Ap_i} \\ \delta_{yp_i} &= y_{p_i'} - y_{p_i} = -(\Delta y_{Ap_i'} - \Delta y_{Ap_i}) \end{aligned}\right\} \tag{17-2}$$

式（17-2）说明，p_i 点的位移量等于该点与测站点 A 的坐标增量的变化值。为了简化计算，可用交会角的变化值直接计算位移量，公式推导如下。

由图 17-14 可知计算 Δx 和 Δy 的一般函数式为

$$\left.\begin{aligned} \Delta x &= S\frac{\sin\beta\cos(\alpha-\omega)}{\sin(\alpha+\beta)} \\ \Delta y &= S\frac{\sin\beta\sin(\alpha-\omega)}{\sin(\alpha+\beta)} \end{aligned}\right\} \tag{17-3}$$

将式（17-3）对自变量 α、β 求函数的全微分得

$$\left.\begin{aligned} \delta_x &= \mathrm{d}(\Delta x) = \frac{S}{\rho''}\left[-\frac{\sin\beta\cos(\beta+\omega)}{\sin^2(\alpha+\beta)}\mathrm{d}\alpha + \frac{\sin\alpha\cos(\alpha-\omega)}{\sin^2(\alpha+\beta)}\mathrm{d}\beta\right] \\ \delta_y &= \mathrm{d}(\Delta y) = \frac{-S}{\rho''}\left[\frac{\sin\beta\sin(\beta+\omega)}{\sin^2(\alpha+\beta)}\mathrm{d}\alpha + \frac{\sin\alpha\sin(\alpha-\omega)}{\sin^2(\alpha+\beta)}\mathrm{d}\beta\right] \end{aligned}\right\} \tag{17-4}$$

在正常情况下，坝体位移量是很小的，反映在交会时观测角值变化也很小，因此 $\mathrm{d}\alpha$、$\mathrm{d}\beta$ 可认为是 i 次观测值与首次观测值之差，即 $\mathrm{d}\alpha = \alpha_i - \alpha_1$，$\mathrm{d}\beta = \beta_i - \beta_1$，$\mathrm{d}\alpha$、$\mathrm{d}\beta$ 前的系数接近于常数，将 α_1 及 β_1 代入即得。令

$$\left.\begin{aligned} \frac{S\sin\beta_1\cos(\beta_1+\omega)}{\rho''\sin^2(\alpha_1+\beta_1)} &= k_1; \quad \frac{S\sin\alpha_1\cos(\alpha_1-\omega)}{\rho''\sin^2(\alpha_1+\beta_1)} = k_2 \\ \frac{S\sin\beta_1\sin(\beta_1+\omega)}{\rho''\sin^2(\alpha_1+\beta_1)} &= k_3; \quad \frac{S\sin\alpha_1\sin(\alpha_1-\omega)}{\rho''\sin^2(\alpha_1+\beta_1)} = k_4 \end{aligned}\right\} \tag{17-5}$$

代入式（17-4）得

$$\left.\begin{aligned} \delta_x &= -k_1\mathrm{d}\alpha + k_2\mathrm{d}\beta \\ \delta_y &= -k_3\mathrm{d}\alpha - k_4\mathrm{d}\beta \end{aligned}\right\} \tag{17-6}$$

由于采用方向观测，在测站 A 上所测方向值的变化值与 α 角变化值的符号相反，因此，式（17-6）中的 $\mathrm{d}\alpha$ 应改变符号，得

$$\left.\begin{aligned} \delta_x &= k_1\mathrm{d}\alpha + k_2\mathrm{d}\beta \\ \delta_y &= k_3\mathrm{d}\alpha - k_4\mathrm{d}\beta \end{aligned}\right\} \tag{17-7}$$

式（17-7）为前方交会法计算水平位移的最后公式。经过首次测出的交会角 α_1 和 β_1，代入式（17-5）求出 k_1、k_2、k_3、k_4 四个系数，以后每次观测，只要算出交会角与首次观测值 α_1 和 β_1 之差 $\mathrm{d}\alpha$ 和 $\mathrm{d}\beta$，由式（17-7）即可求得位移值。

前方交会法要精确地测出基点处的交会角 α、β，以便准确地求得这些角度的微小变化，故一般是采用高精度的全站仪进行观测，按全圆测回法观测 4~8 测回。

前方交会法的观测精度与 A、B 两点的基线长度和交会角的图形有关。交会图形最好

成等腰三角形,待交会点的交会角最好接近 90°。前方交会法往往多用于难于布设视准线或引张线的拱坝和折线型坝,以及人员不易到达的大坝下游面和滑坡体等处的水平位移观测。

第六节 挠 度 观 测

坝体的挠度观测,一般用于混凝土坝,它是在坝体内设置铅垂线作为标准线,然后测量坝体不同高度相对于铅垂线的位移情况,以测得各点的水平位移,从而得知坝体的挠度。设置铅垂线的方法有正垂线和倒垂线两种。

一、正垂线观测坝体挠度

如图 17-15 所示,正垂线是在坝内的观测井或专门的正垂线孔的上部悬挂带有重锤的不锈钢丝,提供一条铅垂线作为标准线。它是由悬挂装置、夹线装置、钢丝、重锤及观测台等组成。悬挂装置及夹线装置一般是在竖井墙壁上埋设角钢进行安置。

由于垂线挂在坝体上,它随坝体位移而位移,若悬挂点在坝顶,在坝基上设置观测点,即可测得相对于坝基的水平位移 [图 17-15 (a)]。如果在坝体不同高度埋设夹线装置,在某一点把垂线夹紧,即可在坝基下测得该点对坝基的相对水平位移。依次测出坝体不同高程点对坝基的相对水平位移,从而求得坝体的挠度 [图 17-15 (b)]。

二、倒垂线观测坝体挠度

倒垂线的结构与正垂线相反,它是将钢丝一端固定在坝基深处,上端牵以浮托装置,使钢丝成一固定的倒垂线。一般由锚固点,钢丝,浮托装置和观测台(图 17-16)组成。锚固点是倒垂线的支点,要埋在不受坝体荷载影响的基岩深处,其深度一般约为坝高的 1/3 以上,钻孔应铅直,钢丝连接在锚块上。

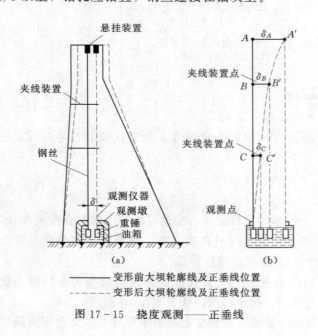

图 17-15 挠度观测——正垂线

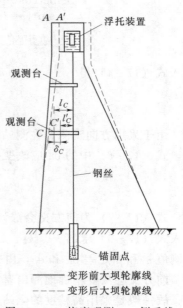

图 17-16 挠度观测——倒垂线

由于倒垂线可以认为是一条位置固定不变的铅垂线。因此在坝体不同的高度上设置观测点，测定各观测点与倒垂线偏离值的变化，即可求得各点的位移值。如图 17-16 所示，变形前测得 C 点与垂线的偏离值为 l_C，变形后测得其偏离值 l'_C，则其位移值为 $\delta_C = l_C - l'_C$。测出坝体不同高度上各点的位移值，即可求得坝体的挠度。

挠度观测可以测定坝体不同高度两个水平方向的位移情况。在实际工作中，对于混凝土重力坝，挠度观测除了可以测定垂直于坝轴线方向位移外，还可以测定平行于坝轴线方向的位移。对于拱坝，除了可测定径向位移外，还可测定切向位移。挠度观测是采用光学坐标仪或遥测坐标仪测定两个水平方向的测值以求得其位移。

第七节　垂直位移观测

垂直位移观测是要测定大坝在铅垂方向的变形情况，可采用精密水准测量和静力水准方法观测。

一、精密水准观测

（一）测点布设

用于垂直位移观测的测点一般分为水准基点、起测基点（又称工作基点）和垂直位移标点三种。

（1）水准基点。水准基点是垂直位移观测的基准点，一般应埋设在大坝下游地基坚实稳固，不受大坝变形影响，便于引测的地方。为了互相校核是否有变动，对于普通基岩标应成组设置，每组不少于 3 个。若有条件应钻孔深入基岩，埋设钢管和铝管的双金属标，力求基点稳定可靠。

（2）工作基点。由于水准基点一般离坝较远，为方便施测，通常在大坝两岸距坝体较近处选择地基坚硬的地方各埋设一个以上的工作基点作为施测位移标点的依据。

（3）垂直位移标点。对于土石坝为了便于将大坝的水平位移及垂直位移结合起来分析，一般在水平位移标点上，埋设一个半圆形的铜质标志作为垂直位移标点，对于混凝土坝，一般在坝顶和各廊道内，每坝段设一个或两个位移标点。

（二）观测方法及精度要求

进行垂直位移观测时，首先校测工作基点的高程，然后再由工作基点测定各位移标点的高程。将首次测得的位移标点高程与本次测得的高程相比较，其差值即为两次观测时间间隔内位移标点的垂直位移量。

1. 工作基点的校测

工作基点的校测是由水准基点出发，测定各工作基点的高程，借以校核工作基点是否有变动。水准基点与工作基点一般构成水准环线。施测时，对于土石坝按二等水准测量的要求进行施测，其环线闭合差不得超过 $\pm 2mm\sqrt{F}$（F 为环线长，以 km 计）。对于混凝土应按一等水准测量的要求进行施测，其环线闭合差不得超过 $\pm 1mm\sqrt{F}$。

2. 垂直位移标点的观测

垂直位移标点的观测是由工作基点出发，测定各位移标点的高程，再附合到另一工作基点上（也可往返施测或构成闭合环形）。对于土石坝可按三等水准测量的要求施测，对于混凝土坝应按一等或二等水准测量的要求施测。

二、静力水准观测

上述精密水准观测，目前仍是测定大坝垂直位移的主要方法，但它难于实现观测自动化，劳动强度也较大。因此，从 20 世纪 80 年代以后，我国不少混凝土大坝在廊道内采用静力水准法（亦称连通管法），测定大坝的垂直位移，并将其纳入观测自动化系统，现简介如下。

1. 仪器设备

如图 17-17 所示，静力水准的仪器设备主要包括钵体、浮子、连通管、传感器、仪器底板、保护箱以及目测和遥测装置等几部分。

（1）钵体。一般用不锈钢制成，用以装载经过防腐处理的蒸馏水。

（2）浮子。用玻璃特制，将其浮于钵体内的蒸馏水中，浮子上连一铁棒，位于传感器中。

（3）连通管。一般为开泰管或透明的塑料管，与各测点的钵体相连接，管内充满蒸馏水，不许留有气泡。

（4）传感器。安装于钵体之上，浮子上的铁棒位于其中，用以测量水位的变化，从而算出测点的位移值。

（5）仪器底板。用不锈钢或大理石制成，埋设于混凝土测墩上，用以支承钵体。

（6）保护箱。用塑料板或铝板制成，用以保护测点的仪器设备。

（7）目测和遥测装置。一般在浮子上安装一刻线标志，用于人工目测。遥测装置是用电缆将各传感器的电信号传至观测室进行观测。

2. 工作原理

如图 17-17 所示，若测点 A 置于稳固的基岩上，认为其不发生垂直位移，而测点 B 和测点 C 置于坝体上，当大坝上升或下降时，按照液体从高往低处流并保持平衡的原理，A、B、C 3 点的水位将发生变化，浮子连同其上的铁棒在铅垂方向也发生变化，只要测定各点水位的变化值，即可算出 B、C 点的绝对垂直位移值。若测点 A 不是置于基岩而是置于坝体上，则测

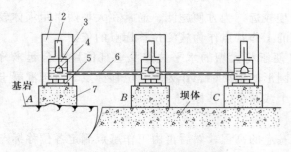

图 17-17 静力水准观测

1—保护箱；2—传感器；3—钵体；4—浮子；5—仪器底板；
6—连通管；7—混凝土测墩

得是各点的相对垂直位移。在实际工作中，往往在坝基的上游和下游各安置一个静力水准测点，即可测定坝基在上下游方向的倾斜状况。

3. 观测方法

（1）人工观测法。在每个混凝土测墩上埋设有安装显微镜的底座，观测时将显微镜安置于底座上，照准浮子上的刻线，读取读数，与首次观测读数相比较，即可求得水位的变化，从而算出其位移值，该法需要逐点施测。

（2）自动化观测。因各测点传感器的电信号已传至观测室，只要在观测室内打开读数

仪，即可瞬时获得各测点的测值，若与微机相连接，编制相关软件，并可自动算出各点的垂直位移或打印有关报表和绘制垂直位移过程线。

静力水准的目测与遥测可互相校核。由于静力水准不受天气条件影响，可以实现遥测和连续观测，瞬时获得测值，所以它是大坝安全监测重要手段之一。

第八节　观测资料的整编和分析

大坝变形监测资料整编分析包括资料整编和资料分析，包括对工程概况及安全监测系统的布置、考证和工作状况进行整编，对巡视检查情况和主要观测成果进行整理，对监测资料进行分析，对大坝性态和存在问题做出综合评价，对工程的安全管理、监测工作、运行调度以及安全防范措施等方面的建议等。

一、资料整编

资料整理包括对日常现场巡视检查和仪器监测数据的记录、检验，以及监测物理量的换算、填表、绘制过程线图、初步分析和异常值判别等，并将监测资料存入计算机，或自动化采集数据后由软件自动处理。资料整编包括定期对监测竣工图、各种原始数据和有关文字、图表、影像、图片等进行分析、处理、编辑、刊印和生成专用格式标准电子文档。

（一）原始观测数据的检验

对现场观测的数据和自动化采集的数据，应检查作业方法是否合乎规定，各项被检验数值是否满足限差要求，是否存在粗差或系统误差。若判定观测数据异常时，应立即重测。

对粗差（疏失误差），应采用物理判别法及统计判别法，根据一定准则进行谨慎的检查、判别、推断，对确定为观测异常的数据要立即重测，已经来不及重测的粗差值应予以剔除。

对于系统误差，应根据剩余误差观察法等予以鉴别，分析其发生原因，并采取修正、平差、补偿等方法加以消除或减弱。

对于偶然误差，可通过重复性量测数据用计算均方根偏差的方法评定其实测值观测精度，并且通过对各观测环节的精度分析及误差传递理论推算间接量测值的中误差。

有条件时，可通过调查或试验对量测中存在的方法误差、安装误差、环境误差、人员主观误差和处理量测数据时产生的舍入误差、近似计算误差以及计算时由于数学物理常数有误差而带来的测值误差进行分析研究，以判断其数值大小，找出改进措施，从而提高观测精度，改善测值质量。

（二）监测物理量的计算

经检验合格的观测数据需要按照一定的方法换算为监测物理量，如水平位移、垂直位移、裂（接）缝宽度等。当存在多余的观测数据时（如进行边角网测量、闭合或附合水准测量等），应先作平差处理再换算物理量。物理置的正负号应遵守规范的规定。规范没有统一规定的，应在观测开始时即明确加以定义且始终不变。

数据计算方法应合理，公式要正确反映物理关系，使用的计算机程序要经过检验，采用的参数要符合实际情况。计算时，应采用国际单位制。有效数字的位数应与仪器读数精度相匹配，且始终一致，不得随意增减。应严格坚持校审制度，计算成果一般应经过全面校核、重点复核、合理性审查等几个步骤，以保证或果准确无误。

观测基准值将影响后续成果，必须慎重准确地确定。变形观测的位移、接缝变化等皆为相对于基准值的变化值，基准值是计算监测物理量的相对零点。一般宜选择水库蓄水前或低水位期数值。各种基准值应至少连续观测两次，合格后取均值作为基准。一个项目的若干组测点的基准值宜取用同一测次的，以便相互比较。

（三）监测数值的填表和绘图

所有监测物理量（包括环境因素变量及结构效应变量）数值都应归档存放，经人工填写或通过计算机生成各种成果表及报表，包括月报表、年报表、重要情况下的日报表以及经过系统整理的各种专项成果表等。

各种监测数据应做成各种图形来表示其变化规律。一般常绘制效应观测量及环境观测量的过程线、分布图、相关图及过程相关图。过程线包括单测点的、多测点的以及同时反映环境量变化的综合过程线；分布图包括一维分布图、二维等值线图或立体图；相关图包括点聚图、单相关图及复相关图；过程相关图依时序在相关图点位间标出变化轨迹及方向。

监测曲线图一般用计算机来绘制。图幅的大小要合适，以能清楚地表达数值的范围及变化为宜。一般多采用小于 16 开（或 B5 纸）的图幅，以便和文字、表格一同装订并便于翻阅。图的纵横比例尺要适当。图上的标注要齐全。图号、图名、坐标名称、单位及标尺（刻度）都应在图上适宜位置标注清楚，必要时附以图例或图注。

（四）监测资料整编

监测资料整编一般以一个日历年为一整编时段。每年整编工作须在下一年度的汛期前完成。整编对象为水工建筑物及其地基、边坡、环境因素等各监测项目在该年的全部监测资料。整编工作包括汇集资料，对资料进行考证、检查、校审和精度评定，编制整编观测成果表及各种曲线图，编写观测情况及资料使用说明，将整编成果刊印等。

对观测情况检查考证的项目一般有：各观测点位坐标和高程的考证，各种仪器仪表率定参数及检验结果的考证，水准基点和校核基点的考证，位移校核基点稳定性考证等。

整编时对观测成果所作的检查不同于资料整理时的校核性检查，而主要是合理性检查。通过将监测值与历史测值对比，与相邻测点对照以及与同一部位几种相关项目间数值的对应关系检查来进行。对检查出的不合理数据，应做出说明，不属于十分明显的错误，一般不应随意舍弃或改正。

对观测成果校审，主要是在日常校审基础上的抽查及对时段统计数据的检查、成果图表的格式统一性检查、同一数据在不同表中出现时的一致性检查以及全面综合审查。

整编时须对主要监测项目的精度给出分析评定或估计，列出误差范围，以利于资料的正确使用。

整编中编写的观测说明，包括观测布置图、测点考证表，采用的仪器设备型号、参数等说明，观测方法、计算方法、基准值采用、正负号规定等的简要介绍，以及考证、检查、校审、精度评定的情况说明等。整编成果中应编入整编时段内所有的观测效应量和原因量的成果表、曲线图以及现场检查成果。

对整编成果质量的要求是：项目齐全、图表完整、考证清楚、方法正确、资料恰当、说明完备、规格统一、数字正确。成果表中应没有大的差错，细节性错误的出现率不超过1/2000。

整编过程及成果由计算机辅助完成，并印刷装订成册存档。

二、观测资料分析方法简介

对观测资料进行分析时，一方面要对监测效应量的情况和规律进行研究，另一方面要对影响效应量的有关因素加以考察。影响监测值的因素包括观测因素、环境因素和结构因素等3方面因素。观测因素中属于不可避免的偶然误差会影响观测值的精确性（精度），观测系统误差会影响观测值的正确性，而观测中的粗差会使测值被歪曲失真。分析监测资料时要对它们加以分辨和处理。影响监测值的环境因素有大坝上下游水位、坝区气温、坝前水温、坝区降水、坝两侧岸坡地下水、坝前淤积以及地震震动等，施工期还有坝自重的变化、坝附近的开挖、填筑、爆破振动等因素。这些因素中应与大坝监测效应量有对应观测数值，并在监测分析中加以考虑。大坝结构及地质状况是决定效应量监测值的内因。分析监测资料时，对大坝的结构布置、几何尺寸、材料性能、地质条件、地基处理情况等要有清楚的了解，并应把结构因素和监测成果密切联系起来进行研究。

（一）常规分析

常规分析又称作初步分析或称定性分析。对每个监测项目的各个测点都应作常规分析。

常规分析应对各个测点的观测值集合进行特征值统计。特征值通常指算术平均值、均方根均值、最大值、最小值、极差、方差、标准差等。必要时还需要统计变异系数、标准偏度系数、标准峰度系数等离散和分布特征。

对比分析也是一种基本的常规分析内容。可将新的监测值与历史同条件测值比，与历史最大、最小值比，与近期数值对比，与相邻测点数值对比，与相关项目数值对比，与设计计算值及模型试验值对比以及与安全监控值对比等，判断测值是否正常。对于经检验分析初步判为异常的观测值，应先检查计算有无错误，量测系统有无故障，如未发现疑点，应尽可能及时重测一次，以验证观测值的真实性。经多方比较判断，确信该观测量为异常值时，应及时向上级报告。

常规分析中还应对监测值的空间分布情况、沿时间的发展情况（特别是有无趋势性变化和趋势性变化的特征、速率）以及测值变化与有关环境因素及结构因素的变化之间的关系，加以考察分析，作出定性判断。

考察监测量的过程线，可以了解该监测量随时间而变化的规律及变化趋势，得知其变化周期性、最大值、最小值，一年和多年变幅、变化速率，变化趋势等。如果图上同时绘有环境因素如水位、温度、降水量等的过程线，还可了解监测量和这些因素的变化是否相对应、周期是否相同，滞后多长时间，两者变化幅度的大致比例等。对图上同时绘有多个测点或多个项目监测值的过程线，则可以通过比较了解它们相互间的联系及差异所在。

考察测值的分布图，可以了解监测量随空间而变化的情况，得知其分布有无规律，最大、最小数值出现在什么时间和位置，各测点之间特别是相邻测点间的差异大小、是否有突变等；而对于绘有同一时间多个项目测值的分布线族，可对比它们的同异而判知各项目之间关系是否密切、变化量是否同步等情况。

考察监测量和环境量之间的相关图、复相关图或过程相关图，除可了解监测量与环境因素之间的直观关系以外，还可以从各年度相关线位置的变化情况，发现测值有无系统的变动趋向，有无突出异常点等。

通过常规分析可以初步判断监测量变化是否正常，并找出监测量的主要影响因素，为进一步深入做定量分析提供基础。

（二）监测资料分析

根据效应量的监测数值，联系其影响因素的变量数据，对效应量的状况及变化规律所作的定量分析。资料分析是监测资料分析中很基本的一环，是对大坝性态作出评价、安全性作出判断的前提。通常资料分析多通过建立数学模型来实现。无论是人工的或自动化的资料分析系统，都应具备建立数学模型、检验模型、校正模型和使用模型进行解释和预测的功能。

常用的大坝监测数学模型有统计模型、确定性模型和混合模型。此外，还可建立和使用时间序列模型、空间分布模型、趋势分析模型、神经网络模型、遗传算法模型和各种混合模型等。

建立模型时，先可根据需要对数据作预处理，如中心化处理、平稳化处理等。然后根据理论知识、工程经验及数学分析进行模型结构的论证和辨识。再采用适当的方法如最小二乘法、加权最小二乘法、递推算法及自适应算法等进行模型参数估计，从而建立模型数学式。

建立模型后对其进行检验。主要检验有：对模型估计量及各因子相关显著性的统计检验，对模型拟合效果及残差系列随机独立性的检验，物理关系及参数数值的合理性检查，后采样的预测效果检验等。检验后发现模型结构和参数不合理或不满意时应作校正。可通过物理分析法调整模型结构、用反分析法校正参数、用对残差系列再建模的组合模型法进一步提取有规律成分。

通过建立数学模型，可对监测量的变化规律及与有关因素作出解释，并据以发现有无异常问题，对监测值反映的结构性态作出评价、判断，并可根据数学模型进行预测分析。

参 考 文 献

[1] 河海大学测量学编写组．测量学［M］. 2版．国防工业出版社，2013.

[2] 张慕良，叶泽荣．水利工程测量［M］．北京：中国水利水电出版社，2000.

[3] 潘正风，杨正尧，程效军，等．数字测图原理与方法［M］．武汉：武汉大学出版社，2009.

[4] 岳建平．工程测量［M］．北京：科学技术出版社，2016.

[5] 孔祥元，郭际明．控制测量学［M］．武汉：武汉大学出版社，2015.

[6] 岳建平，陈伟清．土木工程测量［M］．武汉理工大学出版社，2010.

[7] 田林亚，岳建平，梅红．工程控制测量［M］．武汉：武汉大学出版社，2011.

[8] 张正禄．工程测量学［M］．武汉：武汉大学出版社，2013.

[9] GB/T 14911—2008 测绘基本术语［S］．北京：中国标准出版社，2008.

[10] GB/T 50228—2011 工程测量基本术语标准［S］．北京：中国计划出版社，2012.

[11] GB/T 16820—2009 地图学术语［S］．北京：中国标准出版社，2009.

[12] GB/T 20257.1—2007 国家基本比例尺地图图式第1部分 1：500、1：1000、1：2000 地形图图式［S］．北京：中国标准出版社，2008.

[13] GB/T 14912—2005 1：500 1：1000 1：2000 外业数字测图技术规程［S］．北京：中国标准出版社，2005.

[14] GB/T 12898—2009 国家三、四等水准测量规范［S］．北京：中国标准出版社，2009.

[15] GB/T 17942—2000 国家三角测量规范［S］．北京：中国标准出版社，2000.

[16] GB/T 18314—2009 全球定位系统（GPS）测量规范［S］．北京：中国标准出版社，2009.

[17] GB/T 13989—2012 国家基本比例尺地形图分幅和编号［S］．北京：中国标准出版社，2012.

[18] SL 601—2013 混凝土坝安全监测技术规范［S］．北京：中国水利水电出版社，2013.

[19] SL 551—2012 土石坝安全监测技术规范［S］．北京：中国水利水电出版社，2012.

[20] JTT 790—2010 多波束测深系统测量技术要求［S］．北京：人民交通出版社，2011.

[21] JGJ/T 8—97 建筑变形测量规程［S］．北京：中国建筑工业出版社，1998.

[22] 宁津生，陈俊勇，等．测绘学概论［M］．武汉：武汉大学出版社，2004.

[23] 邬伦，等．地理信息系统——原理、方法和应用［M］．北京：科学技术出版社，2002.

[24] 翟翊，等．现代测量学［M］．北京：解放军出版社，2003.

[25] 刘基余，李征航，王跃虎，等．全球定位系统原理及其应用［M］．北京：测绘出版社，1995.

[26] 刘大杰，施一民，过静珺．全球定位系统（GPS）的原理与数据处理［M］．上海：同济大学出版社，1997.

[27] 宁津生，陈俊勇，李德仁，等．测绘学概论［M］．武汉：武汉大学出版社，2004.

[28] 张祖勋，张剑清．数字摄影测量学［M］．武汉：武汉测绘科技大学出版社，1996.

[29] 李德仁，周月琴，等．摄影测量与遥感导论［M］．北京：测绘出版社，2001.

[30] 梅安新，彭望琭，秦其明，等．遥感导论［M］．北京：高等教育出版社，2001.

[31] 岳建平，邓念武．水利工程测量［M］．北京：中国水利水电出版社，2008.

[32] 覃辉，伍鑫．土木工程测量［M］．上海：同济大学出版社，2013.

[33] 殷耀国，王晓明．土木工程测量［M］．武汉：武汉大学出版社，2017.

[34] 杨晓明．数字测图原理与技术［M］．北京：测绘出版社，2014.

[35] 王侬，过静珺．现代普通测量学［M］．北京：清华大学出版社，2009.

[36] 陈改英. 测量学 [M]. 北京：气象出版社，2013.

[37] 叶晓明，凌模. 全站仪原理误差 [M]. 武汉：武汉大学出版社，2004.

[38] 邓念武，张晓春，金银龙. 测量学 [M]. 北京：中国电力出版社，2015.

[39] 邓念武. 大坝变形监测技术 [M]. 北京：中国水利水电出版社，2010.

[40] 何金平. 大坝安全监测理论与应用 [M]. 北京：中国水利水电出版社，2010.

[41] 邓念武. 水利工程测量习题与实验实习指导 [M]. 北京：中国水利水电出版社，2009.

[42] 潘正风，程效军，成枢，等. 数字地形测量学 [M]. 武汉：武汉大学出版社，2015.

[43] 潘正风. 数字测图原理与方法习题和实验 [M]. 武汉：武汉大学出版社，2009.

[44] 邓明镜，刘国栋，徐金鸿. 全球定位系统（GPS）的原理及应用 [M]. 成都：西南交通大学出版社，2014.

[45] 徐绍铨，张华海，杨志强，等. GPS测量原理及应用 [M]. 武汉：武汉大学出版社，2017.

[46] 李征航，黄劲松. GPS测量 [M]. 武汉：武汉大学出版社，2013.